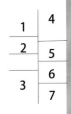

1. 地球仪
2. 五斗橱
3. 摇椅
4. 铜钮大门
5. 窗帘
6. 鼠标
7. 手表

1. 茶 杯
2. 仙人掌
3. 牵牛花网球拍
4. 显示器
5. 台 灯
6. 长 椅
7. 花 盘
8. 学习空间--电脑桌

1	6
2	7
3	
4	8
5	

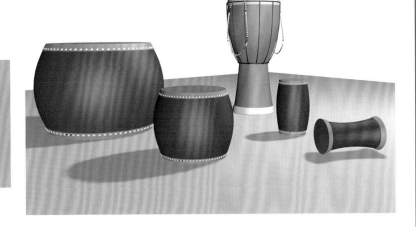

1	4
	5
2	
3	6

1. 扇 子
2. 玩 具
3. 台历笔筒
4. 体育运动器材
5. 乐器鼓
6. 静 物

1	2
3	4
5	
6	7

1. 陶瓷和磨砂玻璃材质
2. 鱼缸玻璃材质
3. 玻璃杯材质
4. 鱼缸水材质、镜面材质
5. 室内家具材质、灯光照明
6. 茶壶不锈钢材质
7. 玉材质和陶瓷材质

1. 油灯（模型效果）
2. 油灯（内外灯光效果）
3. 花瓶（灯光布局）
4. 路灯（环境光效果）
5. 路灯（场景模型效果）
6. 路灯（环境贴图效果）
7. 路灯（景深效果）

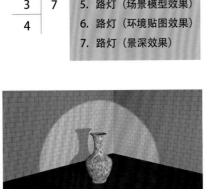

三维建模灯光摄影机案例效果图

1	2
3	4
5	
6	7

1. 客厅日光效果
2. 客厅主光灯效果
3. 客厅射灯效果
4. 夜晚室内灯光效果
5. 夜晚室内灯光效果
6. 餐厅壁灯效果
7. 卧室台灯效果

1	2	3
4		5
		6
7		8

1. 樱花飘落
2. 细雨绵绵
3. 雪花飞舞
4. 气球爆炸
5. 炊烟袅袅
6. 礼花绽放
7. 音乐喷泉
8. 海鸥飞翔

三维动画部分案例效果图

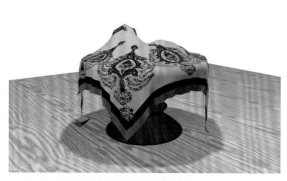

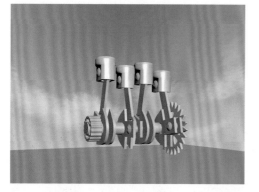

1	2
3	4
5	6
7	8

1. 桌布布料软体动画
2. 飘扬的红旗
3. 垂直式发动机示意动画
4. 机器人行走（骨骼动画）
5. 毛笔书写文字动画
6. 猫眼挂钟
7. 齿轮咬合机械动画
8. 自行车行进动画

数字媒体技术专业系列教材

三维造型与动画制作
实用案例教程

主　编　邹　红

副主编　李宏博　苏　丹
　　　　安　源　李雪靖

科学出版社

北　京

内 容 简 介

本书遵循三维造型及动画制作的规律，通过案例讲解的方式将理论知识与实际操作紧密结合，按照"理论知识和软件功能介绍—课堂练习—综合训练—课后练习"的思路进行编排。

全书共 15 章，包括绪论、3ds Max 的基本操作及变换、三维模型修改、使用二维图形建模、复合对象建模、3ds Max 高级建模、材质贴图设置、灯光摄影机设置、渲染输出、三维动画基础、动画约束、粒子动画、动力学动画、骨骼动画和机械动画。

本书内容翔实、案例丰富，适合本科、高等职业教育等院校数字媒体技术或数字媒体艺术专业的学生使用，也适合初级、中级建模或动画制作爱好者自学使用。

图书在版编目（CIP）数据

三维造型与动画制作实用案例教程/邹红主编. —北京：科学出版社，2021.8

（数字媒体技术专业系列教材）

ISBN 978-7-03-069548-2

Ⅰ.①三…　Ⅱ.①邹…　Ⅲ.①三维-动画-造型设计-教材　Ⅳ.①TP391.414

中国版本图书馆 CIP 数据核字（2021）第 158725 号

责任编辑：赵丽欣 / 责任校对：王万红
责任印制：吕春珉 / 封面设计：东方人华平面设计部

科 学 出 版 社 出版

北京东黄城根北街 16 号
邮政编码：100717
http://www.sciencep.com

天津翔远印刷有限公司印刷
科学出版社发行　各地新华书店经销

*

2021 年 8 月第 一 版　　开本：787×1092　1/16
2021 年 8 月第一次印刷　　印张：23　插页：4
字数：540 000

定价：65.00 元
（如有印装质量问题，我社负责调换〈翔远〉）

销售部电话 010-62136230　编辑部电话 010-62134021

前　言

　　计算机的出现对人类社会的发展和对人们生活的影响是超乎想象的。如今人们足不出户，就可以利用计算机或手机通过网络进行办公、购物、交流、休闲娱乐等，其中，传递、存储的各种信息，离不开图形图像和语音。随着计算机图形处理功能的增强，不仅可以显示二维图形，还可以轻松地建立三维模型。人们生活在三维空间中，因此希望计算机生成的虚拟空间也是立体的，震撼的三维游戏、逼真的虚拟场景带领人们进入了一个三维时代。

　　3ds Max 作为建模和动画制作功能最全面的、最具有代表性的软件，深受广大设计者的青睐。随着版本的不断升级，不仅自身的功能越来越强大，可以加载的第三方插件也日益丰富，因此用途越来越广，在广告、影视、工业设计、建筑设计、游戏、医疗、教育等领域均有较好的应用前景。

　　对于数字媒体技术或数字媒体艺术专业，三维造型与动画制作是必修的核心课程，掌握3ds Max 的使用方法是必要的。本书从实际应用出发，把理论知识简化描述，并渗透到大量的案例中，同时融入编者多年带领学生参加学科竞赛积累的经验，通过案例讲授基础知识和软件操作技巧，通过课后练习提升设计制作水平，通过综合训练拓展实战应用能力，达到举一反三、学以致用的学习效果。

　　全书分上下两篇共 15 章：1～9 章是上篇"建模篇"，10～15 章是下篇"动画篇"。第 1章为绪论，主要介绍三维建模与动画制作的应用领域、3ds Max 的特点及三维效果制作流程；第 2 章为 3ds Max 的基本操作及变换，主要介绍软件的界面布局、几何体的创建和基本变换操作；第 3 章为三维模型修改，主要介绍通过参数化修改器编辑三维模型；第 4 章为使用二维图形建模，主要介绍通过二维图形编辑、修改转变成三维模型的方法；第 5 章为复合对象建模，主要介绍二维与三维的结合及三维与三维结合的复合对象建模方法；第 6 章为 3ds Max高级建模，主要介绍通过多边形建模、NURBS 建模、面片建模和曲面建模创建复杂模型的方法；第 7 章为材质贴图设置，主要介绍通过材质编辑器设置材质参数和贴图的方法，尤其是一些特殊材质的参数设置；第 8 章为灯光摄影机设置，主要介绍灯光的作用和设置方法、摄影机的应用技巧等；第 9 章为渲染输出，主要介绍渲染和烘焙的作用，以及环境效果的设置；第 10 章为三维动画基础，在介绍三维动画的应用和制作流程的基础上，主要讲解通过关键帧和轨迹视图创建动画的基本方法；第 11 章为动画约束，主要介绍通过约束控制器设置动画的方法；第 12 章为粒子动画，主要介绍通过粒子发射器模拟各种自然现象的动画效果；第 13 章为动力学动画，通过正、反向动力学原理来讲述动力学刚体、软体动画的制作方法；第 14 章为骨骼动画，主要介绍使用骨骼制作链接动画和使用 Biped 制作角色动画的方法；第 15 章为机械动画，通过链接、骨骼和连线参数等方法讲述三维机械动画的制作过程。每一章都有综合训练和课后操作练习，将本章的知识点和技巧串联起来，并拓展操作应用。

　　本书的编写注重"全、精、新"。"全"体现在内容全面、案例丰富，一本书中涵盖建模、材质、灯光、动画、渲染等各方面的知识，尤其是建模和动画制作方法全面，以案例驱动的方式循序渐进地讲解知识和原理；"精"体现在从单一知识点案例到章节综合训练案例精心选定、精心制作；"新"体现在本书的案例大部分都录制了讲解视频，典型案例的模型展示或动画效果已渲染成视频文件，利用 Unity 制作了展示软件，读者可通过 PC 端或移动端预先看到真实效果，帮助读者构建三维空间感觉，有助于增强读者的学习兴趣；书中部分案例通过扫描二维码可以看到讲解视频，便于读者快速学习，体现了全新的学习方式。书中涉及的案例源文件和效果文件资源包保存在云盘空间，读者可以通过三维造型与动画制作案例分享交流 QQ 群（820282461），联系作者索要案例文件或云盘下载链接及密码，也可以分享交流设计体验。

　　本书由邹红老师担任主编，李宏博、苏丹、安源、李雪靖担任副主编。其中，苏丹老师编写第 1~3 章，安源老师编写第 4、5 章，李雪靖老师编写第 8、9 章，李宏博老师编写第 10、13 章，其余 6 章内容由邹红老师编写。在此向参与本书编写和出版工作的人员表示感谢，尤其感谢学校总督学王晖老师和学校教材建设评审组成员提出的宝贵建议。书中第 1 章和第 10 章应用介绍中部分图片来自学生创新训练、课程设计和参赛作品，在此向辛勤努力的学生们表示感谢。

　　由于软件版本更新较快，且编者水平有限，书中难免存在疏漏，欢迎读者朋友热心指正，你们的支持是我们改进的最大动力。

编　者

目　　录

绪　论

1）了解三维建模软件。

2）了解 3ds Max 的应用领域。

3）了解 3ds Max 的特点。

4）了解三维效果的制作流程。

课程引入

　　计算机的飞速发展早已将设计带入了数字时代，随着计算机图形处理能力的不断增强，复杂的三维模型也可以轻松地使用计算机进行设计。近年来，影视动漫不断把 3D 特效带到大屏幕上，游戏、虚拟现实等逼真、震撼的三维场景也更具吸引力，如图 1-1 所示。无论是动漫、特效、游戏、产品设计，还是虚拟现实、增强现实等，都需要三维造型或场景设计，而 3ds Max 是当前世界上销量最大的三维建模软件，集建模、材质、灯光、动画及渲染于一身，应用极其广泛。让我们一起来了解并学习 3ds Max 吧。

图 1-1　虚拟三维场景

1.1 三维建模软件

三维建模技术是研究在计算机上如何进行空间形体的表达、存储和处理的技术，是通过软件实现空间模型的技术手段。目前用于三维设计的软件很多，每种软件都有其特点，适合于不同的领域，这里介绍几款典型的三维建模软件。

1.1.1 三维建模软件介绍

1. SolidWorks

SolidWorks 是法国达索公司专门研发的机械设计自动化的软件，具有 2D 到 3D 转换工具，可以从 DWG 资料产生 3D 模型，主要有机器设计工具、模具设计工具、曲面设计等功能，有全动感用户界面，设计功能强大，易学易用，多用于机械设计中。

2. Pro/Engineer

Pro/Engineer 是美国参数技术公司研发的 CAD/CAM/CAE（computer aided design/ computer aided manufacturing/computer aided engineering，计算机辅助设计/计算机辅助制造/计算机辅助工程）一体化的三维软件。Pro/Engineer 软件以参数化著称，是参数化技术的最早应用者，在目前的三维造型软件中占有重要地位。

3. CATIA

CATIA 是由法国达索公司开发的 CAD/CAM/CAE/PDM（product data management，产品数据管理）一体化软件，CATIA 起源于航空工业，内容涵盖了产品从概念设计、工业设计、三维建模、分析计算、动态模拟与仿真、工程图的生成到生产加工成产品的全过程。作为世界领先的 CAD/CAM 软件，CATIA 可以帮助用户完成大到飞机小到螺钉旋具的设计及制造，提供了从 2D 到 3D 的技术指标化建模。

4. UG NX

UG NX 是美国 UGS 公司 PLM 产品的核心组成部分，是集 CAD/CAM/CAE 于一体的三维参数化设计软件。UG NX 融合了线框模型、曲面造型和实体造型技术，采用统一的数据库、矢量化和关联性处理、三维建模同二维工程图相关联等技术，使设计效率大大提高，广泛应用于汽车与交通、航空航天、日用消费品、通用机械及电子工业等领域。

5. AutoDesk Revit

AutoDesk Revit 是 AutoDesk 公司打造的一款专业模型设计软件，是专门为建筑信息模型所构建的系统，可帮助用户设计、建造和维护品质更好、性价比更高的建筑。建筑信息模型是目前最受欢迎的建造系统，用户可减少在设计过程中的错误和浪费，制作出精确度更高的设计。

6. SketchUp

SketchUp 是一套直接面向设计方案创作过程的 3D 设计工具，官方网站将它比作电子设计中的"铅笔"。它的主要卖点就是使用简便，人人都可以快速上手。其创作过程不仅能够充分表达设计师的思想，而且完全满足与客户即时交流的需要，它使设计师可以直接在计算机上进行十分直观的构思，是三维建筑设计方案创作的优秀工具。

7. Maya

AutoDesk Maya 是美国 AutoDesk 公司出品的世界顶级的三维动画图形图像软件，提供了三维创作中要用到的大多数工具，应用对象是专业的影视广告、角色动画、电影特技等。建模是创建对象表面的过程，Maya 的 3 种建模方式分别是 NURBS 曲线建模、POLY 建模和细分建模。每种类型需要不同的建模技巧，并且每种类型都具有独特的优点，而且可以在一定条件下进行相互转换。Maya 的功能完善、工作灵活、易学易用，制作效率极高，渲染真实感极强，是电影级别的高端制作软件。

8. CINEMA 4D

CINEMA 4D 是德国 Maxon Computer 研发的 3D 绘图软件，以较高的运算速度和强大的渲染插件著称，并且在用其描绘的各类电影中表现突出，而随着其越来越成熟的技术受到越来越多的电影公司的重视，同时在电视包装领域也表现非凡，如今在国内成为主流软件。

9. XSI

XSI 是全球著名的数字媒体开发生产企业 AVID 公司并购 Softimage 后于 1999 年底推出的三维动画软件 Softimage XSI。XSI 是第一个将非线性概念引入三维动画创作中的软件。它将完全改变现有的动画制作流程，极大地提高创作人员的效率。Softimage 曾经长时间垄断好莱坞电影特效的制作，在业界一直以其优秀的角色动画系统而闻名。

10. ZBrush

ZBrush 是一个数字雕刻和绘画软件，它以强大的功能和直观的工作流程彻底改变了整个三维行业。ZBrush 能够雕刻高达 10 亿多边形的模型，是世界上第一个让艺术家感到无约束、自由创作的 3D 设计工具，完全颠覆了过去传统三维设计工具的工作模式，解放了艺术家们的双手和思维，告别过去那种依靠鼠标和参数来笨拙创作的模式，完全尊重设计师的创作灵感和传统工作习惯。

11. MudBox

MudBox 数字雕刻与纹理绘画软件是由电影、游戏和设计行业的专业艺术家设计的，为三维建模人员和纹理艺术家提供了创作自由性，而不必担心技术细节。MudBox 数字雕刻与纹理绘画软件结合了直观的用户界面和一套高性能的创作工具，使三维建模专业人员能够快速轻松地制作多边形的三维模型。其已经被 AutoDesk 公司买下，基本操作方式与 Maya 相似，在操作上非常容易上手。

12. Rhino

Rhino 3D NURBS 非均匀有理 B 样条曲线，是一个功能强大的高级建模软件，又称为犀牛软件。Rhino 是由美国 Robert McNeel 公司于 1998 年推出的一款基于 NURBS 的三维建模软件。其开发人员基本上是原 Alias（开发 Maya 的 A/W 公司）的核心代码编制成员。Rhino

是一款小巧、强大的三维建模工具，大小才一百多兆，硬件要求也很低。不过不要小瞧它，它包含了所有的 NURBS 建模功能，用它建模非常流畅，所以人们经常用它来建模，然后导出高精度模型给其他三维软件使用。

13. 3ds Max

3D Studio Max，常简称为 3d Max 或 3ds Max，是 Discreet 公司开发的（后被 AutoDesk 公司合并）基于 PC 系统的三维动画渲染和制作软件。其前身是基于 DOS 操作系统的 3D Studio 系列软件。在 Windows NT 出现以前，工业级的 CG 制作被 SGI 图形工作站所垄断。3D Studio Max + Windows NT 组合的出现降低了 CG 制作的门槛，首先开始运用在计算机游戏中的动画制作，然后更进一步开始参与影视片的特效制作，如 X 战警 II、最后的武士等。在 Discreet 3ds Max 7 后，正式更名为 AutoDesk 3ds Max。

3ds Max 是目前世界上应用广泛的三维建模、动画制作和渲染软件之一，利用它可以在虚拟的三维场景中建造出各式各样的精美三维模型。如今，3ds Max 已经被广泛地应用到影视特效、角色动画、虚拟现实、建筑装饰等领域，可以满足制作高质量的动画、最新游戏和设计效果的需要，而且越来越多的设计师、艺术家也开始使用它来进行创作设计。

1.1.2 建模软件的选择

这么多建模软件，在进行三维设计时怎样选择软件呢？

从前面的介绍可以看出，每款软件都有其独特的性能，分别适用于不同领域的设计，因此在选择使用什么软件进行三维设计时应该根据专业性质和应用领域来选择。在三维建模、游戏开发中 3ds Max 的使用较多，进行三维动画设计时，Maya 的使用较多，次时代游戏使用 ZBrush 或 mudbox，室内设计类 3ds Max 的使用较多，栏目包装制作 CINEMA 4D 的使用较多，影视特效使用 ZBrush 或 mudbox。

对于数字媒体技术专业的学生来说，掌握 3ds Max 是必要的，ZBrush 和 Rhino 是辅助建好模型的工具。

3ds Max 可谓是最全面的三维建模，有着良好的技术支持和社区支持，是一款非常主流且功能全面的三维建模工具软件。其入门相对简单，功能全面，是最为主流的建模工具，插件厂商会把更大的精力放在 3ds Max 上，因此现在有很多插件协同 3ds Max 能完成很精美的设计。

ZBrush 是一个数字雕刻建模软件，可以使用很简单的操作来制作极度精细的模型。

Rhino 是一款 NURBS 建模工具，建立的模型更加追求准确度和参数，多用在工业设计领域。

[1.2] 三维建模的应用领域

1. 工业造型设计

在工业设计活动中，三维数据模型的建立可以方便地生成产品的平面和立体效果图及三维动画效果，有利于多角度、全方位地展示产品，如图 1-2 所示。

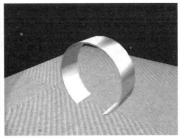

图 1-2　工业产品设计

2. 建筑装饰设计

在建筑装饰设计中三维建模技术的应用比传统的建筑设计手段更加先进和客观，其优势是非常明显的。通过三维建模技术构建的建筑模型在空间上的表达非常真实客观，模型不仅能够将建筑的主体构建进行表达，而且建筑设计师的设计理念及对整体的建筑的色彩、材质、装修效果等都可以在建筑模型上进行表达。在建筑造型和装修设计过程中，应用 3ds Max 来实现三维场景的虚拟展示是非常重要的手段，可以快速方便地制作出逼真的室内外设计效果图，如图 1-3 所示。

图 1-3　建筑装饰设计

3. 广告和电视栏目片头设计

广告和电视栏目片头的制作虽然是以视频剪辑和后期合成为主，但其中的三维动画元素主要是用 3ds Max 来完成的，如产品模型、环境装饰、立体 Logo、片头文字及发光、火焰、粒子特效等，这些制作可以使画面质感靓丽、造型逼真，配合后期合成软件，能够更好地将内容表现、艺术表达和技术含量三者有机结合，达到在短短十几秒或几十秒内吸引观众，提高收视率或扩大产品知名度的目的，如图 1-4 所示。

4. 影视特效制作

3ds Max 在影视动画和特效制作中（图 1-5），目前也可以达到电影级制作水准。在电影电视的制作中，看上去不可能拍摄出来的画面或一些危险镜头，大部分可以用 3ds Max 制作出来。3ds Max 之所以受青睐，是因为它比其他三维软件具有更多的建模、纹理制作、动画制作和渲染解决方案，并提供了高度创新而又灵活的工具，可以帮助产品设计师或动画技术指导制作影视的特技效果。例如，在《黑客帝国》《哈利波特》《创战纪》《圣地》《阿凡达》等这些被人津津乐道的影视作品中，都较好地运用了这一技术。

图 1-4 影视广告片头

图 1-5 动画特效

5. 游戏开发

3ds Max 在全球应用最广的就是游戏产业。自带的高级插件动力学系统、角色动画系统等结合更多插件给游戏开发者提供了各种工具，比较著名的《魔兽争霸III》就是使用 3ds Max 完成人物设计和场景制作的。

通过 3ds Max 制作出的 3D 游戏，画面更细腻，场景更逼真，造型更生动，可以大大增强游戏的欣赏性和真实性，如图 1-6 所示。

图 1-6 游戏开发

6. 虚拟仿真

近年来，借助计算机图像处理能力的提升，虚拟现实技术得以快速发展，应用 3ds Max 丰富的建模技术、逼真的材质渲染和灵活的动画表现，可以将现实世界的林林总总方便、真实地表现出来，不仅仅是工业产品设计、建筑效果展示、展馆旅游介绍，更能把科研、军事、医疗、教育等非常人能体验和具有危险性的项目制作成仿真实验，通过交互性和沉浸感让人们身临其境地体验。因此 3ds Max 在虚拟仿真系统中的应用越来越广，场景及模型的建立和动画设置基本通过 3ds Max 来实现，如图 1-7 所示。

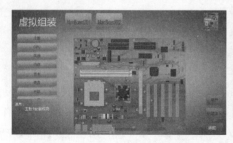

图 1-7 虚拟仿真

7. 军事科技

在和平年代，部队的军事训练或战事演练往往借助虚拟的方式进行，如飞行模拟训练、驾驶训练等，也可以通过虚拟的战场（地形）模拟对抗演练，锻炼士兵的判断和应对能力，如图 1-8 所示。

8. 医疗教育

在医疗学习中解剖学是重要的环节，利用 3ds Max 构建解剖标本，不仅可以解决标本来源，还可以对解剖标本进行任意组合显示、隐藏、透明、放大缩小、旋转角度等操作，为学习者充分展示人体各器官的结构形态、位置等，甚至还可以使用动态形式模拟一些疾病的治疗恢复过程，有利于医疗教育和其他行业的教育，如图 1-9 所示。

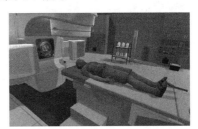

图 1-8　军事科技　　　　　　　　　　　图 1-9　医疗教育

1.3　三维设计与制作的工作流程

对于不同行业的计算机三维设计，其工作流程虽各有不同，但大体上包括前期、中期、后期 3 个阶段，每个阶段的细分环节稍有不同。

1. 前期

前期包括构思、绘制草图、收集素材 3 个主要环节。

设计开始前，首先要对设计制订总体策划方案，然后根据方案绘制草图、收集素材。绘制草图可以使用手绘，也可以使用计算机绘图软件，主要是对象或场景的结构、模型样式、动画效果的脚本等。收集素材主要是指收集原始资料、相关照片或图片、材质资料等。

2. 中期

中期包括三维建模、材质灯光、动画调节 3 个主要环节。

有了草图或照片、图片，按照策划方案的思路就可以进行三维建模了，这个环节主要使用前面提到的各种建模软件来完成。

模型是否逼真很大程度上取决于材质处理是否得当，可以使用图片或照片进行表面贴图，也可以通过参数设置，配合场景灯光调节，以达到逼真的效果。

如果需要动态展示，可以利用 3ds Max 的各种动画设置方法进行调节。

3. 后期

后期包括图像渲染和后期合成两个主要环节。

图像渲染是完成场景的整体布置和灯光布局后，选择合适的渲染器，设定适合的渲染参数，渲染出静态图像或动态视频，这一环节也是在三维设计软件中进行的。

后期合成主要是对输出的静态图像或动态视频进行一定的修饰或合成处理等操作，单纯的静态效果图一般用 Photoshop 对图像做明暗或色彩调节，也可以添加装饰美化画面；动态视频往往要结合 Premiere、After Effects 等软件进行剪辑、合成、特效处理、添加声效等操作，形成完整的项目。

总体来说，三维设计与制作的工作流程大体如图 1-10 所示，虚线框内的内容在本门课程的教学范围内。

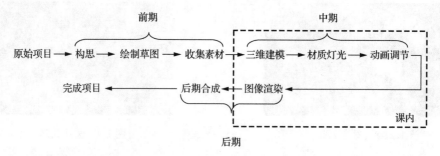

图 1-10　三维设计与制作的工作流程

本 章 小 结

本章主要介绍了三维设计与制作的应用领域、使用软件及工作流程，从数字媒体技术专业角度出发，选择 3ds Max 作为本课程使用的软件。通过这些内容的介绍，希望读者对三维造型与动画设计有一个初步的认识，了解一些行业需求，为后续学习做好准备。

思 考 与 练 习

1. 简述 3ds Max 的基本特点。
2. 简述 3ds Max 的应用领域。
3. 简述三维设计与制作的工作流程。

第 2 章

3ds Max 的基本操作及变换

1）了解 3ds Max 的界面布局。
2）了解 3ds Max 的基本设置。
3）熟悉 3ds Max 的基本操作。

能力目标

1）熟悉 3ds Max 软件的操作界面，掌握界面设置的方法。
2）学会创建标准基本体和扩展基本体。
3）掌握几何体参数变换的作用。
4）通过参数设置改变几何体的造型。

课程引入

3ds Max 是应用比较广的三维建模软件，有着良好的技术支持，是一款非常主流且功能全面的三维建模工具软件，集建模、材质、灯光、动画、渲染等功能于一体，是各行业都能使用的建模工具。下面一起来学习 3ds Max 的使用方法（本书以 3ds Max 2018 为例）。本章部分案例的渲染效果如图 2-1 所示。

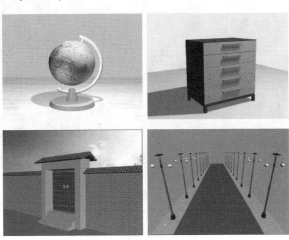

图 2-1　部分案例的渲染效果

[2.1] 3ds Max 界面布局

2.1.1 界面布局

3ds Max 安装后会在桌面创建快捷方式图标，双击即可启动，如图 2-2 所示。

若想使用中文操作界面，则可以选择"开始"菜单中的"所有程序"→"AutoDesk"→"Autodesk 3ds Max2018"→"3ds Max 2018-Simplified Chinese"选项，如图 2-3 所示，这里有各种语言版本。只要启动了一次中文版以后，再从桌面双击 3ds Max 快捷方式图标，就会自动进入中文版操作界面。

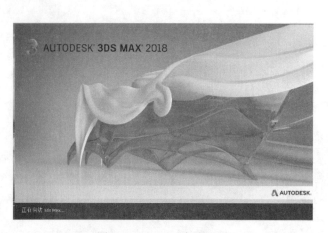

图 2-2　3ds Max 启动画面

图 2-3　中文版启动选项

3ds Max 启动后进入操作界面，如图 2-4 所示。

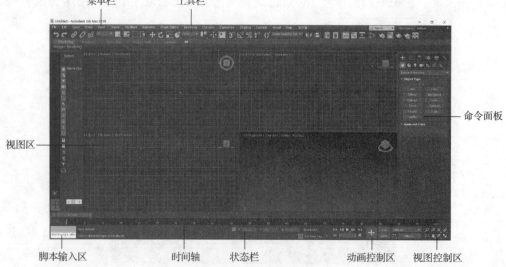

图 2-4　3ds Max 主操作界面

3ds Max 界面由以下几部分组成：菜单栏、工具栏、视图区、命令面板、时间轴、状态栏、动画控制区、视图控制区等。各部分功能如表 2-1 所示。

表 2-1　操作界面各区域名称及功能

序号	名称	功能描述
1	菜单栏	集成了 3ds Max 的所有命令，分类归结在不同的菜单项中，选择某个菜单项，就会弹出下拉列表，选择其中某个选项即可执行相应的命令
2	工具栏	工具栏也是常用菜单命令的快捷方式，单击其中相应的按钮就会执行相应的命令
3	视图区	视图区是进行模型创建、动画设置等操作的主要工作区，所有对象的编辑操作都在这里完成。视图区默认是 4 个窗口，包含 3 个平面视图窗口、一个立体透视窗口，窗口布局可以改变
4	命令面板	3ds Max 的核心部分，包括场景中建模和编辑物体的常用工具和命令，由"创建""修改""层级""运动""显示""实用工具" 6 个选项卡组成，每个选项卡中都有丰富的内容，在此完成对物体编辑的各项参数设置
5	时间轴	时间轴上有滑块，可以用鼠标拖动，用于设置和控制动画在某特定帧的状态，方便观察和设置不同时刻的动态效果
6	状态栏	显示相关场景和活动命令的状态或提示信息，如对象的选择状态、鼠标指针的坐标位置、命令使用提示信息与时间标记等
7	动画控制区	创建或演示动画的控制区域，单击相应的按钮可以设置动画的关键点、可以预览动画等
8	视图控制区	用于控制各视图的显示状态，单击相应的按钮可以改变视图的大小、角度等，便于观察物体（注意：此操作改变的是观察者的视角，物体本身没有变化）

2.1.2　改变视图窗口

默认状态下，视图区分为顶视图、左视图、前视图和透视图 4 个工作区，如图 2-5 所示。

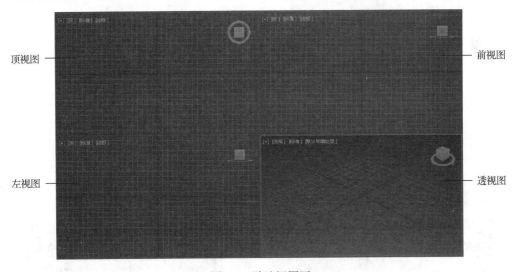

图 2-5　默认视图区

在所有视图窗口（简称视口）中只有一个是当前激活窗口，激活视图区有黄色边框。当有些操作需要看模型的某个角度的细节或需要放大某个窗口操作或有某些操作习惯时，用户是可以改变视图窗口布局、大小、角度的，有 5 种方法可以改变视图窗口，下面逐一说明。

1）单击当前视图窗口左上角的"标准"，在弹出的下拉列表中选择"视口全局设置"选项，在弹出的"视口配置"对话框中选择"布局"选项卡，在其中可以选择不同的视图窗口布局，如图 2-6 所示。

2）将鼠标指针放在视图区边缘可拖动边线改变视图窗口的大小，如图 2-7 所示。

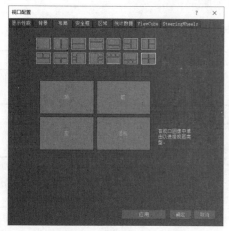

图 2-6 "视口配置"对话框

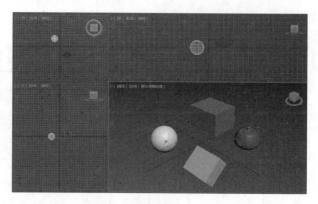

图 2-7 改变视图窗口的大小

3）单击左下角的三角按钮，在弹出的列表中可以选择不同的视图窗口布局，如图 2-8 所示。

4）单击右下角的视图控制按钮可以同时改变 4 个视图窗口或单独改变一个视图窗口的大小、远近、角度等，如图 2-9 所示。

图 2-8 视图窗口布局

图 2-9 视图控制按钮

5）要想单独将某一视图变成其他视图，可将鼠标指针移到该视图的名称上单击，在弹出的下拉列表中选择想要的视图（右视图、后视图、正交视图、底视图、摄影机视图、灯光视图等），如图 2-10 所示，即可转到该视图。

要想恢复默认视图，需将鼠标指针移动到 4 个视图中心交汇处右击，在弹出的快捷菜单中选择"重置布局"选项，即可恢复默认视图，如图 2-11 所示。

图 2-10 单独改变视图

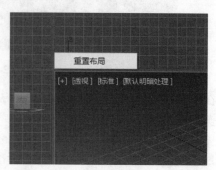

图 2-11 恢复视图

2.1.3　自定义用户界面

操作比较熟练以后，可以按照操作需要或自己的习惯重新排列 3ds Max 用户界面的组件，包括菜单栏、工具栏和命令面板。可以指定工具栏应显示哪些工具、隐藏哪些工具，并且可以创建自己的键盘快捷键、自定义工具栏等，也可以自定义用户界面中使用的颜色。

各种自定义选项位于"自定义"菜单中。选择"自定义"→"自定义用户界面"选项，在弹出的如图 2-12 所示的"自定义用户界面"对话框中可以按照自己的习惯定义菜单栏、工具栏、快捷键等，然后保存定义的界面，重新加载后或下次启动时即按照新的界面显示。

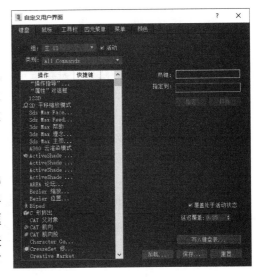

图 2-12　"自定义用户界面"对话框

2.1.4　设置界面参数

1. 配置用户路径

在制作效果图时，经常会将文件从一台计算机复制到另外一台计算机，此时赋好材质的模型在复制到另外一台计算机上打开时，模型的材质路径会丢失，因此需要将模型的材质一并复制到另外一台计算机，再重新指定材质路径，这个操作很费时，因此文件路径配置很重要。通过配置用户路径可以设置项目文件路径及外部文件路径，也可以通过相对路径和绝对路径设置使材质等外部文件不再丢失，如图 2-13 所示。

另一种避免复制时丢失材质文件的办法是归档，通过归档可以轻松解决以上问题。归档在"文件"菜单下，通过归档将材质、字体、脚本等外部文件和模型文件自动进行文件路径配置压缩保存。

配置系统路径可以改变系统默认的路径和第三方插件的路径，如图 2-14 所示。

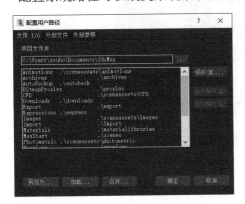

图 2-13　配置用户路径

图 2-14　配置系统路径

技 巧 提 示

要与团队成员共享用户路径，请执行以下操作：

1）在"配置用户路径"对话框中设置所有必需的用户路径。

2）单击"另存为"按钮，在弹出的"将路径保存到文件"对话框中保存路径配置为MXP 文件。

3）使路径配置文件适用于其他团队成员。

4）每个团队成员打开"配置用户路径"对话框，并使用"加载"或"合并"按钮打开路径配置文件。

5）新的路径配置现在与每个团队成员机器上的配置相同。

注意：使用"加载"按钮可以消除现有的路径配置，使用"合并"按钮只覆盖当前配置和新配置存在的路径。

2．单位设置

单位是三维设计中非常重要的度量工具，主要有米、厘米、毫米及英制等。设置好单位之后，系统中的模型及变量都通过该单位进行显示。

单位设置是制作模型的依据，所以制作模型前应先进行单位设置。3ds Max 中有两种单位：系统单位和绘图单位。系统单位是进行模型转换的依据，只有在创建场景或导入无单位的文件之前才可以更改系统单位。绘图单位是制作三维模型的依据，显示单位比例有 4 种方式，分别是公制、美国标准、自定义、通用单位。

单位设置在"自定义"菜单中，选择"自定义"→"单位设置"选项，在弹出的"单位设置"对话框中可以进行单位的设置，如图 2-15 所示。

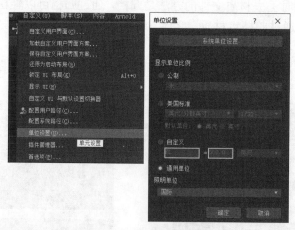

图 2-15   单位设置

3．首选项设置

首选项设置可以对一些常规的默认参数进行修改，如操作场景撤销的次数、文件自动备份间隔时间、文件自动备份的名称和个数、默认渲染器、渲染的默认参数、动画设置和反向动力学的默认参数、变换 Gizmos 的默认参数等都是经常使用的设置项，如图 2-16 所示。

图 2-16　首选项设置

2.1.5　坐标系统和变换中心

1. 坐标系统

3ds Max 内置了无限大的三维空间，这个空间是按笛卡尔坐标系统构成的，该虚拟空间内任何对象都能用 X、Y、Z 的坐标值精确定位，X、Y、Z 这 3 个轴互相垂直、无限延伸，3 个轴的中心交点定为世界坐标系原点，3 个轴两两相交构成 XY 平面、YZ 平面、XZ 平面，称为主栅格，分别对应顶、前、左 3 个视图。默认情况下，使用鼠标拖动的方法创建模型时，都是以某个视图的主栅格为基础进行创建的。

3ds Max 定义了 10 种坐标系，可在工具栏的"视图"下拉列表中切换，如图 2-17 所示。

1）视图：是默认的坐标系，包含了"世界"和"屏幕"坐标系。

2）屏幕：以当前激活的视图来定义，是可变的。

3）世界：世界坐标系是固定不动的，原点位于栅格中心，X 轴正向朝右，Z 轴正向朝上，Y 轴正向是背离操作者方向。

4）父对象：使用选定对象的父对象坐标系，所有物体都可以看成"世界"的子物体。

图 2-17　坐标切换

5）局部：使用选定对象的坐标系，依附于物体，跟随物体移动、旋转。

6）万向：3 个旋转轴可以不垂直。

7）栅格：使用活动栅格坐标系。

8）工作：使用工作轴坐标系。

9）局部对齐：使用选定对象的坐标系来计算 X 轴、Y 轴和 Z 轴，在可编辑多边形中调整具有不同面的多个对象时很有用。

10）拾取：选择"拾取"选项，再选择物体，就会拾取该物体的"局部"坐标系作为当前坐标系。

2. 变换中心

1）使用轴心点中心：默认选项，使用轴心点作为变换中心。

2）使用选择集中心：使用多个选择对象的几何中心作为变换中心。

3）使用变换坐标系中心：使用当前坐标系的中心作为变换中心。

3．物体的显示方式

为了方便建模操作，物体在视图中的显示可以是实体显示，也可以是以线框的形式展示透视效果，右击当前视图左上角的"默认明暗处理"，在弹出的快捷菜单中可以切换各种显示方式，如图 2-18 所示。图 2-19 为默认实体显示模式和线框显示模式的对比。

图 2-18   显示方式切换

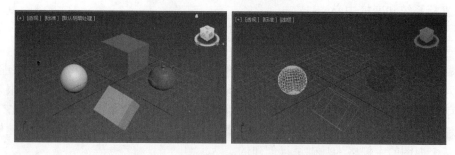

图 2-19   实体显示模式和线框显示模式

2.2 标准基本体和扩展基本体

2.2.1 标准基本体

标准基本体是三维造型中最基本的内容，是构成复杂三维模型的基础。

如图 2-20 所示，每种基本体都包含了多种参数，通过对这些参数的调节，不但可以获得不同的几何体，还能产生几何体不同形态的变形体。

图 2-20   标准基本体

1. 标准基本体的创建方法

创建基本体的方法有两种，即鼠标拖动法和键盘输入法。

1）鼠标拖动法：在命令面板的"创建"选项卡选择要创建的基本体，如长方体，然后在视图区的任何一个视图中用鼠标拖动的方法都可以快速绘制出一个基本体。

2）键盘输入法：同样在命令面板的"创建"选项卡选择要创建的基本体，如球体，然后在下面的参数卷展栏中单击"键盘输入"左侧的三角形展开其参数卷展栏，显示要创建的基本体的参数选项，X、Y、Z 是指创建的基本体的空间坐标位置，输入具体数值，再输入要创建的几何体的参数，如半径值，最后单击"创建"按钮，如图 2-21 所示，即可在视图中的精确位置创建一个有精确参数值的基本体。

注意： 每个基本体创建后都可以在命令面板的"名称和颜色"文本框中命名和修改颜色。建议读者给对象起名时一方面要便于记忆，另一方面要遵守规则，不要乱起，以便大场景多物体时方便查找。

2. 基本体的参数修改

任何一个已经创建的基本体或通过鼠标拖动方法创建的没有精确参数的基本体，都可以通过修改参数的方法来改变基本体的大小或形态。其方法是，选择要修改的基本体，选择命令面板中的"修改"选项卡，在下面的参数卷展栏中修改参数即可，如图 2-22 所示。

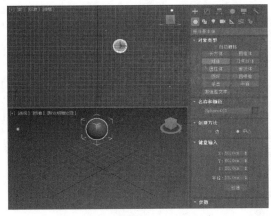

图 2-21　键盘输入法创建球体　　　　　　图 2-22　参数修改命令面板

3. 删除基本体

任何不需要的基本体都可以删除，方法很简单，选择要删除的物体，按键盘上的 Delete 键即可删除。

2.2.2　扩展基本体

扩展基本体是系统提供的相对复杂的内置模型，包括多面体、环形结、切角长方体、切角圆柱体、油罐、胶囊体、纺锤体、L 形墙、多棱体、C 形墙、环形波状物、软管、棱柱等，如图 2-23 所示。

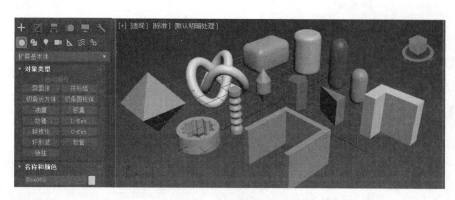

图 2-23　扩展基本体

扩展基本体的创建、修改、删除操作与标准基本体一样，这里不再赘述。扩展基本体的参数更多一些，通过修改参数可以制作出外观更加丰富的模型。

技 巧 提 示

1）各种几何体的创建方法略有不同，参数不同，注意参数的作用。

2）球体（几何球体、圆环）的坐标位置是球体（几何球体、圆环）的几何中心。

3）长方体的定位参数是底面中心。按住 Ctrl 键拖动鼠标，可以创建一个底面是正方形的长方体。

4）圆锥体和棱锥体的定位参数是底面中心，棱锥的创建方式和圆锥基本一样。

5）圆柱体的定位参数是底面中心。

6）圆管的定位参数是底面中心。

7）圆环的定位参数是几何中心。

8）茶壶的定位参数是底面中心。

9）平面的定位参数是几何中心。

10）扩展几何体的参数更加丰富，注意通过各种参数的改变可以得到变换的模型。

2.2.3　文件的保存及导入导出

1. 新建和重置

使用"文件"菜单中的"新建"选项可以创建一个全新的文件，也可以保留当前对象创建一个新的场景文件。

使用"文件"菜单中的"重置"选项相当于创建一个新的场景文件。

注意： 新建是重新建立一个文件，需要加载软件所需的加载项，要花一定的等待时间；而重置是在不关闭现有文件的情况下重新换一个场景，不需要重新加载引导项，不需要长时间等待，比新建文件的速度快。

2. 保存

"文件"菜单中的"保存"选项可以保存当前 Max 文件，也可以选择保存低版本的 Max 文件。要想保存场景中的某一个或多个模型，可以通过"文件"菜单中的"保存选定对象"

选项来单独保存选中的场景中的模型。

3. 另存为

"文件"菜单中的"另存为"选项可以以新名称来保存当前文件，也可以以副本的形式保存当前文件。

4. 归档

如果场景中有外部文件的应用，或模型材质使用了外部文件贴图，"文件"菜单中的"归档"选项可以将外部文件和模型源文件以压缩的形式保存当前文件，避免文件移动到其他设备时丢失外部文件。

5. 导入

"文件"菜单中的"导入"选项可以将其他格式的外部文件导入 3ds Max 中，也可以将以文件形式存储的对象模型"合并"到当前场景中，还可以使用外部文件对象"替换"当前场景中的对象。

6. 导出

"文件"菜单中的"导出"选项可以将当前场景中的选定对象或整个场景导出为外部文件格式。

2.3　对象的选择

建模的最基本操作就是选择物体，选择好物体后才能进一步进行其他操作。3ds Max 提供了多种选择物体的方法，灵活使用各种选择工具，可以大大提高建模效率。如果场景中包含的对象很多，并且发生重叠或遮挡，使用鼠标单击选择物体就很不方便。下面介绍几种选择物体的方法。

1. 基本选择方法

基本选择方法是指用鼠标单击选择对象，前提是工具栏中的"选择对象"按钮处于激活状态，此时可以按住 Ctrl 键，用鼠标单击对象来选择多个物体，也可以通过按住 Alt 键，再用鼠标单击对象来减选某个对象。

2. 区域选择法

区域选择法是指可以通过鼠标绘制出规则或不规则的区域来选择区域内的物体。单击工具栏中的"区域选择"下拉按钮，在弹出的下拉列表中选择矩形、圆形或不规则区域选项，如图 2-24 所示，在视图中拖动鼠标直接绘制出选择区域以便选择物体。

其中栅栏是绘制出不规则多边形的顶点，最后一个点必须和第一　图 2-24　选择区域工具个点重合，才能得到一个闭合的多边形；套索是拖动鼠标形成任意选择区域，起始点和终点自动闭合。

注意：使用区域选择物体时，应配合选择方式"窗口/交叉"按钮使用，默认的是穿越方式 ，意思是指被选择物体的一部分在区域内即被选中；单击"窗口/交叉"按钮变成窗口方式 ，是指被选择物体完全处于框选区域内时才被选中。两种方式的切换视选择需要而定。

3. 按名称选择

场景中的对象很多时，不方便使用鼠标点选和框选对象，此时可以单击工具栏中的"按名称选择"按钮 ，在弹出的"从场景选择"对话框中通过名称选择对象，如图 2-25 所示，多个物体可以通过 Shift 键或 Ctrl 键配合选择。

4. 使用选择集

当要对场景中的多个物体进行反复操作时，上面的选择方式都很麻烦，这时可以定义选择集来反复选择集合中的所有物体。单击工具栏中的"编辑命名选择集"按钮 ，弹出"命名选择集"对话框，如图 2-26 所示，在对话框中单击"创建选择集"按钮，可以创建一个选择集，可以给选择集命名，然后将场景中的对象通过单击 按钮添加到该选择集中，也可以先选中场景中的对象，再单击"创建选择集"按钮并命名，此时对象都在选择集中。选择集创建好后，单击工具栏中的"编辑创建选择集"下拉按钮，在弹出的下拉列表中选择一个选择集，即可选中该选择集中的所有对象。

图 2-25　按名称选择对象

图 2-26　"命名选择集"对话框

创建选择集有以下两种方式。

1）选择场景中需要放入一个集合中的所有对象，单击工具栏中的"编辑命名选择集"按钮，在弹出的"命名选择集"对话框中单击 按钮，输入选择集名称即可创建一个选择集。

2）单击工具栏中的"编辑命名选择集"按钮，在弹出的"命名选择集"对话框中单击 按钮，输入选择集名称创建一个选择集，再选择场景中的对象，然后单击"命名选择集"对话框中的 按钮，将对象逐一添加到选择集中。

"命名选择集"对话框中的 按钮，可以删除集合中的对象， 按钮可以删除选择集。

5. 使用过滤器

当场景中有大量不同类型的物体时，可以使用过滤器指定某些类型的物体处于可选择状态，其他类型的物体则被过滤掉，这样可以有效地防止误操作。过滤器在工具栏中，单击"全部"下拉按钮，在弹出的下拉列表中可选择其中的过滤项，如图 2-27 所示。

图 2-27　过滤器选项

2.4　对象的变换

用户很难一次创建出尺寸和空间位置都合适的物体，所以常常需要使用变换工具来对物体进行各种变换修改，最常用的 3 个基本变换操作是移动、旋转、缩放。其相应的命令按钮都在工具栏中。

1. 移动

当要改变物体位置时，需要对物体进行移动操作。可以通过鼠标移动、窗口参数改变移动、状态栏参数改变移动来改变物体的位置。

1）鼠标移动：选择要移动的物体，单击工具栏中的"选择并移动"按钮，将鼠标指针放置于某个坐标轴上，然后拖动鼠标将物体沿着 X 轴或 Y 轴或 Z 轴方向分别移动，当鼠标指针放置于两个坐标轴构成的平面上时，也可以将物体沿着 XY 平面或 XZ 平面或 YZ 平面分别移动。

2）窗口参数改变移动：选择要移动的物体，右击工具栏中的"选择并移动"按钮，在打开的"移动变换输入"窗口中，输入 X、Y、Z 轴方向偏移的数值，可以精确改变物体的移动位置，如图 2-28 所示。

3）状态栏参数改变移动：选择要移动的物体，在视图下方的状态栏中输入 X、Y、Z 轴方向要移动的距离数值，如图 2-29 所示，也可以精确改变物体的移动位置。

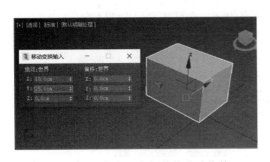

图 2-28　改变窗口坐标数值移动物体

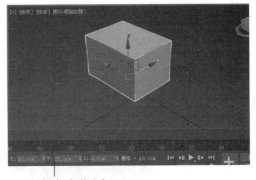

状态栏坐标值改变

图 2-29　改变状态栏坐标数值移动物体

2. 旋转

当要改变物体角度时，需要对物体进行旋转操作。可以通过鼠标随意旋转，也可以通过窗口设置角度来精确改变物体的角度。

1）鼠标拖动旋转：单击工具栏的"选择并旋转"按钮，选择物体，将鼠标指针放置于某个坐标轴上，然后拖动鼠标可以沿 X 轴或 Y 轴或 Z 轴旋转。

2）窗口参数改变旋转：右击"选择并旋转"按钮，在打开的"旋转变换输入"窗口中输入某轴向的偏移旋转角度进行旋转，如图 2-30 所示。

3）角度捕捉配合鼠标拖动旋转物体：要想精确旋转物体，可以使用工具栏中的"角度捕捉"按钮，默认以 5° 为幅度旋转物体。右击"角度捕捉切换"按钮，在打开的"栅格和捕捉设置"窗口的"选项"选项卡中的"角度"文本框可以设置旋转的角度，如图 2-31 所示，然后在"选择并旋转"和"角度捕捉切换"按钮同时激活的情况下，拖动鼠标即可精确旋转物体。

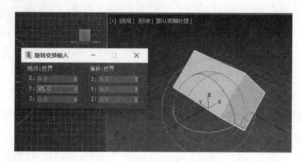

图 2-30　窗口参数改变旋转物体

图 2-31　"栅格和捕捉设置"窗口

3. 缩放

单击工具栏中的缩放按钮，可以选择并缩放物体。缩放物体分为等比缩放、非等比缩放、挤压缩放 3 种方式。

1）选择并均匀缩放（等比缩放）：此方式沿 3 个坐标轴方向等比例缩放对象，这是一种三维缩放，即只改变对象的体积而不改变其形状。

2）选择并非均匀缩放（非等比缩放）：可以将选择的对象沿某一坐标轴方向以非均匀的方式缩放，这是一种二维变化，它使对象的形状和体积都发生变化。

3）选择并挤压：可以将选择的对象沿某一轴向挤压，使对象在此轴向上缩小，同时在另外两个轴向上放大（反之亦然），挤压物体只改变物体的形状而总体积保持不变。

物体缩放的方法可以是鼠标拖动选择的物体，沿轴向等比或非等比缩放，也可以通过右击工具栏中的缩放按钮，在打开的窗口中输入具体的缩放比例，如图 2-32 所示。

图 2-32　均匀和非均匀缩放窗口

2.5　复　　制

当场景中需要建立多个或大量相同对象时，首先就会想到复制操作，即先创建初始对象，再利用其进行复制，可以大大提高建模速度。3ds Max 提供了 5 种复制的方法，下面逐一介绍。

2.5.1　基本复制——克隆

当要复制一个对象时，先选择该对象，然后选择"编辑"→"克隆"选项，或者直接使用 Ctrl+V 组合键复制，弹出"克隆选项"对话框，如图 2-33 所示，选择好对象和控制器，单击"确定"按钮即可完成复制操作。

说明：

1）克隆复制后的复制品和原对象重叠在一起，复制后需要移动才能看到复制品。

2）"克隆选项"对话框中的"对象"选项有以下 3 种情况。

① "复制"选项表示复制后复制品和原对象是相互独立的，互不影响。

图 2-33　"克隆选项"对话框

② "实例"选项表示复制后复制品和原对象是有关联的，且相互关联，即对复制品进行参数修改会影响原对象，对原对象进行参数修改会影响复制品，是双向关联的。

③ "参考"选项是单项关联的，只有对原对象进行参数修改才会影响复制品，对复制品不能直接进行参数修改。

2.5.2　使用 Shift 键配合复制

1. Shift+移动

选择要复制的对象，按住 Shift 键，沿着某一轴向拖动对象可复制多个复制品，且复制品将沿着这一轴向按拖动距离等距离均匀排列在一条直线上，如图 2-34 所示。

 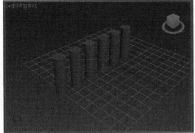

图 2-34　Shift+移动复制

2. Shift+旋转

选择要复制的对象，按住 Shift 键，沿着某一轴向旋转对象可复制多个复制品，且复制品将围绕这一轴向按拖动距离等距离均匀分布在一个圆上，如图 2-35 所示。

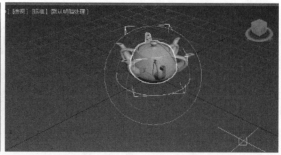

图 2-35   Shift+旋转复制

技 巧 提 示

1）由图 2-35 可以看出，这样旋转复制出的对象都叠加在一起，要想将复制对象分开分布在一个圆上，需要调整旋转轴的位置，旋转轴在对象自身内，旋转复制就会叠加，所以需要将旋转轴调整到对象之外的某一点。可以通过移动改变轴心点的位置。选择原对象，选择命令面板中的"层次"选项卡，单击"仅影响轴"按钮，在"移动并选择"按钮激活的状态下，可移动轴心点到需要的位置，如图 2-36 所示，然后按住 Shift 键，沿着 Z 轴拖动鼠标旋转对象复制多个复制品，此时复制品和原对象是分开的，如图 2-37 所示。

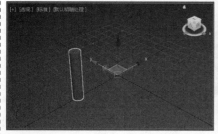   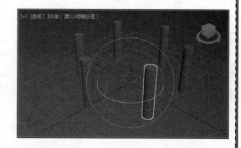

图 2-36   移动轴心点   图 2-37   Shift+旋转复制的结果

图 2-38   设置间隔角度

2）旋转间隔的角度可先设定，右击工具栏的"角度捕捉切换"按钮，打开"栅格和捕捉设置"窗口，如图 2-38 所示。在对话框的"选项"选项卡中设置间隔角度值，如 60°，单击"确定"按钮，然后在"选择并旋转"和"角度捕捉切换"按钮都激活的状态下，按住 Shift 键沿 Z 轴拖动旋转原物体，弹出"克隆选项"对话框，输入复制个数，单击"确定"按钮即可得到复制品。

3. Shift+缩放

如果想让复制品有规律、均匀地缩放排列，可以选择要复制的对象，按住 Shift 键，激活缩放按钮，沿着某一轴向拖动对象可复制多个复制品，且复制品将按一定比例缩放排列，如图 2-39 所示。

【例 2-1】创建如图 2-40 所示的方凳。

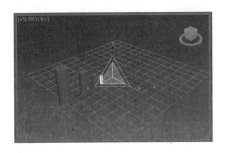

图 2-39　缩放复制排列

图 2-40　方凳

操作步骤如下。

步骤 1　新建文档，设置单位为 cm。

步骤 2　在"创建"选项卡中单击扩展基本体中的"切角长方体"按钮，使用鼠标拖动的方法在透视图中创建一个切角长方体，命名为"凳面"，设置长、宽、高分别为 40、30、3，圆角为 1，如图 2-41 所示。

步骤 3　在"创建"选项卡中单击标准基本体中的"长方体"按钮，使用鼠标拖动的方法在透视图中创建一个长方体，命名为"凳腿 001"，设置长、宽、高分别为 4、4、42。

步骤 4　选择凳面，在状态栏的 Z 轴文本框中输入 42，增加凳面的高度，因为鼠标拖动创建的对象都在各视图的栅格上，需要增加凳面高度才能放置凳腿。

步骤 5　激活工具栏中的"选择并移动"按钮，在顶视图中选择凳腿 001，沿着 X 轴、Y 轴将其移动到凳面一角的位置，如图 2-42 所示。

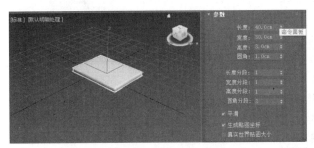

图 2-41　凳面

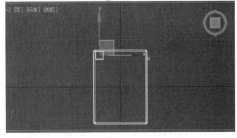

图 2-42　移动凳腿

步骤 6　选择顶视图，选择凳腿 001，在"选择并移动"按钮激活的状态下，按住 Shift 键，拖动鼠标沿 X 轴向右移动至凳面的右上角处释放鼠标左键，在弹出的"克隆选项"对话框中选择"实例"选项，设置副本数为 1，"名称"文本框中会自动出现"凳腿 002"，单击"确定"按钮，即可复制出一个凳腿。

步骤 7　选择顶视图，按住 Ctrl 键选择凳腿 001、凳腿 002，在"选择并移动"按钮激活的状态下，按住 Shift 键，拖动鼠标沿 Y 轴向下移动至凳面的下方左、右下角处释放鼠标左键，在弹出的"克隆选项"对话框中选择"实例"选项，设置副本数为 1，"名称"文本框中会自动出现凳腿 003，单击"确定"按钮，即可复制出另外两条凳腿，如图 2-43 所示。

图 2-43   复制凳腿

步骤 8   下面制作凳腿的横撑。在前视图创建长、宽、高分别为 3、3、36 的长方体，移动到左侧两个凳腿之间，再使用上述的 Shift+移动的方式复制到另一侧；同样在左视图创建长、宽、高分别为 3、3、26 的长方体，在顶视图移动到上方两个凳腿之间，再使用上述 Shift+移动的方式复制到另一侧，这样就制作出了完整的方凳模型，如图 2-44 所示，这是没有添加材质的裸模。

图 2-44   复制横撑

2.5.3   镜像复制

镜像复制对三维建模非常有意义，建模时可先创建出一半模型，再通过镜像复制出另一半。选择想要镜像复制的对象，单击工具栏中的"镜像"按钮 ，弹出"镜像：世界 坐标"对话框，如图 2-45 所示，可以选择不同的镜像轴，如果不输入偏移值，就在原对象位置产生复制品；输入偏移距离，就会在原对象偏移值距离处产生复制品；如果选择"不克隆"选项，则原对象自身镜像；如果选择"复制"、"实例"和"参考"方式中的任意一种，单击"确定"按钮后即可镜像复制出复制品，结果如图 2-46 所示。

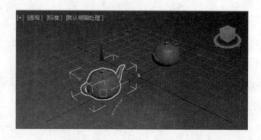

图 2-45   "镜像：世界 坐标"对话框   图 2-46   镜像复制的结果

2.5.4   间隔复制

间隔复制主要用于以当前对象为参考，通过拾取路径的方式沿路径进行排列复制的操作。间隔工具在"工具"菜单栏的"对齐"选项中，快捷键是 Shift+I。复制时需要事先在视图中绘制出对象要排列的二维路径，然后选择要参照的对象，再在"工具"菜单栏的"对齐"选项中选择"间隔工具"选项，打开如图 2-47 所示的"间隔工具"窗口。单击"拾取路径"按钮，在视图中单击拾取路径，然后输入计数个数或间隔距离，选择前后关系和对象类型，然后单击"应用"按钮得到复制结果，如图 2-48 所示。

图 2-47　"间隔工具"窗口

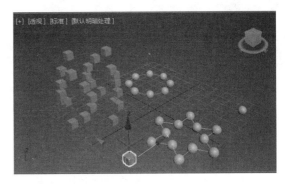

图 2-48　间隔复制的结果

说明：二维路径是在命令面板的"图形"选项卡中，选择线或其他图形，用鼠标拖动或键盘输入的方式绘制的，在第 4 章二维复合建模中会详细讲解二维图形的绘制。

2.5.5　阵列复制

阵列复制主要用于对当前对象进行大规模的、有规律的复制操作，可以一次复制出一维、二维、三维排列的大量对象。"阵列"复制时，先选择要复制的对象，然后选择"工具"菜单中的"阵列"选项，弹出"阵列"对话框，如图 2-49 所示，参数设置完成后，单击"确定"按钮即可进行阵列复制。

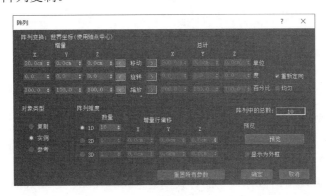

图 2-49　"阵列"对话框

"阵列"对话框中的参数设置说明如下。

1. "阵列变换"选项组

1）增量：分别用来设置 X、Y、Z 这 3 个轴向阵列复制对象之间的距离大小、旋转角度、缩放程度的增量。

例如，在视图中创建一个茶壶，选择"工具"菜单中的"阵列"选项，弹出"阵列"对话框，设置 X 轴的移动增量为 40，Y 轴的旋转增量为 60，选中"均匀"复选框，缩放 110%，一维复制数量为 8，预览复制结果如图 2-50 所示；如果设置二维数量为 3，Y 轴的增量行偏移为 100，则阵列复制结果如图 2-51 所示；如果设置三维数量为 3，Z 轴的增量行偏移为 100，则阵列复制结果如图 2-52 所示。

图 2-50　一维复制　　　　　图 2-51　二维复制　　　　　图 2-52　三维复制

2）总计：分别用来设置 X、Y、Z 这 3 个轴向阵列复制物体之间的距离大小、旋转角度、缩放程度的总量。

3）重新定向：决定当前阵列物体绕世界坐标旋转时是否同时也绕自身坐标旋转，否则阵列物体保持其原始方向。

4）均匀：选中该复选框表示 X、Y、Z 这 3 个轴向等比缩放，统一到 X 轴的参数同时作用于 Y、Z 轴。

2. "对象类型"选项组

3 种复制类型与克隆复制的意义相同，这里不再赘述。

3. "阵列维度"选项组

1）维度：可以选择一维、二维、三维复制。
2）数量：可以分别设置各种维度复制的数量。
3）增量行偏移：表示在各个轴向上的偏移增量。
4）预览：单击该按钮可以在视图中预览复制效果。
5）重置所有参数：单击该按钮，将重置阵列参数，恢复初始值。
6）显示为外框：表示阵列结果以对象的边界盒显示，加快视图的刷新速度。

【例 2-2】制作如图 2-53 所示的朱漆铜钮大门。

操作步骤如下。

步骤 1　新建文档，设置单位为 cm。

步骤 2　在透视图使用鼠标拖动的方式创建 1000×1000、分段数都为 1

制作朱漆铜钮大门

的平面作为地面，并命名为地面，再选择 AEC 扩展中的 C-Ext（墙）在顶视图参照平面位置绘制出 C 形围墙，背面、侧面、前面长度分别为 900、950、900，背面、侧面、前面宽度都为 12，高度为 220，分段数都为 1，命名为 C 院墙，效果如图 2-54 所示。

步骤 3　在前视图使用鼠标拖动的方式创建长、宽、高分别为 220、360、12 的长方体作为大门侧面院墙，命名为左院墙，与 C 院墙左侧对齐；使用左院墙复制一个长方体，命名为右院墙，并移动到大门右侧，边界与 C 院墙右侧对齐；然后创建两个长方体作为台阶，长、宽、高分别为 20、240、200 和 20、240、140，分段数都为 1，命名为台阶 01、台阶 02，移动到左右院墙中间位置作为台阶，效果如图 2-55 所示。再创建一个 10、240、12 的长方体，

命名为木门槛，移动到左右院墙中间的台阶上，利用长方体制作大门门框和墙沿，如图 2-56
所示。

图 2-53　朱漆铜钮大门

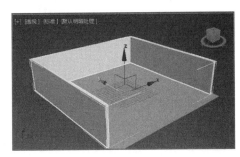

图 2-54　C 形围墙

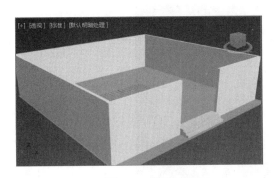

图 2-55　院墙

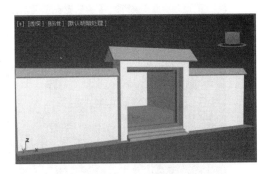

图 2-56　大门门框和墙沿

步骤 4　制作大门。在前视图使用鼠标拖动的方式创建长、宽、高分别为 230、110、5
的长方体作为大门，命名为左侧大门（右侧大门可以在铜钮制作好之后复制得到），移动并
调整大门的位置。

步骤 5　制作大门铜钮。选择标准基本体中的球体，在前视图拖动创建一个球体，设置
半径为 3、半球为 0.5，命名为铜钮 001，放置在左侧大门的左上角合适位置，然后打开"阵列"
对话框，参数设置如图 2-57 所示，预览查看位置是否合适，确认无误后单击"确定"按钮复制
成功。再创建一个圆环作为门环，半径分别为 8、1，移动到如图 2-58 所示的铜钮位置。

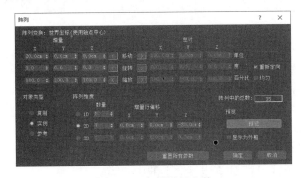

图 2-57　复制铜钮参数

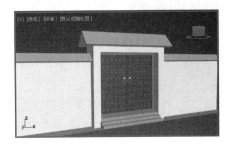

图 2-58　大门效果

步骤 6　将左侧大门连同全部铜钮一起选中（此处可以按名称选择），沿着 X 轴偏移 105
镜像复制得到右侧大门，完整效果如图 2-58 所示。

说明：此处忽略材质，只是通过此案例练习移动、旋转、阵列复制、镜像复制等基本操作。

[2.6] 对 齐 物 体

在制作模型时，通常需要将对象进行位置或角度对齐，单纯地使用鼠标拖动，使用肉眼判断，有时不能达到精准对齐，如例 2-2 中墙体、台阶、大门等位置的对齐，因此需要借助对齐工具进行对齐，也可以通过捕捉点、线等进行精确对齐。

如图 2-59 所示的地球仪模型的球体与底座及穿过球心的轴等对象要精确对齐，球与底座垂直轴心对齐，绕动轴要穿过球心，用肉眼很难判断移动是否对齐，必须使用对齐工具进行对齐操作。

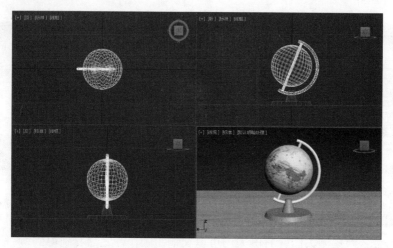

制作地球仪

图 2-59　轴心对齐的地球仪

1. 对齐工具

选择一个物体，选择"工具"菜单中的"对齐"选项，或单击工具栏中的"对齐"按钮，然后选择目标物体，弹出对齐对话框，如图 2-60 所示，设置对齐位置、对齐方向等，确定对齐的坐标位置，然后单击"应用"或"确定"按钮即可将两个物体对齐。

图 2-60　对齐对话框

对齐对话框中选项的说明如下。

1）"对齐位置"选项组：用于指定位置对齐的轴向，可以单个轴向对齐，若 3 个轴都选择，则是中心对齐。

2）"当前对象"/"目标对象"选项组：分别用于设置当前对象与目标对象的对齐位置，对齐位置是基于对象的边界盒进行指定的。

① 最小：当前对象或目标对象边界盒上的最小点。

② 中心：当前对象或目标对象边界盒上的中心点。

③ 轴点：当前对象或目标对象边界盒上的坐标轴心点。

④ 最大：当前对象或目标对象边界盒上的最大点。

3）"对齐方向"选项组：用于指定对齐方向依据的轴向。

4）"匹配比例"选项组：用于将目标对象的缩放比例沿指定的坐标轴向施加到当前物

体上。

技 巧 提 示

　　A、B 两个物体对齐时，若先选择 A 物体，选择"对齐"选项后再选择 B 物体，是让 B 物体对齐到 A 物体所在的位置，即 A 物体的位置不动，B 物体移动；反之若先选择 B 物体，是让 A 物体对齐到 B 物体所在的位置，即 B 物体的位置不动，A 物体的位置改变。

2．捕捉工具

　　捕捉工具的功能主要是通过捕捉对象上的相应点进行精确对齐建模，可以通过捕捉当前对象与目标对象上对应的点进行位置对齐，在建模时使用非常方便。3ds Max 提供了二维捕捉、2.5 维捕捉和三维捕捉。单击并长按工具栏中的捕捉开关按钮，在弹出的下拉列表中可以切换捕捉方式，如图 2-61 所示。捕捉既可以按照角度捕捉，也可以按照百分比捕捉，在工具栏中使用相应的按钮进行切换。

　　捕捉参数的设置方法如下。

　　右击工具栏中的捕捉开关按钮，打开"栅格和捕捉设置"窗口，在"捕捉"选项卡中可以选择捕捉对齐的点，如图 2-62 所示；在"选项"选项卡中可以设置捕捉的半径、角度和百分比等，如图 2-63 所示。

图 2-61　捕捉方式　　　　　图 2-62　设置捕捉点　　　　　图 2-63　设置百分比

【例 2-3】 使用对齐工具和捕捉对齐方式创建如图 2-64 所示的五斗柜。

　　操作步骤如下。

制作五斗柜

步骤 1　创建一新文件，命名为五斗柜，设置单位为 cm。

步骤 2　创建一长方体，长、宽、高分别为 60、90、2，命名为 mb；再复制一个长方体作为底板，命名为 db，与 mb 间隔 80，如图 2-65 所示。

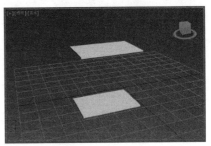

图 2-64　五斗柜　　　　　　　　　　　图 2-65　创建长方体

步骤 3 在左视图创建长方体，长、宽、高分别为 78、58、2，命名为 lcb，再复制一个长方体并命名为 2cb，利用捕捉工具对齐到 mb 两侧，如图 2-66 所示。

步骤 4 在前视图创建长方体，长、宽、高分别为 82、90、1，命名为 bb，利用捕捉工具对齐到柜体背部，也可以直接利用捕捉工具在前视图捕捉柜体两个侧板的对角顶点创建长方体作为背板，如图 2-67 所示。

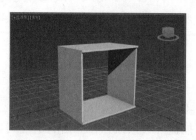

图 2-66　创建侧板

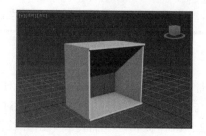

图 2-67　创建背板

步骤 5 创建柜腿。在前视图或左视图利用捕捉底板下角顶点的方法创建长、宽、高分别为 4、4、8 的长方体，命名为 gt1，然后复制另外 3 个柜腿，分别利用捕捉工具对齐到底板的 4 个角，如图 2-68 所示。

步骤 6 创建抽屉。此处只创建抽屉外观面板，忽略内部结构。在前视图创建长、宽、高分别为 16、90、2 的长方体，然后复制 4 个，得到 5 个抽屉面板，分别命名为 ct01～ct05，并对齐，结果如图 2-69 所示。再通过缩放使抽屉之间留有一定缝隙，若想让 5 个面板分别均匀缩放，需要将工具栏视图右侧的按钮■选择为"使用轴点中心"，缩放结果如图 2-70 所示。

图 2-68　创建柜腿

图 2-69　创建抽屉

图 2-70　缩放抽屉

> **技巧提示**
>
> 计算单个抽屉面高度值的方法：单击"长方体"按钮，创建长方体，单击命令面板中输入数值的文本框，然后按 Ctrl+N 组合键，弹出"数值表达式求值器"对话框。由于柜体高 80，要制作 5 个抽屉，所以输入表达式"80/5"，然后看到"结果"文本框中显示 16，如图 2-71 所示。
>
>
>
> 图 2-71　"数值表达式求值器"对话框

步骤 7 制作抽屉拉手。创建长、宽、高分别为 2.5、30 和 2.0 的长方体，对齐到 ct01 的中心点与上边沿靠近的位置，命名为 ls001，然后复制 4 个，效果如图 2-72 所示。

步骤 8 选择柜体的顶、底、背及侧板和柜腿，统一改成深灰色，抽屉面板改为白色，完成的五斗柜整体效果如图 2-73 所示（材质后续可以根据需要进行设置）。

图 2-72　制作抽屉拉手

图 2-73　修改五斗柜的颜色

3. 组合物体

例 2-3 场景中绘制的五斗柜，制作完成后如果想整体移动它，可以创建选择集，也可以将对象全选中进行组合。

如果想制作抽屉可以拉出来的动画效果，可以将每一个抽屉分别成组，将柜体和柜腿组成一个组合。以抽屉面板和拉手组合为例，选择一个拉手及拉手所固定的抽屉面板，选择"组"→"组"选项，然后在弹出的"组"对话框中输入组名 ct001，然后单击"确定"按钮即可完成组操作。如果想对组内的对象进行修改，需要先解组，再修改，修改后可重新成组。

2.7　综 合 训 练

【例 2-4】参照如图 2-74 所示的路灯制作街道及两边人行道旁的路灯。

本训练主要让读者全面了解 3ds Max 的基本操作，掌握物体的选择方法、物体的移动和旋转方法、物体的复制和对齐方法。

制作路灯

图 2-74　路灯

以图 2-74 左侧所示的图为例制作太阳能路灯，操作步骤如下。

步骤 1　创建新文件，命名为 tynd，设置单位为 cm。

步骤 2　创建底座。创建长、宽、高分别为 45、45、2 的长方体 db，再创建长、宽、高分别为 30、30、45 的长方体 dz，轴心点对齐后向上移动第二个长方体将其放在第一个长方体之上。

步骤 3　创建灯杆。先创建球棱柱 dg，边数为 6，半径为 12，高度 40。再创建 3 段管状体，参数分别为 dg01，半径 1 为 8，半径 2 为 2，高度为 300；dg02，半径 1 为 6，半径 2 为 2，高度为 250；dg03，半径 1 为 8，半径 2 为 6，高度为 30。依次轴心对齐，再复制一段第三个管状体并命名为 dg04，对齐到第二段管状体距上部三分之一处，效果如图 2-75 所示。

步骤 4　制作太阳能板。创建 60×60×2.5 的长方体 sun01，沿 X 轴倾斜 15°，对齐到最上面的管状体上面。将最上面的管状体添加"编辑多边形"修改器，选择"多边形"层级，选择管状体上面的面，沿 X 轴倾斜 15°，与太阳能板吻合。再复制一个太阳能板 sun02，缩小 80%，与 sun01 对齐，并提至上表面，如图 2-76 所示。

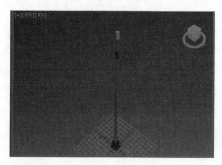

图 2-75　创建灯杆

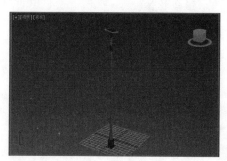

图 2-76　制作太阳能板

步骤 5　创建灯架。在前视图创建圆环 dj01，半径 1 为 25，半径 2 为 1.2，切片一半；在顶视图创建管状体 dj02，半径 1 为 1.2，半径 2 为 1，高度为 40；再在左视图创建管状体 dj03，半径 1 为 1.2，半径 2 为 1，高度为 15，再复制一个管状体并命名为 dj04，对齐到如图 2-77 所示的位置。

步骤 6　创建灯头：创建球体 dt01，半径为 15，半球为 0.15，翻转；再创建管状体 dt02，半径 1 为 8，半径 2 为 2，高为 2，对齐到如图 2-78 所示的位置。选择灯架及灯头，成组为 dt01，然后镜像复制出另外一个，完成单个路灯的效果，如图 2-79 所示，将整个路灯成组并命名为 ld01。

步骤 7　制作路面。在透视图创建 5000×800×1 的长方体 lm01，作为主路面，再创建 5000×200×3 的长方体 lm02 作为人行道，人行道放在路面两侧，如图 2-80 所示。

步骤 8　排列路灯。将路灯放在人行道一侧的一端，然后使用 Shift+移动复制或阵列复制的方法将路灯排列在两侧人行道两侧，效果如图 2-81 所示。

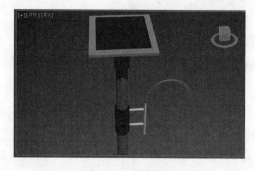

图 2-77　创建灯架

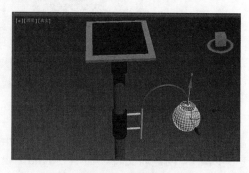

图 2-78　创建灯头

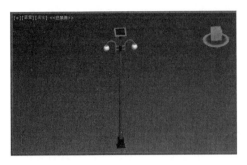

图 2-79　完成单个路灯的效果

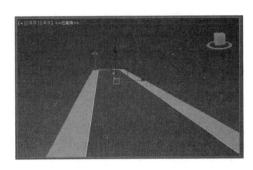

图 2-80　制作路面

图 2-81　路灯的完成效果

本 章 小 结

　　本章主要通过案例的制作，介绍 3ds Max 的基本操作和变换，全部是建模的基础操作，包括物体的选择、移动、缩放、复制、对齐、镜像、成组等基本操作。这些操作必须熟练掌握，为后续学习建模奠定基础。

思 考 与 练 习

一、思考题

　　1．调整界面布局有几种方法？

　　2．"文件"菜单中的"重置"选项的作用是什么？

　　3．视图坐标和世界坐标有什么不同？

　　4．球体和几何球体有何区别？

　　5．怎样创建长、宽、高相同的立方体？

　　6．轴心点和中心点的区别是什么？

　　7．几何体参数中分段数的含义是什么？

　　8．对象的选择方法有哪些？

　　9．怎样精确地改变模型的位置？

　　10．怎样将一个对象沿 Z 轴旋转 45°？

11. 对象有哪几种复制方法？分别适于什么情况的复制？

12. "克隆选项"对话框中的复制、实例、参考有什么区别？

13. 间隔复制中怎样进行不均匀的复制？

14. 物体的对齐方法有哪些？

15. 成组和选择集有什么不同？

二、操作题

1. 对比各种几何体参数的异同，通过修改参数创建如图 2-82 和图 2-83 所示的变形几何体或扩展几何体。

图 2-82 练习模型 1

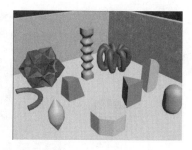

图 2-83 练习模型 2

2. 利用 Shift+旋转的方法制作如图 2-84 和图 2-85 所示的圆凳和钟表模型。

3. 参照图 2-86 练习创建沙发模型（也可以自己想象创建），通过练习巩固基本操作。

图 2-84 圆凳

图 2-85 钟表

图 2-86 沙发

4. 完成如图 2-87 所示的模型。

提示：先创建一个长方体，然后调整其轴心点，在命令面板"层级"选项卡中单击"仅影响轴"按钮，将轴心点调整到中心位置，关键是要设置"使用工作轴"；再打开"阵列"对话框，设置如图 2-88 所示的参数。

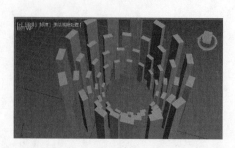

图 2-87 阵列复制方柱阵

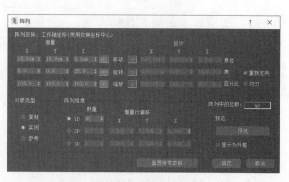

图 2-88 阵列复制参数

第 3 章

三维模型修改

▶ 知识目标

1）了解修改器的作用。

2）熟悉参数化修改器的设置方法。

▶ 能力目标

1）掌握修改器的添加方法。

2）明确多个修改器对于模型的作用及效果。

3）掌握通过修改器修改模型的方法。

▶ 课程引入

基本体自身参数有限，只有构成该几何体的最基本参数，不能让几何体发生任意改变，如第 2 章中的路灯模型中，灯头的支架是使用圆环（切半）和管状体拼接完成的，因为管状体本身的参数不能使它弯曲，这就需要借助外部修改器来增加控制参数，使模型发生形状改变。本章将介绍通过参数化修改器改变几何体形状的方法。本章部分案例的渲染效果如图 3-1 所示。

图 3-1　部分案例的渲染效果

[3.1] 修改器介绍

3ds Max 中的修改器就是一类能够作用于模型并通过各种参数设置改变模型形状的参数控制器。实际上，修改器是定义的函数库，使用修改器是为了添加参数的值，这样计算机生成图形时调用这些函数进行计算，使几何体的形状发生改变。

绘制复杂的三维物体，很多不是基本体能直接表现的，往往需要进行反复修改。创建物体时的参数修改，只能改变构成几何体的基本参数，使用修改器可以实现对物体整体和局部的修改，修改器可以叠加使用，即一个基本体可以添加多个同一或不同的修改器，并能随时对作用于几何体的每一种修改器进行修改、删除及改变顺序，从而获得不同的造型。

1. 修改器列表

如图 3-2 所示，修改器在命令面板的"修改"选项卡中，单击"修改器列表"右侧的下拉按钮，弹出修改器列表，在此选择需要的修改器，添加给要修改的模型。

图 3-2　修改器列表

技 巧 提 示

修改器有很多，有些名称只有一字之差，因此不容易寻找。右击修改器列表的空白处，在弹出的快捷菜单中选择"显示列表中的所有集"选项，即可将列表中的修改器分类显示，这样就便于寻找了。

2. 修改器的使用

修改器的添加很简单，先选择对象，再在"修改"选项卡中展开修改器列表，选择合适的修改器即可添加给对象。难的是修改器的参数设置，不同的参数设置会得到不同的效果；更难的是要预先明确想做的模型效果可以通过哪个修改器变形得到，因此要熟悉修改器的参数会影响模型的哪些变化。

【例 3-1】以灯头支架的弯管为例介绍修改器的使用。

操作步骤如下。

步骤 1　设置单位为 cm。在视图中创建半径分别为 2、1，高度为 60，高度分段数为 20 的管状体，如图 3-3 所示。

步骤 2　选择管状体，单击"修改"选项卡中的"修改器列表"右侧的下拉按钮，弹出修改器列表，向下拖动滚动条选择参数化修改器中的"弯曲"修改器，即可将修改器添加给管状体。

步骤 3　修改参数列表的参数，如图 3-4 所示，设置角度为 180°，选中"限制效果"复选框，上限设为 35，效果如图 3-5 所示，通过修改器实现了将管状体部分弯曲的效果。

  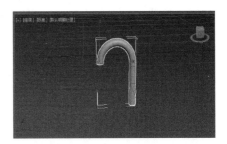

图 3-3　创建管状体　　　　　图 3-4　"弯曲"修改　　　图 3-5　部分弯曲的管状体
器的参数卷展栏

技巧提示

1）高度分段数影响弯曲程度，数值越大弯曲弧度越平滑。

2）修改器左侧的"眼睛"按钮是修改器的显示作用效果的开关。

3）展开"弯曲"前面的"+"号，选择"Gizmo""中心"选项，通过"移动""旋转""缩放"等操作可以得到不同的效果，可以自行尝试改变，观看效果。

4）一个物体可以添加多个修改器，但顺序的先后会影响效果。

5）修改器的塌陷功能：随着修改器个数的增加，系统会记录每次修改的内容，这就增加了文件的体积。当对一个物体的修改完成后，不需要再对其进行其他修改时，可以使用"塌陷"功能减小文件的体积。方法是选择一个修改器并右击，在弹出的快捷菜单中选择"塌陷"或"全部塌陷"选项，使用"塌陷"功能会丢失前面修改器的信息，但效果保留，所以"塌陷"生效之前系统会弹出提示信息对话框。

3.2　参数化修改器

修改器有很多类型，其中参数化修改器是常用的一类修改器，通过参数设置可以使三维模型的外观发生变化。本节通过案例介绍常用的参数化修改器的作用和使用方法。

3.2.1　"弯曲"、"锥化"和"扭曲"修改器

1. "弯曲"修改器

"弯曲"修改器用来对物体在指定轴向上进行弯曲，可以设定弯曲的角度、方向、弯曲轴向和弯曲的范围。

【例 3-2】绘制雨伞的伞柄和骨架。

操作步骤如下。

步骤1　新建文件，设置单位为 cm。

步骤2　创建圆柱作为伞柄，半径为 0.8，高度为 100，高度分段数为 30，命名为伞柄，归到原点位。

步骤3　选择伞柄，展开命令面板中的"修改"选项卡中的修改器列表，向下滑动滚动条，选择参数化修改器中的"弯曲"修改器添加给伞柄。在弯曲参数卷展栏中设置角度为

460°，弯曲轴为 Z 轴，选中"限制效果"复选框，上限设为 60，单击修改器堆栈 Bend 左侧的按钮展开子物体级别，选择"Gizmo"选项，在视图中沿 Y 轴提升伞柄的边界盒，得到如图 3-6 所示的效果。

步骤 4　创建圆柱作为伞骨，半径为 0.1，高度为 80，高度分段数为 30，命名为伞骨 001。

步骤 5　选择伞骨 001，展开命令面板中的"修改"选项卡中的修改器列表，向下滑动滚动条，选择参数化修改器中的"弯曲"修改器添加给伞骨。在弯曲参数卷展栏中设置角度为 85°，弯曲轴为 Z 轴，然后单击工具栏中的"镜像"按钮，沿 Z 轴镜像不复制，再将其用旋转工具旋转至如图 3-7 所示的效果。

图 3-6　伞柄

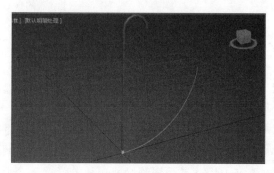

图 3-7　伞骨角度

步骤 6　利用伞骨 001 复制得到全部 8 根伞骨。右击工具栏中的"角度捕捉切换"按钮，在弹出的"栅格和捕捉设置"对话框中单击"角度"文本框，然后按 Ctrl+N 组合键，在弹出的"数值表达式求值器"对话框中计算间隔角度值 360°/8=45°，然后单击"粘贴"按钮添加数值，关闭对话框。激活旋转工具和角度捕捉工具，按住 Shift 键旋转伞骨 001，在弹出的"克隆选项"对话框中设置复制副本数为 7，然后单击"确定"按钮。复制伞骨效果如图 3-8 所示。

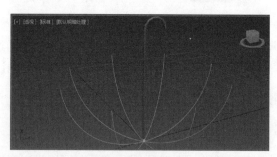

图 3-8　伞柄及伞骨

注意：*此处忽略伞面和其他零件，后面学习曲面建模后可以创建伞面，再完善案例。*

2. "锥化"修改器

"锥化"修改器可以使物体产生锥形效果，还能控制中间轮廓的曲率。

"锥化"修改器中的"数量"参数控制对象由底到顶的锥化程度，大于 0 的值向外膨出，小于 0 的值向内收缩；"曲线"值控制对象侧边轮廓的曲度，大于 0 向外膨出，小于 0 向内收缩，即侧边不再是直线而是曲线，选择不同的轴向效果也不同，也可以通过限制效果得到对象的部分锥化效果，如图 3-9 所示。

图 3-9　各种锥化效果

制作大鼓

【例 3-3】制作大鼓或腰鼓。

操作步骤如下。

步骤 1　新建文件，设置单位为 cm。

步骤 2　创建管状体作为鼓身（正常鼓身是一块块拼接的，此处忽略细节，用管状体代替），半径为 20cm、17cm，高度为 40cm，高度分段数为 10，命名为鼓身，归到原点位。

步骤 3　选择鼓身，展开命令面板中的"修改"选项卡中的修改器列表，向下滑动滚动条，选择参数化修改器中的"锥化"修改器添加给鼓身。在锥化参数卷展栏中设置锥化的"曲线"为 1，让鼓身中间向外膨出形成弧形，得到如图 3-10 所示的效果。

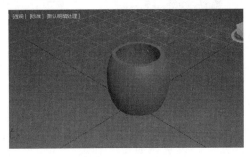

图 3-10　鼓身

步骤 4　制作鼓皮。创建半径为 20、高度为 3 的圆柱体，高度分段数为 5，边数为 35，命名为鼓皮 001，为其添加"锥化"修改器，设置"数量"为 0.065，通过状态栏设置 X=0.0、Y=0.0、Z=-0.3 将其放置于鼓身下方。选择鼓身右击，在弹出的快捷菜单中选择"冻结选定对象"选项，将鼓身先冻结，便于操作鼓皮。选择鼓皮 001，在"修改"选项卡的修改器列表中选择网格编辑类中的"编辑多边形"修改器，给鼓皮添加"编辑多边形"修改器是为了使圆柱变成一层皮蒙在鼓身上。单击修改器堆栈"编辑多边形"左侧的按钮展开修改器，选择"多边形"层级，然后单击视图中鼓皮 001 的顶面，按 Delete 键删除，效果如图 3-11 所示。再沿 Z 轴镜像复制得到鼓顶的鼓皮，镜像偏移 40.6，右击，在弹出的快捷菜单中选择"取消全部隐藏"选项，鼓的初步模型就制作好了，将鼓和鼓皮都选中，选择"组"→"组"选项将其成组，如图 3-12 所示。

步骤 5　制作铆钉。在前视图创建半径为 0.5 的球体，半球输入 0.6。再创建半径为 0.1、高度为 0.8 的圆柱，使用工具栏中的对齐工具对齐到半球中心点。为圆柱添加"锥化"修改器，设置数量为-1、曲线为 1.3，调整圆柱与半球的位置，如图 3-13 所示，并将圆柱和半球都选中，利用"组"命令将其成组，命名为铆钉 001，旋转其角度将其放置于鼓皮钉缝处。

步骤 6 复制铆钉。选择铆钉,将其轴心点调到原点,通过 Shift+旋转方法复制得到一圈铆钉,再镜像复制得到另一层鼓皮的铆钉,效果如图 3-14 所示,其他附件此处省略。

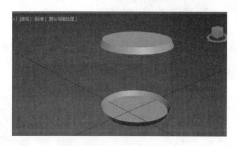

图 3-11 鼓皮　　　　　　　　　　　　　图 3-12 鼓

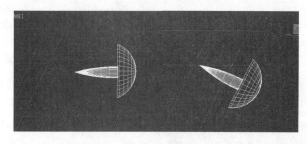

图 3-13 铆钉　　　　　　　　　　　　图 3-14 鼓的完成效果

3."扭曲"修改器

"扭曲"修改器用来使物体沿着指定的轴向产生扭曲效果。

"扭曲"修改器的使用同"弯曲"修改器和"锥化"修改器近似。如图 3-15(a)所示,是长方体添加"扭曲"修改器后,设置扭曲角度和偏移(正值向上集中、负值向下集中)得到的效果;如图 3-15(b)所示,是长方体添加"锥化"修改器后再添加"扭曲"修改器设置锥化、扭曲角度后得到的效果;如图 3-15(c)所示,是 4 个圆柱体同时添加"扭曲"修改器,再设置扭曲角度得到的效果,具体操作过程这里不再赘述,读者可自行尝试操作。

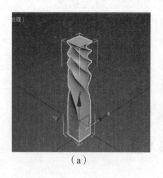
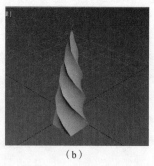

(a)　　　　　　　　　　(b)　　　　　　　　　　(c)

图 3-15 扭曲的效果

3.2.2 "噪波"、"涟漪"和"波浪"修改器

1."噪波"修改器

使用"噪波"修改器可以使物体表面随机产生凹凸不平的效果,并且能控制凹凸的大小

和形态,利用"噪波"修改器可以创建起伏的群山、波涛翻滚的海水等效果。

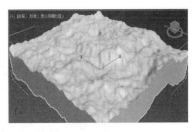

如图 3-16 所示,是一个长方体(长 500、宽 500、高 80,分段数分别为 100、100、1)通过设置或修改种子数为 100、比例为 100、Z 轴强度为 60 等参数,选中"分形"复选框后的效果。读者可以自行调整参数观察其变化。

图 3-16　"噪波"修改器的效果

2. "涟漪"修改器

"涟漪"修改器用于产生从中心向四周辐射的同心波纹效果。

如图 3-17 所示,是长方体添加"涟漪"修改器后,设置振幅为 3、波长为 30 等参数后的效果。通过修改相位和衰减可以改变涟漪效果,甚至可以通过记录参数值的动态变化得到涟漪扩散的动态效果。

3. "波浪"修改器

"波浪"修改器和"涟漪"修改器类似。

如图 3-18 所示,是长方体添加"波浪"修改器后,设置振幅为 5、波长为 30 等参数后的效果。通过修改相位和衰减可以改变波浪效果,甚至可以通过记录相位参数值的动态变化得到波浪滚动的动态效果。

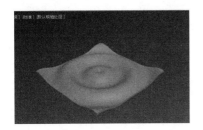

图 3-17　波长为 30 的涟漪

图 3-18　波长为 30 的波浪

3.2.3 "拉伸"、"挤压"和"倾斜"修改器

1. "拉伸"修改器

"拉伸"修改器可以对物体进行轴向的拉伸或挤压。

如图 3-19 所示,是一个管状体通过"拉伸"修改器沿不同轴向拉伸、放大及限制效果等参数设置后的效果,读者可自行调整参数观察模型的变化。

2. "挤压"修改器

"挤压"修改器用于对物体进行轴向或径向的挤压修改。

如图 3-20 所示,是圆柱体通过"挤压"修改器轴向凸出、径向挤压、轴向凸出和径向挤压同时作用的效果,读者可自行调整参数观察模型的变化。

3. "倾斜"修改器

"倾斜"修改器可以使物体沿不同轴发生倾斜变形。

注意：倾斜和旋转操作不同，旋转操作只改变物体的位置，倾斜会改变物体的形状，如图 3-21 所示。

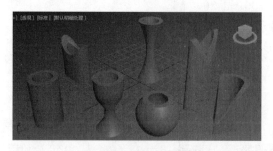

图 3-19 　"拉伸"修改器的效果

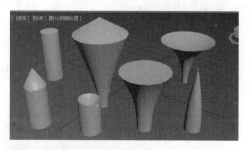

图 3-20 　"挤压"修改器的效果

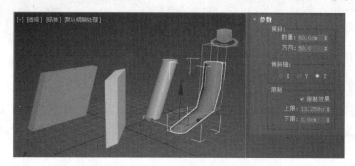

图 3-21 　"倾斜"修改器的效果

3.2.4 　"晶格"修改器

"晶格"修改器可以使物体仅显示支柱（即构成几何体的网格线），使物体成镂空状态。下面以纸篓为例说明"晶格"修改器的使用方法。

【例 3-4】 制作网格纸篓。

通过此案例熟悉"编辑多边形"修改器、"锥化"修改器、"晶格"修改器的使用方法。操作步骤如下。

步骤 1 　新建文件，设置单位为 cm。

步骤 2 　创建半径为 12、高度为 30、高度分段数为 15、端面分段数为 10、边数为 25 的圆柱体，命名为纸篓，归到原点位。

步骤 3 　选择纸篓，展开命令面板中的"修改"选项卡中的修改器列表，向下滑动滚动条，选择参数化修改器中的"锥化"修改器添加给纸篓。在锥化参数卷展栏中设置数量为 0.3、曲线为-0.6，效果如图 3-22 所示。

步骤 4 　选择修改器列表中的网格编辑类中的"编辑多边形"修改器添加给纸篓，在修改器参数卷展栏中单击"多边形"按钮，配合工具栏中的"窗口/交叉"按钮，在前视图或左视图框选纸篓的顶面，然后按 Delete 键删除，得到如图 3-23 所示的效果。

步骤 5 　如果要制作不镂空的纸篓，则添加"壳"修改器，设置外部量为 0.5 即可。如果要制作镂空的纸篓，则继续添加"晶格"修改器，在其参数卷展栏中选中"仅来自边的支柱"单选按钮，设置支柱的半径为 0.2、分段为 3、边数为 3，如果想让支柱是圆滑的，可以增加分段和边数，纸篓的最终效果如图 3-24 所示。

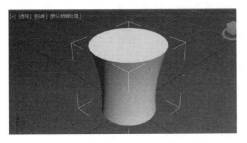

图 3-22　添加"锥化"修改器的纸篓

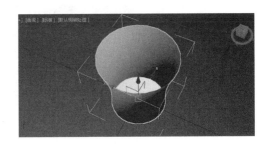

图 3-23　去掉顶面后的纸篓

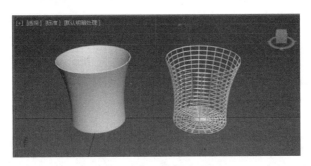

图 3-24　纸篓的最终效果

3.3　综 合 训 练

【例 3-5】制作扇子。

此案例涉及参数化修改器的使用和阵列复制操作，操作步骤如下。

步骤 1　新建文档，设置单位为 cm。创建长、宽、高分别为 25、0.8、0.1 的长方体，分段数均设为 1，命名为扇骨 001，如图 3-25 所示。

步骤 2　选择命令面板中的"修改"选项卡，添加"锥化"修改器，设置锥化数量为 1，锥化轴主轴选择"Y"轴，效果选择"X"轴，如图 3-26 所示。

制作扇子

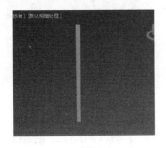

图 3-25　制作扇骨

图 3-26　添加"锥化"修改器

步骤 3　选择扇骨 001，单击命令面板中的"层次"选项卡中的"仅影响轴"按钮，将其轴心点向下移动到如图 3-27 所示的位置，然后关闭"仅影响轴"按钮。

图 3-27   调整轴

步骤 4   选择"工具"菜单中的"阵列"选项，弹出如图 3-28 所示的"阵列"对话框。在第一行"移动"增量"Y"文本框中输入 0.1，然后单击"移动"右侧的右向按钮；在第二行"旋转"增量"Y"文本框中输入-15，再单击"旋转"右侧的右向按钮；在"阵列维度"选项组中选中"1D"单选按钮，在"数量"文本框中输入 12，单击"预览"按钮，在视图中可以看到复制的扇骨，如图 3-29 所示，确认无误后单击"确定"按钮，然后旋转扇骨，如图 3-30 所示。

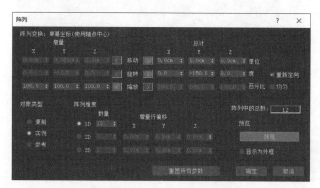

图 3-28   "阵列"对话框

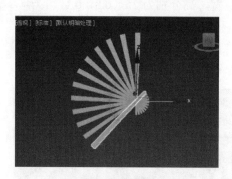

图 3-29   复制的扇骨

图 3-30   旋转扇骨

通过阵列复制，可以让扇骨在间隔 15° 角度复制的同时，沿 Y 轴以间隔 0.1 的距离叠加排列，复制前要先确定好轴向。

步骤 5   制作扇面。创建长、宽、高分别为 12、38、0.1 的长方体，宽度分段数设为 20，命名为扇面，如图 3-31 所示。

步骤 6   选择扇面，将扇面和扇骨对齐，然后添加"弯曲"修改器，弯曲角度设为 145，方向设为 90，弯曲轴选择 X 轴，效果如图 3-32 所示。

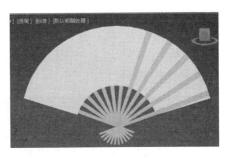

图 3-31　制作扇面　　　　　　　　图 3-32　添加"弯曲"修改器后的效果

步骤 7　调整扇面角度，使扇面处于扇骨中间的位置，如图 3-33 所示，完成模型。

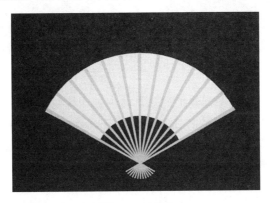

图 3-33　扇子

【例 3-6】制作玩具。

本案例主要练习参数化修改器的使用，通过对基本体多次添加修改器使其改变外形，得到最终的模型。操作步骤如下。

制作玩具

步骤 1　新建文档，设置单位为 cm。创建半径为 20 的球体，分段数设为 24，命名为身体。

步骤 2　在命令面板中的"修改"选项卡中添加"拉伸"修改器，参数设为，拉伸 1.0，放大-10，拉伸轴选择 Y 轴，将球体变成椭球。

步骤 3　添加"锥化"修改器，参数设为，数量-0.88，主轴选择 Y 轴。

步骤 4　添加"弯曲"修改器，参数设为，角度 150，方向 90，弯曲轴选择 Y 轴。

步骤 5　再添加"挤压"修改器，轴向数量为 0.05、曲线为 2.1，径向数量为-0.06、曲线为 2。

步骤 6　添加"编辑多边形"修改器，进入"点"层级，选择头顶部的 3 圈顶点，沿 Z 轴向上提升。

步骤 7　添加"网格平滑"修改器，迭代次数设为 2，使其表面光滑，完成身体模型。

步骤 8　制作鸡冠。创建半径为 8、分段为 24 的半球，命名为鸡冠。添加"挤压"修改器，轴向挤出数量为 0.06，径向挤出数量为 0.58。再添加"拉伸"修改器，沿 X 轴拉伸-0.5；将鸡冠对齐到头顶部，如图 3-34 所示。

步骤 9　制作翅膀，在前视图创建一个半径为 10 的球体，命名为翅膀 001。添加"拉伸"修改器，使其变成扁球体，沿 X 轴拉伸-0.5。再添加"锥化"修改器，数量设为-0.66，主轴

选择 Y 轴，然后进行两次弯曲，第一次的角度为 50、方向为-300，第二次的角度为-55，将翅膀对齐到身体的一侧，再镜像复制出另一侧。

步骤 10 制作眼睛。将半径为 2、分段为 18 的球体作为眼睛，对齐到头部一侧，镜像复制到另一侧，如图 3-35 所示。

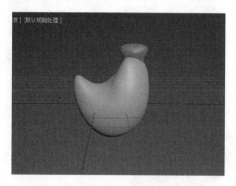

图 3-34 制作鸡冠

图 3-35 制作眼睛

步骤 11 制作嘴。在前视图创建扩展基本体中的球棱柱，设置边为 3、半径为 6、圆角为 1、长度为 10。添加"锥化"修改器，设置数量为-0.95，曲线为 1.54，对齐到头部，再沿 Z 轴镜像一个，通过旋转调整好角度。再在前视图创建半径为 3 的半球，添加"拉伸"修改器，拉伸-0.8，放大-0.5，对齐到嘴的下方，如图 3-36 所示。

步骤 12 制作轮子。创建半径为 8.5 的管状体，设置高度为 4，命名为右轮，对齐到身体右下方，镜像复制左轮，对齐到身体左下方。创建半径为 4.9、高度为 26 的圆柱体作为中轴，串在两个轮子中间，完成玩具的制作，如图 3-37 所示。

图 3-36 制作嘴

图 3-37 制作完成的模型

本 章 小 结

本章主要介绍了修改器的使用方法及通过修改器变形几何体制作各种模型的方法。重点讲解参数化修改器的使用及参数设置，当基本体自身参数不能创作出想要创建的模型时，可以通过添加修改器，增加变形控制参数，使基本体得到更多的改变，这是三维图形制作的关键和基础。鼓励读者尝试利用修改器对各种几何体进行变形，然后制作想要的模型。

思考与练习

一、思考题

1．怎样分类查找修改器？
2．一个管状体需要弯曲两个以上的弯时，需要如何处理？
3．冰淇淋模型使用哪种基本体制作扭曲效果更好？
4．挤压和拉伸有什么不同？
5．倾斜与旋转有什么不同？
6．"壳"修改器有什么作用？

二、操作题

1．制作如图 3-38 所示的体育器械模型。
2．制作如图 3-39 所示的非洲鼓模型。

图 3-38　体育器械　　　　　　图 3-39　非洲鼓

3．制作如图 3-40 所示的小黄鸭模型。

图 3-40　小黄鸭

第 4 章

使用二维图形建模

▶ 知识目标

1）了解二维图形转换为三维模型的成像原理。
2）了解"挤出""车削""倒角"修改器的作用。

▶ 能力目标

1）掌握二维图形的绘制和编辑、修改方法。
2）掌握常用的二维图形转换为三维模型的方法。
3）掌握"挤出""车削""倒角"修改器的参数设置方法。

▶ 课程引入

第 3 章讲述了通过基本体构建三维模型的方法，这种方法只能构建比较简单的物体，如图 4-1 所示的几种模型使用基本体就很难构建，因为基本体的组成参数和修改器的控制参数很难做不规则变形。但是这样的模型如果找到它的构成规律也不难创建，任何三维模型都是由点、线、面构成的，只要确定构成这类模型的二维剖面，然后让剖面有一定厚度、或剖面沿某个轴向旋转、或剖面沿某个路径伸长等就可以得到三维模型。本章讲述由二维图形转换为三维模型的方法。

图 4-1　部分模型的渲染效果

4.1　二维图形的绘制及其修改

4.1.1　二维图形的绘制

二维图形的绘制是在命令面板中的"创建"选项卡的"图形"面板中，3ds Max 提供了 12 种基本二维图形，如图 4-2 所示，也可以使用"线"按钮绘制任意图形。

任何二维图形都是由一条或多条曲线组成的平面图形，而每一条曲线是由节点和线段连接组合而成的。曲线是建立对象和对象三维化必备的基本元素，可以利用二维图形工具制作出复杂的三维模型。

节点又分为光滑、角点、贝塞尔、贝塞尔角点 4 种类型，如图 4-3 所示。右击节点，在弹出的快捷菜单中可以改变节点的类型，通过改变节点的类型、移动节点或调整切线手柄可以改变线的形状，达到理想的效果。

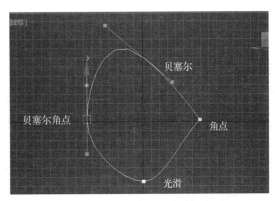

图 4-2　"图形"面板　　　　　　　　　　图 4-3　节点的类型

二维图形的创建与三维几何体一样，选择"创建"选项卡中的"图形"面板，然后单击要绘制图形形状的按钮，在视图区拖动鼠标即可绘制图形。

1．线

线是构成二维图形的基本元素，单击"图形"面板中的"线"按钮，在视图区可以通过单击创建起始点，再移动鼠标并单击创建下一个点，依次进行下去，直到在结束点位置右击。如果起始点和结束点重合，绘制的就是封闭的图形；如果不重合，则绘制的是开放的任意线，如图 4-4 所示。两点之间的连线，若在线参数卷展栏中选择"角点"类型，则是直线；若是选择"平滑"或"贝塞尔"类型，则是平滑曲线。"贝塞尔"曲线可以通过调节切线手柄调整曲度。

2．矩形

单击"图形"面板中的"矩形"按钮，在视图区可以通过按住鼠标左键并拖动创建起始点和终止点绘制矩形，如果在按住 Ctrl 键的同时拖动则可绘制正方形，如图 4-5 所示。

图 4-4　绘制线

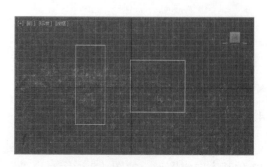

图 4-5　矩形

3.　圆、椭圆、弧、圆环

分别单击"图形"面板中的"圆""椭圆""弧""圆环"按钮，在视图区可以通过按住鼠标左键并拖动创建圆、椭圆、弧、圆环。

绘制圆和圆环时，单击确定的是圆心，拖动的是半径。绘制圆环时，单击拖动两次确定内、外圆半径。

绘制椭圆时，按住鼠标左键并拖动的是外接于椭圆的矩形的对角点，如果长度和宽度相同则绘制的就是圆；如果选中"轮廓"复选框，则绘制的就是椭圆环或圆环。

弧线的绘制方法有两种，一种是端点-端点-中央弧度，即在确定第一个端点处按下鼠标左键并持续拖动鼠标到第二个端点处释放鼠标左键，再移动鼠标拖出弧度得到一条弧线；另一种是中间-端点-端点，即在确定弧心点的位置按下鼠标左键，然后按住鼠标左键拖动鼠标到一侧端点位置释放鼠标左键，继续拖动鼠标到另一个端点位置单击鼠标左键，绘制出以中心点到第一个端点为半径的弧线，如果选中"饼形切片"复选框，则可以绘制出一个由圆心点和弧线构成的扇形区域，如图 4-6 所示。

4.　多边形、星形

创建多边形时，可以选择从"边"创建，也可以选择从"中心"创建，根据需要确定边数，如果设置角半径，则创建的是圆角多边形；如果选中"圆"复选框则创建的是圆形。

创建星形时，单击确定中心点，两次拖动鼠标单击确定的分别是内、外半径，由点数决定星形的角，可以通过"扭曲"使角改变方向，也可以通过圆角半径设置尖角的圆滑度，如图 4-7 所示。

图 4-6　圆、椭圆、弧、圆环

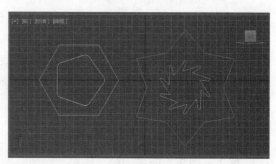

图 4-7　多边形、星形

5．文本

在 3ds Max 中可以通过文本创建二维文字，可以选择本计算机字库中的字体，设置字体的大小、字间距、行间距，如图 4-8 所示。

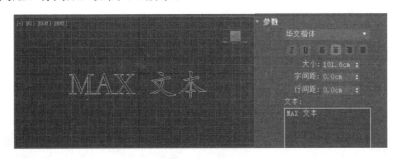

图 4-8　二维文本

6．螺旋线

创建螺旋线时同样可以选择从"边"创建，也可以选择从"中心"创建，两个半径相同时是均匀的螺旋线，两个半径不同时是锥形（可正可倒）螺旋线。设置偏移值，可以使螺旋一端紧密、一端疏松，螺旋的环绕可以是顺时针，也可以是逆时针，如图 4-9 所示。

7．卵形

单击"图形"面板中的"卵形"按钮，在视图中可以通过按住鼠标左键拖动创建卵形。鼠标拖动方向决定卵形尖的一端方向和位置，选中"轮廓"复选框则可绘制双层轮廓线，厚度是两条轮廓线之间的距离，大于 0 时在外部产生轮廓，小于 0 时在内部产生轮廓，角度可以改变尖端方向，如图 4-10 所示。

图 4-9　螺旋线

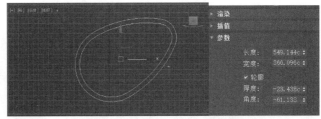

图 4-10　卵形

8．截面

如果想获得物体的某个轴向或某个位置的截面，可以使用"截面"按钮创建二维截面图形。如图 4-11 所示，当绘制的截面图形穿过三维物体时，单击截面参数卷展栏中的"创建图形"按钮，即可在三维物体与截面相交的位置产生二维截面，可以对此截面命名，并单独移出来。

4.1.2 二维图形的修改

通常情况下，二维图形都是由一条以上的曲线构成的，对于复杂的造型需要创建复合的二维图形。3ds Max 提供了 3 种创建二维复合图形的方法。

1）直接利用二维图形的线或文本工具来产生多重曲线图形。

2）关闭"开始新图形"模式，使用各种类型图形绘制创建复合二维图形。

3）利用"编辑曲线"命令将曲线附加到一个已经存在的二维图形上。

下面通过两个典型的例子讲述复合二维图形的创建过程。

【例 4-1】 创建镂空的双心图形。创建一个如图 4-12 所示的复合二维图形。

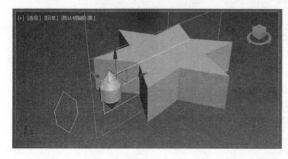

图 4-11 截面

图 4-12 双心图形

操作步骤如下。

步骤 1 在前视图中绘制圆形（或用线绘制心形），半径为 50，然后右击，在弹出的快捷菜单中选择"转换为"→"转换为可编辑样条线"选项，进入修改命令面板。选择"点"层级，通过移动节点和调节节点切线手柄，把曲线调整为心形，此时也可以单击参数卷展栏中的"插入"按钮，在线上单击插入点，增加点使曲线弧度更完美，如图 4-13 所示。

步骤 2 在命令面板中展开"编辑样条线"修改器，进入"样条线"层级，在"几何体"参数卷展栏中单击"轮廓"按钮，在右侧文本框中输入 8，得到心形的轮廓，如图 4-14 所示。

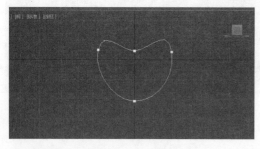

图 4-13 心形

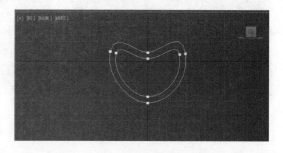

图 4-14 心形轮廓

步骤 3 退出"样条线"层级，选择心形，在工具栏单击"镜像"按钮，选择 Z 轴镜像复制一个心形，偏移值是-30，如图 4-15 所示，得到两个颠倒并叠加的心形。

步骤 4 选择一个心形，在"修改"选项卡中选择"样条线"层级，在"几何体"参数卷展栏中单击"附加"按钮，然后选择另外一个心形图形，将两个心形图形附加成一个整体。

步骤 5 在"修改"选项卡中选择"样条线"层级，在"几何体"参数卷展栏中单击"修剪"按钮，然后单击相交在一起的线段，将其剪掉，使图形贯通，如图 4-16 所示。

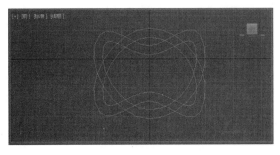

图 4-15　叠加的心形

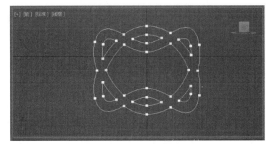

图 4-16　修剪连线

步骤 6　剪切后，线变成一段一段的了，需要通过焊接点再将线连接起来。依次框选剪开处的点，在"修改"选项卡中选择"样条线"层级，在"几何体"参数卷展栏中单击"焊接"按钮，顺时针或逆时针依次将剪断后的两个点焊接在一起，使图形中的线连接起来，这样连通的二维图形就完成了，如图 4-12 所示。

案例总结：

1）线上的点可以移动、插入、删除、焊接等，通过点的操作可以改变图形的形状。

2）线可以附加、剪切等，通过附加使线由分离到整体，通过剪切将线再由整体到分离，即通过点和线的编辑可以得到复合的二维图形。

3）需要注意的是，剪切操作的前提一定是多条线附加成一个整体，还要通过焊接再把修剪的线连起来，后续转换为三维模型时才不会出错。

【例 4-2】 绘制如图 4-17 所示的齿轮图形。

操作步骤如下。

步骤 1　在前视图中绘制一个星形，参数为半径 40、30，点 12 个，扭曲 20，倒角半径为 3、2，对齐到原点，如图 4-18 所示。

步骤 2　在星形内侧绘制一个半径为 3 的圆形，调整其大小和位置，如图 4-19 所示。

图 4-17　齿轮二维图形

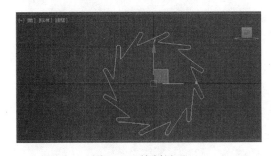

图 4-18　绘制星形

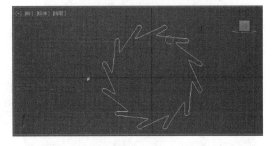

图 4-19　绘制圆形

步骤 3　选择圆形，选择"层级"选项卡，单击"仅影响轴"按钮，将圆的轴心移到原点，和视图中的星形的轴心保持一致，如图 4-20 所示。

步骤 4　选择旋转复制或阵列复制，旋转 30°，数量为 12 个，选择星形右击，在弹出的快捷菜单中选择"转换为"→"转换为可编辑样条线"选项，然后单击参数卷展栏中的"附加"按钮，再单击视图中的圆，把所有的圆形和星形组成一个整体，如图 4-21 所示。

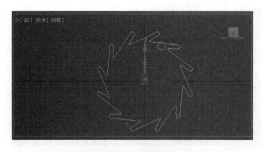

图 4-20　移动轴心

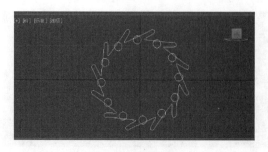

图 4-21　复制圆形

步骤 5　在视图中创建一个多边形，半径为 15，边数为 5，与星形中心对齐，并使用步骤 4 的方法将其附加到星形上，如图 4-22 所示。

步骤 6　选择视图中的曲线，进入"样条线"层级，在参数卷展栏单击"修剪"按钮，将圆和星形相交的部分依次剪掉，再使用"焊接"命令把剪开的圆与星形相交的点焊接起来，连成一条完整的样条线，如图 4-17 所示，齿轮的二维图形即绘制完成。

【例 4-3】绘制如图 4-23 所示的太极图的剖面图形。

操作步骤如下。

步骤 1　在前视图中绘制一个半圆，半径为 100，对齐到原点，右击圆，在弹出的快捷菜单中将圆转换为"可编辑样条线"。然后在修改器堆栈展开"编辑样条线"，进入"顶点"层级，选择圆上右侧顶点，沿 X 轴向左侧移动到接近原点处，如图 4-24 所示。

步骤 2　在半圆内侧再绘制一个半径为 49.9 的圆，通过状态栏调整其位置 X、Y 轴都为 0，Z 轴为 49.9，如图 4-25 所示。

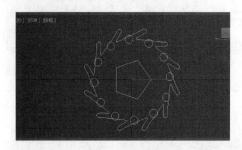

图 4-22　创建多边形

图 4-23　太极图

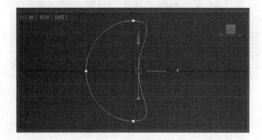

图 4-24　绘制半圆

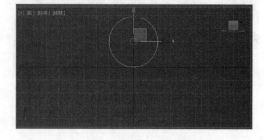

图 4-25　绘制圆并调整其位置

步骤 3　选择圆，按住 Shift 键沿 Y 轴向下移动再复制一个圆，通过状态栏调整其位置 X、Y 轴都为 0，Z 轴-49.9，如图 4-26 所示，并将两个小圆附加到大的半圆上。

步骤 4　做大的半圆和两个小圆的布尔集合运算，使上半部分增加半个圆，下半部分减少半个圆。进入可编辑样条线的"样条线"层级，在参数卷展栏中单击"布尔"按钮，先单击其右侧的"并集"按钮，选择大的半圆，再单击"布尔"按钮，在视图中选择上面的小圆单击，让小圆和大的半圆做并集操作。单击"布尔"按钮右侧的"差集"按钮，选择大的圆，然后单击"布尔"按钮，再选择视图中下面的小圆，做差集运算，调整一下集合运算后的点的位置，得到的效果如图 4-27 所示。

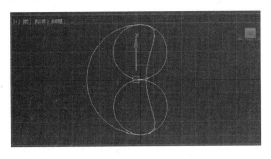

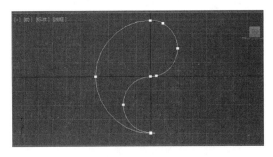

图 4-26　复制圆　　　　　　　　　　图 4-27　大的半圆和两个小圆布尔运算后的效果

步骤 5　在视图中创建一个圆，半径为 25，通过状态栏调整其位置 X、Y 轴均为 0，Z 轴为 50，将此圆附加到修改好的样条线上，如图 4-28 所示。

步骤 6　选择视图中的样条线，单击工具栏中的"镜像"按钮，沿 X、Y 轴镜像复制得到另一部分，如图 4-29 所示。

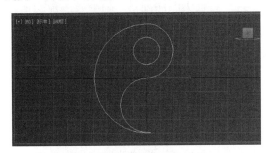

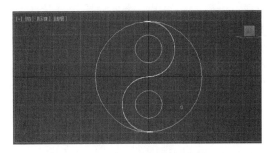

图 4-28　创建圆并附加到样条线上　　　　　　图 4-29　镜像图形

技 巧 提 示

1. 样条线

物体的基本形态有实体和样条两种。实体就是实实在在成形的物体，样条则是线的构成，不具备实际的体积。样条线和线段不同，线段是两点之间的部分，样条线是整条线，这条线可以由很多线段组成。样条线的作用是辅助生成实体，如在一个圆圈样条上增加一个 extrude 操作，就能生成一个柱体。样条线变成实体的方法在 3ds Max 中还有很多，如 bevel、sweep、bevel profile 等。

2. "编辑样条线"修改器

在二维图形上添加"编辑样条线"修改器的方法有以下 3 种。

1）创建二维图形后，在其修改器堆栈中添加"编辑样条线"修改器。

2）使用"线"按钮直接绘制二维图形，用线绘制的图形直接就是可编辑样条线。

3）创建二维图形后，右击该图形，在弹出的快捷菜单中选择"转换为"→"转换为可编辑样条线"选项即可。

注意：

1）第 3 种方法不包含原物体参数卷展栏，所以不能再对原物体进行修改。

2）第 3 种方法添加的修改器不能在堆栈中删除，只能利用"撤销"操作恢复。

4.2　二维图形转换为三维模型

绘制二维图形只是完成创建三维模型的第一步，也就是只画出了三维模型构成的基础剖面，要想利用二维图形创建三维模型，还需要借助修改器，设置更多的控制参数，才能将二维图形转换为三维模型。

使用什么修改器能将二维图形转换为三维模型呢？这要看绘制的剖面是三维模型的哪一部分剖面，这个剖面要经过怎么的变化才能得到三维模型。通常情况下，如果剖面是三维模型的立面剖面或俯视剖面，那么只要让剖面挤出一定的厚度就可以得到三维模型；如果剖面是三维模型侧壁的纵切面，那么这个剖面需要沿着中心轴旋转 360°（也可能小于 360°）形成三维模型；如果一个模型比较复杂，不同部位的剖面是不同的图形，则需要三视图拟合放样才能建立三维模型。

本节将介绍几个比较典型的将二维图形转换为三维模型的方法。

4.2.1　"挤出"修改器

这里的挤出不同于三维图形的挤出，这个挤出是给二维图形增加厚度，从而将二维图形转换为三维图形。

4.1 节绘制了双心、齿轮等二维图形，给绘制好的二维图形添加修改器列表中的网格编辑集中的"挤出"修改器，然后给出数量值，此时二维图形就具有了一定厚度，如图 4-30 所示，变成了三维模型。"挤出"修改器适合于利用立面剖面或俯视剖面创建三维模型。

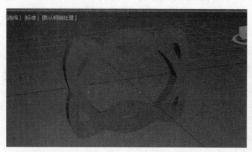

图 4-30　添加"挤出"修改器后的双心和齿轮模型

技 巧 提 示

修剪后为什么要焊接？

修剪后将样条线分成了多段，不焊接的话就不能使样条线围成一个可以挤出的平面，在进行挤出操作时有可能挤出的是侧边，如图 4-31 所示。因此要想把二维图形转换为三维图形，关键是二维图形的连通，即修剪后一定要焊接，只有通过焊接使样条线连通成为一体，才能变成理想的三维图形。

图 4-31　挤出侧边

4.2.2　"车削"修改器

使用"车削"修改器可以把二维图形沿着指定的轴向旋转获得三维模型。"车削"修改器使用旋转方法可以创建圆的物体。

制作花瓶

【例 4-4】 创建如图 4-32 所示的花瓶模型。

分析：和挤出二维图形不同，这类模型的水平俯视剖面在不同位置是不同规格的剖面，

图 4-32　花瓶模型

不能使用挤出二维图形的方法创建这类模型，因此可以考虑立面剖面。像花瓶这类外形圆的模型可以由侧壁的纵剖面沿着中间垂直的轴旋转一周得到，因此这类模型可以先绘制出立面侧壁的二维图形，经过"车削"修改器使侧壁剖面沿垂直中心轴旋转一周得到。

操作步骤如下。

步骤 1　在前视图中使用二维"线"创建图形侧壁形状，绘制线时可以选择平滑类型的点，可以在"修改"选项卡中进入"顶点"层级，通过"顶点"的编辑操作，将线修改完美，如图 4-33 所示。

步骤 2　选择修改好的线，在"修改"选项卡中进入"样条线"层级，在参数卷展栏单击"轮廓"按钮，输入偏移值（即壁的厚度，视花瓶大小而定）。然后回到"顶点"层级，适当调整顶点将底部调平，如图 4-34 所示。

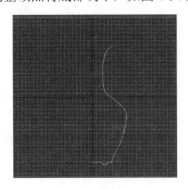

图 4-33　花瓶侧边线

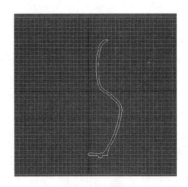

图 4-34　花瓶轮廓线

步骤 3　返回父物体层级，在修改器列表中选择样条线编辑类下的"车削"修改器，得到初始的旋转效果，此时是沿着穿过中心点的垂直轴旋转一周，因此模型有叠加，在参数卷

展栏的"对齐"选项组中单击"最小"按钮，得到满足要求的三维模型，如图 4-35 所示。

图 4-35　花瓶

步骤 4　通过选中修改参数卷展栏中的"焊接内核"复选框，避免底部中心出现孔；增大分段数可以使表面边缘光滑。上面使用的是 360°旋转，如果减小值，可以得到局部旋转体，如图 4-36 所示。

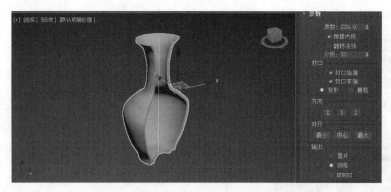

图 4-36　花瓶局部旋转体

技 巧 提 示

1）"车削"建模方法的优点：可以通过修改轮廓线的形状获得较为复杂旋转效果的三维模型，且可以随时修改二维图形以获得满意的效果。

2）如果是实心的三维物体，则不需要产生轮廓线，直接绘出一半的侧边线，然后使用"车削"修改器旋转即可得到三维模型。

4.2.3　"倒角"修改器

"倒角"修改器可以对二维图形进行类似挤出拉伸操作，同时还能在厚度方向上设置倒角。通过"倒角"修改器，可以制作边沿带有倒角值的三维模型，如图 4-37 所示。

图 4-37　带有倒角值的文字

【例 4-5】创建带有倒角值的窗框模型。

操作步骤如下。

步骤 1　新建文档，设置单位为 cm，在前视图绘制长、宽分别为 180、160 的矩形，对齐到原点。再在矩形内绘制 3 个矩形，一个是 50×140 的矩形，在状态栏的对齐位置是 X、Y 轴为 0，Z 轴为 55；一个是 100×80 的矩形，在状态栏的对齐位置是 X 轴为-30、Y 轴为 0、Z 轴为-30；一个是 100×50 的矩形，在状态栏的对齐位置是 X 轴为 45、Y 轴为 0，Z 轴为-30。然后将其附加为一个整体，如图 4-38 所示。

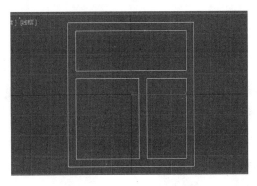

图 4-38　窗框立面剖面图

步骤 2　在"修改"选项卡的修改器列表的网格编辑中选择"倒角"修改器，在其参数卷展栏中选中"级别 2"和"级别 3"复选框，做两侧对称倒角（若只选择一个级别则制作一侧倒角），设置倒角值，如图 4-39 所示，级别 1 的高度为 1、轮廓为 1，级别 2 的高度为 7、轮廓为 0，级别 3 的高度为 1、轮廓为-1，得到如图 4-39 所示的窗框效果。

图 4-39　窗框及倒角参数

【例 4-6】创建台式计算机显示器。

操作步骤如下。

步骤 1　新建文档，设置单位为 cm，在前视图绘制长、宽分别为 36、55 的矩形，命名为显示屏。

制作台式计算机
显示器

步骤 2　在"修改"选项卡的修改器列表的网格编辑中选择"倒角"修改器，在其参数卷展栏中选中"级别 2"和"级别 3"复选框，设置倒角值，如图 4-40 所示，级别 1 的高度为 0.5、轮廓为 0.5，级别 2 的高度为 1.8、轮廓为 0，级别 3 的高度为 0.5、轮廓为-0.5，得到如图 4-40 所示的效果。

步骤 3　在"修改"选项卡的修改器列表中选择"编辑多边形"修改器，在修改器堆栈展开"编辑多边形"修改器，选择"多边形"层级，在视图中单击显示屏前面的平面，在"编辑多边形"参数卷展栏中单击"插入"按钮右侧的"设置"按钮，在弹出的文本框中输入

1.2 后单击"确定"按钮，制作出边框效果，如图 4-41 所示。然后单击"倒角"按钮右侧的"设置"按钮，在弹出的文本框中设置倒角值，如图 4-42 所示，反向挤出 0.5，倒角-0.5，制作出向内凹陷的屏幕效果。

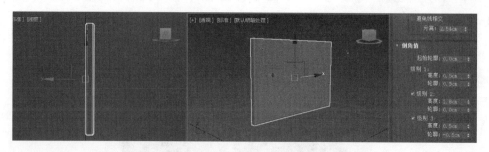

图 4-40   显示屏及倒角参数

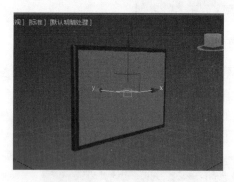

图 4-41   制作边框效果

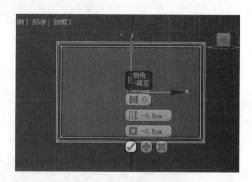

图 4-42   设置倒角值

步骤 4   显示屏背面可以参照不同品牌或型号的显示器使用编辑多边形修改器中的"插入""挤出""倒角"等操作塑造不同的形状，再创建支架和底座模型，即可创建完整的显示屏模型，如图 4-43 所示。

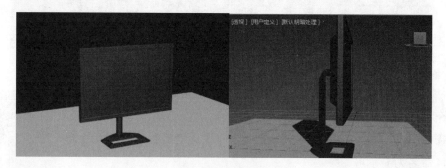

图 4-43   显示屏

"倒角"修改器与"编辑多边形"修改器中的"倒角"有所不同，"倒角"修改器是对模型整体的外边框做倒角处理，而"编辑多边形"修改器中的"倒角"是对模型的某个多边形面在正反向挤出时产生向外或向内的倒角值，是对模型局部的操作。

4.2.4 "倒角剖面"修改器

"倒角剖面"修改器可以为二维图形指定一个倒角厚度形状，这样可以得到厚度方向较为复杂的倒角效果。

例如，在顶视图中创建一个矩形，再在前视图中绘制一条轮廓线，如图 4-44 所示。

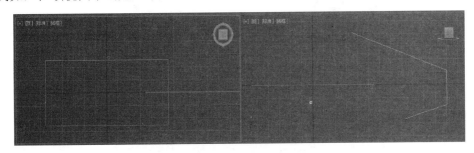

图 4-44 轮廓线

选择矩形，在"修改"选项卡的修改器列表的网格编辑中选择"倒角剖面"修改器，在参数卷展栏中选择"经典"模式，单击"拾取剖面"按钮，移动鼠标指针并在视图中单击轮廓线，得到如图 4-45 所示的模型，即矩形在厚度上正好是轮廓线绘制的剖面。

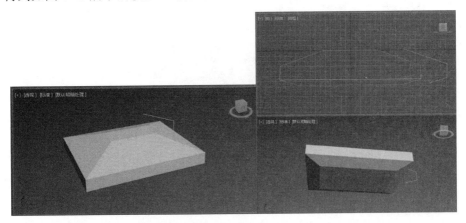

图 4-45 添加"倒角剖面"修改器

使用"倒角剖面"修改器制作的模型案例很多，如图 4-46 所示的圆或六边形沿曲线倒角剖面的柱子，矩形沿鸭形轮廓线形成的水槽等，读者可以自行尝试制作。

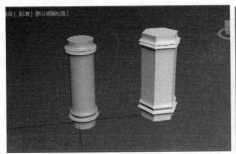
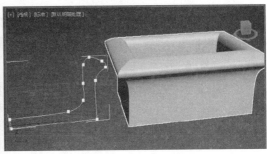

图 4-46 使用"倒角剖面"修改器制作的模型

"倒角剖面"修改器的改进型可以通过倒角深度、宽度、轮廓偏移等参数，堆叠多次倒角，如图4-47所示，读者可以自行尝试制作。

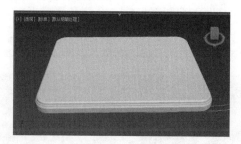

图4-47   改进型倒角

4.3 综 合 训 练

【例4-7】参照图4-48制作长椅。

本案例可以使读者熟悉使用二维图形制作三维模型的方法，掌握二维图形的绘制和编辑方法，掌握通过挤出、车削、倒角等方法将二维图形转换为三维模型的一些参数调节方法。

制作长椅

图4-48   长椅

操作步骤如下。

步骤1   新建文档，设置单位为cm。在前视图使用"线"按钮绘制出如图4-49所示的形状，产生轮廓0.25；再绘制如图4-50所示的线，同样产生轮廓0.25。先将两条线附加为一个整体，将两条线交叉部分的样条线修剪，再焊接修剪后的顶点，保持连通，得到如图4-51所示的形状，作为长椅的扶手。

图4-49   绘制线1

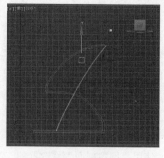

图4-50   绘制线2

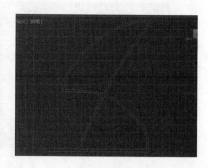

图4-51   修剪线

步骤 2　选择绘制好的扶手轮廓线，在修改器列表选择"挤出"修改器，设置数量为 1.5，再复制一个扶手，间隔 200，如图 4-52 所示。

步骤 3　在前视图绘制如图 4-53 所示的线，并产生轮廓 0.2，挤出 1，复制 4 个，摆放方式如图 4-54 所示，作为靠背的支撑。

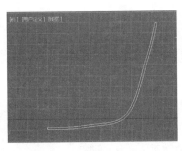
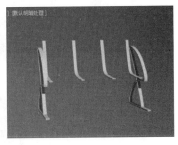

图 4-52　复制扶手　　　　　图 4-53　绘制靠背样条线　　　　图 4-54　复制靠背

步骤 4　在前视图创建管状体：半径分别为 0.25、0.15，长度为 204，再复制一个管状体，放置位置如图 4-55 所示，作为连接两个扶手和承载靠背支撑的横梁。

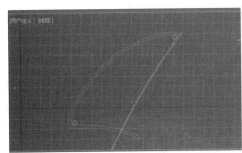
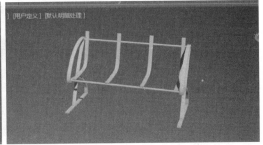

图 4-55　创建管状体

步骤 5　创建长、宽、高分别为 200、6、1 的长方体，放置在如图 4-56 所示的位置，并复制 8 个，沿座椅摆放。

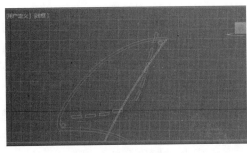
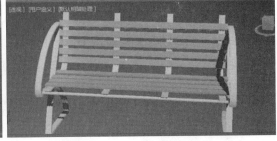

图 4-56　创建长方体

步骤 6　绘制如图 4-57 所示的线条，挤出 200，镜像复制一个，放置在靠背上方，两头放置这样的木条是为了包住靠背铁架。最终效果如图 4-58 所示。

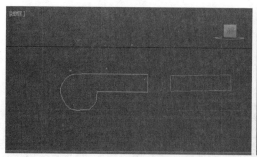

图 4-57　绘制木条线条

图 4-58　长椅的最终效果

案例总结：本案例利用二维图形绘制及编辑创建模型的剖面，再通过"挤出"修改器将其转换为三维模型。在制作过程中比例和尺寸要复合实际，在绘制不规则扶手的二维图形时，可以使用矩形作为参照尺寸。对象在排列对齐时，要观察 3 个平面视图，可以放大视图观察细节。

技 巧 提 示

1）每一步操作都要为对象命名，也可以批量重命名，选择"工具"→"重命名对象"选项，弹出如图 4-59 所示的"重命名对象"对话框。输入基础名称，然后可以通过添加前缀或后缀的方式区分不同类的对象，对于同一类的多个对象，则通过编号排出序列号。无论是基础名称，还是前缀或后缀，都要按照项目组统一的命名规则进行命名。

图 4-59　"重命名对象"对话框

2）模型的每个对象在制作时都要考虑模型优化，尽量减少不必要的分段数，可以为每个对象添加"优化"和"编辑多边形"修改器，以减少模型的面数。例如，一个 Box 创建时不加分段数是 12 个多边形面，添加"编辑多边形"修改器后就变成了 6 个多边形面；一个默认参数的圆柱是 216 个多边形面，添加"编辑多边形"修改器后就变成了 92 个多边形面，再添加一个"优化"修改器变成了 68 个多边形面。选择任意一个视图，按键盘上的数字 7，即可在视图左上角看到点和多边形面的数据。

本 章 小 结

　　本章主要讲述使用二维图形创建三维模型的方法，其中关键点是二维图形的绘制和编辑修改，二维剖面绘制好后，经过"挤出""车削""倒角""倒角剖面"修改器的参数设置，即可转换为三维模型。难点是在添加修改器之前，要把二维图形转换为可编辑状态，修改到合适的形状，然后才能通过"挤出""车削""倒角"修改器等得到三维实体。"挤出""车削""倒角"修改器是二维图形转换为三维模型的重要方法。要想得到复杂的三维模型，必须先绘制出理想的二维图形，再利用"挤出""车削""倒角""倒角剖面"等修改器进行修改，实现从二维图形到三维模型的改变，因此这一操作一定要熟练掌握。

思考与练习

一、思考题

　　1．将两个二维图形组成一个整体的方法有哪些？

　　2．线段和样条线有什么区别？

　　3．"倒角"修改器和"倒角剖面"修改器有什么不同？

　　4．将二维图形转换为样条线时，利用右键快捷菜单中的"转换为可编辑样条线"命令和在修改器列表中添加"编辑样条线"修改器有什么不同？

二、操作题

　　1．参照图 4-60 制作钥匙。

　　提示：钥匙可以先用绘制二维线的方式绘制出齿形，然后附加圆形，修剪、焊接，再挤出得到。

　　2．参照图 4-61 制作屏风。

图 4-60　钥匙

图 4-61　屏风

　　提示：屏风可以通过绘制矩形，附加成一个整体，然后修剪、焊接，保证全连通后挤出得到，如图 4-62～图 4-65 所示。

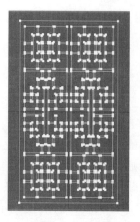

图 4-62　绘制二维图形　　图 4-63　修剪二维图形　　图 4-64　焊接点　　图 4-65　连通后挤出

3. 参照图 4-66 制作静物和台灯模型。

图 4-66　静物和台灯模型

4. 参照图 4-67 制作相框模型。

图 4-67　相框

第5章

复合对象建模

▶ 知识目标

1）二维图形的绘制及其修改。
2）认识复合对象并熟悉建模方法。

▶ 能力目标

1）熟悉二维图形的绘制和编辑修改方法。
2）掌握常用的复合对象建模方法。
3）掌握复合对象建模的参数设置方法。

▶ 课程引入

前面讲的是使用多种方法创建一个物体，而实际设计作品中的物体往往不是单一的几何体，而是由多个几何体融合在一起构成的复杂物体。如何将多个物体融合在一起或将二维图形与三维几何体有机结合在一起呢？本章将介绍通过多个物体创建一个新的"复合"对象的方法。本章部分案例的渲染效果如图5-1所示。

图5-1　部分案例的渲染效果

5.1 复合对象建模概述

使用 3ds Max 提供的基本体创建模型虽然有限，但它是各种建模方法的基础，再利用修改器的参数控制也可以改变基本体的形状，制作出各种变化的造型。但是修改器通常是针对一个对象进行参数控制改变其形状，而现实世界中的物体很多是由多个几何体组合而成的，这就是复合对象。

复合对象建模其实是将两个或多个二维、三维对象通过各种方式组合起来形成一个新的三维对象，即利用复合对象建模方法可以将多个基本体通过特定命令组合在一起，或将二维图形和三维模型有机结合，利用物体的合成过程来调节物体的形状或生成动画，从而产生千变万化的三维模型。

本章将介绍通过多个物体创建一个新的"复合"物体的常用方法。

复合对象建模工具在"创建"选项卡的"标准基本体"下拉列表中，选择"复合对象"选项，可以在"对象类型"参数卷展栏中选择不同的工具来创建复合对象模型，如图 5-2 所示。

"布尔"、"连接"和"散布"是将多个三维基本体组合在一起形成三维模型的常用工具，"图形合并""放样"是将二维图形和三维图形有机结合形成复杂的三维造型的常用工具，下面通过案例详细介绍这些常用工具。

图 5-2 复合对象建模的工具

5.2 三维物体组合的复合对象

5.2.1 变形

变形是指有多个顶点数相同的二维或三维物体形成变形对象的方法，通过对顶点的插入，使物体从一个形态变成另一个形态，其间的形状发生渐变而生成动画。这种方法是插补，类似于二维动画的补间动画，但前提是两个对象必须是网格、面片或多边形对象，且包含相同的顶点数。

如图 5-3 所示，有 3 个相同的对象：圆柱 01、圆柱 02 沿 Z 轴弯曲 120°、圆柱 03 沿 X 轴弯曲成扇形，再复制圆柱 01 得到圆柱 04。选择圆柱 04，在"创建"选项卡的"标准基本体"下拉列表中选择"复合对象"选项，单击"变形"按钮，在其参数卷展栏中单击"拾取目标"按钮，把时间轴滑块归 0。在视图中拾取直立的圆柱，然后在参数卷展栏的"变形目标"列表框中选择直立圆柱；再重新选择圆柱 04，将时间轴滑块拖到任意帧，如 35 帧，然后在视图中拾取圆柱 02；再重新选择圆柱 04，将时间轴滑块拖到任意帧，如 65 帧，然后在视图中拾取圆柱 03。此时即完成了圆柱 04 从 0 帧的直立圆柱，变到 35 帧的弯曲圆柱，再变到 65 帧的扇形圆柱这样一个变形动画过程，如图 5-4 所示，单击动画控制区的"播放动画"按钮即可看到动态变形效果。

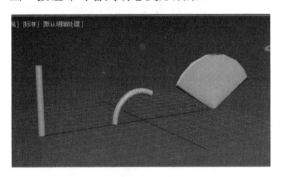 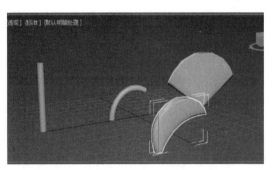

图 5-3　同一对象的 3 种状态　　　　　　　图 5-4　对象呈现 3 种状态的变形效果

5.2.2　散布

散布是将一个三维对象根据指定的数量和分布方式均匀或非均匀地分布于另一目标对象表面。

【例 5-1】制作仙人掌。

操作步骤如下。

步骤 1　创建一个半径为 10 的球体，然后使用缩放工具沿着 *X*、*Y* 轴挤压使其变成椭球体作为仙人掌，并命名为 zt，如图 5-5 所示。

步骤 2　创建半径为 0.01、高为 1.5 的圆锥体作为主刺，再复制两个锥体，将半径和高度适当缩小，并倾斜一定的角度放在主刺的侧面，选择其中一根刺添加"编辑多边形"修改器，将另外两根刺附加成一个整体，并命名为 zc，如图 5-6 所示。

步骤 3　选择 zc，在"创建"选项卡的"标准基本体"下拉列表中选择"复合对象"选项。单击"散布"按钮，在其参数卷展栏中单击"拾取分布对象"按钮，然后在视图中单击 zt，即将刺分布在了仙人掌上了，怎样分布、分布多少就需要调节参数了。zc 散布的方式可以选择区域、偶校验、随机面等中的任意一种方式，刺的数量和大小可以使用"重复数"和"基础比例"选项来控制，如图 5-7 所示，还可以通过坐标设置刺的变换情况。读者可以自行调整参数观看效果变化。

  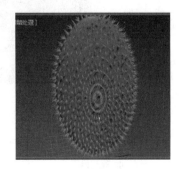

图 5-5　创建椭球体　　　　　图 5-6　创建圆锥体　　　　　图 5-7　设置刺的数量与分布

步骤 4 通过绘制二维剖面再进行车削操作的方法可以创建一个花盆，可以先绘制圆再进行挤出、锥化等操作制作花土（花盆里仙人掌下面的模型），给花土添加"噪波"修改器使表面不平整，最终效果如图 5-8 所示。

图 5-8 仙人掌的最终效果

5.2.3 连接

创建一些比较复杂的物体时，往往把物体分成几个部分分别创建，然后将其连接起来构成一个整体。

连接和组合的不同在于：组合只是把几个物体按原样组在一起，而连接是将两个带有开放面的物体组合成一个新的物体，可以达到物体间有一定桥接的平滑效果。

【例 5-2】 连接两个圆柱体。

操作步骤如下。

步骤 1 在视图中建立两个大小不一样的圆柱体（或一个立方体、一个圆柱体）。

步骤 2 使用对齐工具将两个物体在 X、Y 轴方向上按"中心"对齐，Z 轴方向离开一定的距离。

步骤 3 选择下面的圆柱体，右击，在弹出的快捷菜单中将其转换为"可编辑网格"，进入"多边形"层级，选择上表面删除。

步骤 4 选择上面的圆柱体，右击，在弹出的快捷菜单中将其转换为"可编辑网格"，进入"多边形"层级，选择下表面删除（选择下表面时，可将顶视图改为底视图，便于选择）。

步骤 5 选择下面的圆柱体，选择"创建"选项卡"标准基本体"下拉列表中的"复合对象"选项，单击"连接"按钮，在参数卷展栏中单击"拾取运算对象"按钮，将鼠标指针移到另一个物体上单击，完成两个物体的连接。

步骤 6 可修改参数达到满意的效果：如选中参数卷展栏中的"平滑"选项组中的"桥"复选框，则使其表面光滑，或通过改变分段数和张力来改变外形，最终效果如图 5-9 所示。

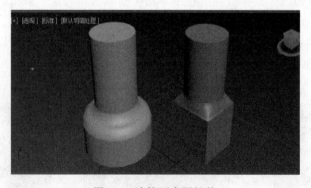

图 5-9 连接两个圆柱体

5.2.4 布尔

布尔运算可以通过多个物体的并、交、差等运算方式产生新的物体。复合对象中的布尔是针对两个三维物体的，不同于"编辑多边形"中的"布尔"选项，是针对样条线的布尔运算。

布尔运算的使用方法如下。

1）创建两个相交的物体。

2）选择其中一个物体 A，在"创建"选项卡的"复合对象"中单击"布尔"按钮。

3）在"拾取布尔"参数卷展栏中单击"拾取操作对象 B"按钮，在视图中选择另外一个物体 B，可以做并集、交集、差集等操作。

注意：差集中 A-B 和 B-A 的区别，效果如图 5-10 所示（A、B 分别是立方体和圆柱体）。

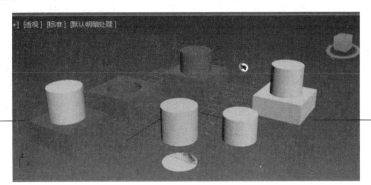

A 与 B 差集和
并集的结果

B 与 A 差集和
并集的结果

图 5-10 布尔运算结果

【**例 5-3**】制作爱心储蓄罐。

操作步骤如下。

步骤 1 设置单位为 cm，选择"图形"面板，在顶视图中创建一个半径为 8 的圆形，然后添加"编辑样条线"修改器，进入"顶点"层级，通过调节顶点，将圆形修改成如图 5-11 所示的心形。

步骤 2 给心形样条线添加"挤出"修改器，设置挤出数量为 12，得到如图 5-12 所示的心形模型。

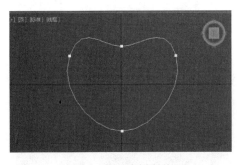

图 5-11 心形样条线

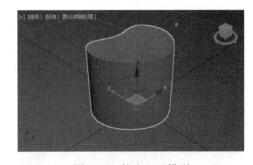

图 5-12 挤出心形模型

步骤 3 复制一个同样的心形模型，选择复制得到的心形模型，右击，在弹出的快捷菜单中单击"缩放"按钮，在打开的"缩放变换输入"窗口的"偏移:世界"选项组的"%"文本框中输入 90，即可把复制得到的心形模型缩小 10%，如图 5-13 所示。

步骤 4 将两个心形模型对齐。选择复制得到的心形模型，在工具栏中单击"对齐"按钮，再选择第一个心形模型，在弹出的对话框中选中"X"位置、"Y"位置、"Z 位置"复选框，当前对象和目标对象都选中"中心"单选按钮，使两个心形模型在 X、Y、Z 轴上按中心对齐，如图 5-14 所示。

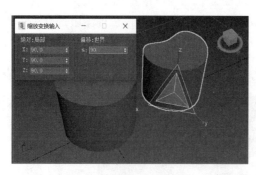

图 5-13   复制并缩小模型

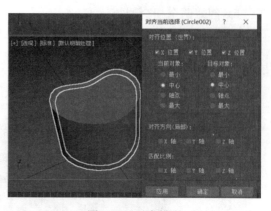

图 5-14   对齐模型

步骤 5   在工具栏中单击"按名称选择"按钮，选择第一个心形模型，在"创建"选项卡的"标准基本体"下拉列表中选择"复合对象"选项。单击"布尔"按钮，然后单击"运算对象参数"参数卷展栏中的"差集"按钮，再单击"布尔参数"参数卷展栏中的"添加运算对象"按钮，再选择第二个复制得到的心形模型，两个模型进行差集运算，得到一个中空的壳。

步骤 6   在视图中创建一个切角长方体，长、宽、高分别为 0.8、3.5、2，圆角为 0.2，使用对齐工具将切角长方体与壳体在 X、Y 轴上按中心对齐，如图 5-15 所示。

步骤 7   进行布尔操作挖出投币孔。在工具栏中单击"按名称选择"按钮，选择心形模型，在"创建"选项卡的"标准基本体"下拉列表中选择"复合对象"选项。单击"布尔"按钮，单击"差集"按钮，单击"添加运算对象"按钮，再选择切角长方体，两个模型进行差集运算，得到投币孔，如图 5-16 所示。

当然，也可以利用布尔运算的方法制作取币孔，此处省略，读者可以在练习中自己尝试制作，挖孔后，再制作一个盖，盖住取币孔。

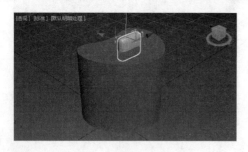

图 5-15   制作投币孔 A

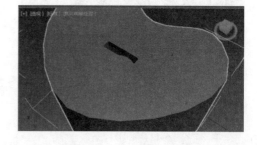

图 5-16   制作投币孔 B

5.2.5   一致

一致是指将一个对象的顶点投影到另一个对象的表面而创建一个新的物体，一般是给物体添加一些细节造型。

如图 5-17 所示，是一个大的长方体添加了"噪波"修改器，表面出现凹凸不平的效果。绘制一条曲线产生轮廓后添加"挤出"修改器，形成一个长条带，放置于长方体上方，为其添加复合对象中的"一致"选项，在参数卷展栏中单击"拾取包裹对象"按钮，然后在视图中单击长方体，此时长条带投影到长方体表面，与长方体形态保持一致的效果，为了看得明显，可将其挤出一定的厚度，如图 5-18 所示。

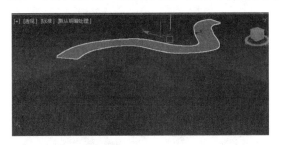 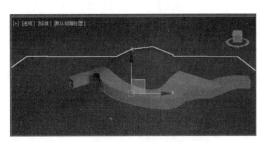

图 5-17 长方体添加"噪波"修改器后的效果　　　　图 5-18 添加"一致"选项

5.3 二维图形和三维造型有机结合的复合对象

5.3.1 图形合并

图形合并是指将二维图形投影到三维物体的表面（平面或曲面），然后可以对投影的二维图形进行编辑，如正、反方向挤出形成凸起或雕刻的效果等。

如图 5-19 所示，在场景中创建一个三维球体和一个二维"球"字，两者间隔一定的距离。选择球体，在"创建"选项卡的"标准基本体"下拉列表中选择"复合对象"选项。单击"图形合并"按钮，在参数卷展栏单击"拾取图形"按钮，然后在视图中单击"球"字，即可将"球"字投影到球体表面，如图 5-20 所示。在修改器列表中选择"编辑多边形"修改器，选择"多边形"层级，则可以挤出"多边形"形成凸起或凹陷的"球"字，相当于把字刻到球体表面上了，如图 5-21 所示，使用这种方法可以将一些文字或花纹图案雕刻在一个物体上。

 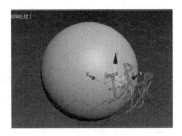 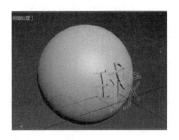

图 5-19 创建球体和"球"字　　图 5-20 将"球"字投影到球体表面　　图 5-21 将字刻在球体表面

5.3.2 地形

地形是指利用二维封闭的等高线图形创建地形模型。

如果地形是不平坦的，可以根据高度和形态绘制多条二维封闭曲线，然后单击"复合对象"面板中的"地形"按钮，拾取等高线，形成如图 5-22 所示的地形；还可以在"简化"参数卷展栏中选中"插入内推点"单选按钮，使表面圆滑，如图 5-23 所示；还可以分层显示实体，如图 5-24 所示。

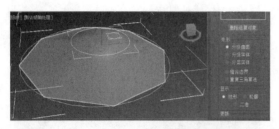

图 5-22　地形 1

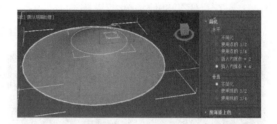

图 5-23　地形 2

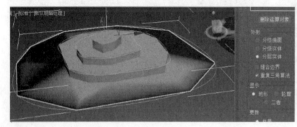

图 5-24　地形 3

5.3.3　放样

前面讲解了拉伸、旋转、倒角等将二维图形转换为三维模型的方法，放样和它们有相似之处，但功能更为强大，它可以让二维图形沿着指定的路径从起点伸长到终点，从而得到复杂的三维模型。

1. 基本放样方法

使用放样建模至少需要两个图形，一个作为截面（当然可以有多个截面），另一个定义物体的伸长路径。

（1）创建放样模型

在视图区绘制一个二维圆环和一条曲线分别作为放样截面和路径，如图 5-25 所示，然后在"复合对象"面板中进行放样操作。选择路径，单击"放样"按钮，在参数卷展栏中单击"获取图形"按钮，在视图中拾取圆环，得到如图 5-26 所示的管道。

注意：先选择截面再获取路径，创建的模型出现在截面处；先选择路径再获取截面，则创建的模型在路径处。截面可以是任意图形，甚至可以是一条线；路径可以是任意曲线，绘制时注意起点和终点。

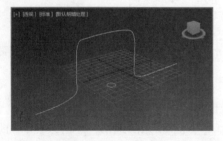

图 5-25　截面和路径 1

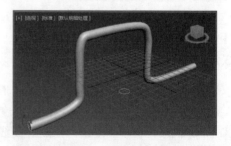

图 5-26　放样得到的模型

（2）修改放样模型

在放样方式参数卷展栏中有"移动""复制""实例"3 种放样方式，默认是"实例"方式，这样原来的二维图形保留下来，可以通过修改这些关联的二维图形来修改放样物体的形状。

放样之后，路径和截面成为"放样"的次物体，可以在修改器堆栈中选择"图形"选项修改截面，选择"路径"选项修改路径线条，得到不同的效果。

2．多截面放样

使用多截面放样时，需要为截面在路径上指定不同的位置，通常使用百分比来衡量路径的位置。放样物体完成后还可以沿路径曲线移动截面图形的位置。

图 5-27　多截面放样

例如，在视图中绘制一个圆、一个矩形、一条线，以线为路径，以圆为起始，以矩形为终止进行放样，得到如图 5-27 所示的模型。

（1）修改多截面放样图形

图 5-27 得到的三维模型因为两个不同截面的起始点不同而形成了扭曲，为了得到不扭曲的三维模型，可以"对齐"截面的起始点。在修改器堆栈中展开"Loft"，选择"图形"选项，在参数卷展栏中单击"比较"按钮，打开"比较"窗口。在窗框中单击左上角的"拾取图形"按钮，然后在视图的放样物体上分别单击两个截面图形，如图 5-28 所示，可以看到圆和矩形的起点（线上的方块）不在同一方向上，此时可以选择一个截面图形，通过旋转调整两个截面的起点在同一方向上，如图 5-29 所示。这样得到的放样模型就不扭曲了，如图 5-30 所示。

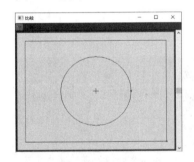

图 5-28　"比较"窗口

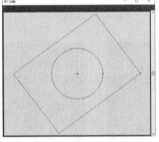

图 5-29　调整截面起点对齐

图 5-30　不扭曲的放样模型

（2）编辑截面图形和路径

在修改器堆栈中进入"图形"层级，然后在视图的放样物体上单击截面，修改器列表中会出现截面图形，可以修改截面的参数，以改变放样模型；还可以移动截面在路径上的不同位置来获得不同的效果，甚至还可以复制截面。

在修改器堆栈中选择"路径"选项，可以通过移动路径的顶点改变路径来得到不同的效果。

3．编辑放样物体

前面介绍的是放样物体的截面和路径的修改，在"修改"选项卡的"变形"参数卷展栏中，还可以对放样物体进行缩放、扭曲、倾斜、倒角、拟合等变形修改，如图 5-31 所示。

（1）变形窗口

单击任何一个变形按钮都会打开一个变形窗口，如图 5-32 所示。在变形窗口中可以使用编辑曲线的方法控制变形，得到不同的变形效果。在变形曲线上可以增加控制点，移动控制点可以得到不同的变形效果。

图 5-31　"变形"参数卷展栏

图 5-32　"缩放变形"窗口

（2）缩放

使用缩放变形可以改变放样物体在 X、Y 轴方向上的缩放比例。

例如，制作唢呐。

1）在视图中创建一个圆环作为截面，绘制一条线作为路径，如图 5-33 所示，放样得到管状体，如图 5-34 所示。

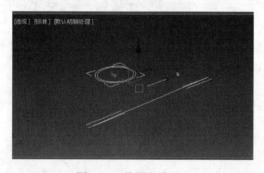

图 5-33　截面和路径 2

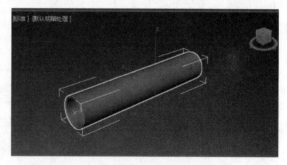

图 5-34　放样得到的管状体

2）在"修改"选项卡的"变形"参数卷展栏中单击"缩放"按钮，打开"缩放变形"窗口，单击"插入角点"按钮，在红色线上插入 3 个贝塞尔平滑点，然后移动点，将红色直线调成如图 5-35 所示的曲线，此时视图中的唢呐模型初步显现，如图 5-36 所示。

3）创建 7 个小球放在唢呐上，如图 5-37 所示。在唢呐上依次使用布尔差集的运算方法制作出孔，得到唢呐模型，如图 5-38 所示。

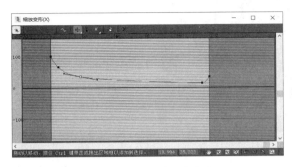

图 5-35　调节缩放变形的点

图 5-36　唢呐的初步模型

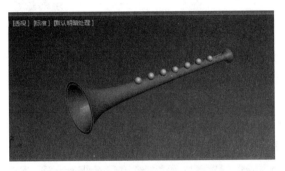

图 5-37　创建 7 个小球

图 5-38　唢呐的最终模型

（3）扭曲

使用扭曲变形工具可以创建出沿路径方向扭曲的放样模型。

例如，绘制钻头。

使用一个矩形、一条直线放样得到长方体，再扭曲和缩放得到如图 5-39 所示的图形（与第 3 章使用"扭曲"和"锥化"修改器得到的模型进行比较，此方法更容易调节模型形状）。

（4）倾斜

倾斜变形工具可以使截面图形沿自身的 X、Y 轴旋转，得到倾斜效果。

例如，使用一个圆、一条直线经过放样得到一个圆柱，再通过倾斜修改，得到如图 5-40 所示的图形，还可以保持两端截面不变，增加节点，改变中间截面形状，得到不同的效果。

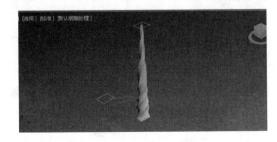

图 5-39　扭曲缩放长方体

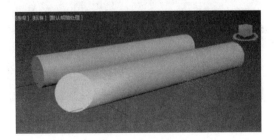

图 5-40　倾斜圆柱

（5）倒角

倒角变形工具是通过在放样路径上缩放截面图形来形成倒角效果的。

例如，使用一个同心圆和直线放样得到圆管，再经过倒角得到如图 5-41 所示的模型。

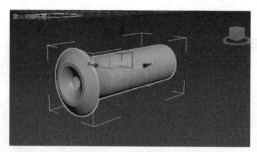

图 5-41　倒角变形后的图形

（6）拟合

拟合是一种特殊的变形工具，可以通过三视图放样拟合的方式生成放样模型。

【例 5-4】制作鼠标。

操作步骤如下。

步骤 1　绘制剖面二维图形。首先在 3 个二维视图区分别绘制鼠标 3 个视角

制作鼠标

所看到的截面图，前视图如图 5-42 所示，左视图如图 5-43 所示，顶视图如图 5-44 所示，再创建一条直线作为路径，总体如图 5-45 所示。

步骤 2　进行放样操作。可选择 3 个视图中的任意一个视图的二维图形进行放样操作。选择直线作为路径，先对左视图二维图形进行放样操作，修改形状得到如图 5-46 所示的模型。

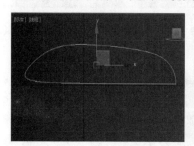
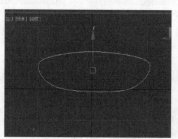
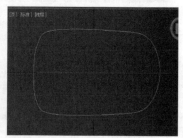

图 5-42　鼠标前视图图形　　　图 5-43　鼠标左视图图形　　　图 5-44　鼠标顶视图图形

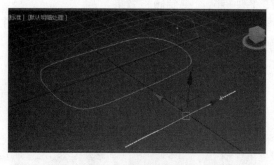
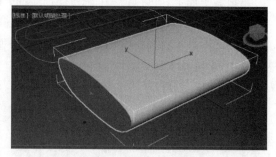

图 5-45　二维图形　　　　　　　　图 5-46　放样后的图形

步骤 3　拟合操作。在"修改"选项卡的"变形"参数卷展栏中单击"拟合"按钮，在打开的"拟合变形"窗口中取消对称锁定，单击"显示 Y 轴"按钮，再单击"获取图形"按钮，在视图中单击前视图的二维图形，修改形状为鼠标形状，再单击"生成路径"按钮，使路径自动适配，如图 5-47 所示。

步骤 4　单击"显示 X 轴"按钮，再单击"获取图形"按钮，在视图中选择顶视图中的

二维图形，调整形状，得到如图 5-48 所示的模型；单击"生成路径"按钮，自动适配路径，初步得到鼠标图形。再添加"编辑多边形"修改器，选择上盖边沿和滑轮所在位置的面，反向挤出凹槽，再使用切角圆柱体制作一个滑轮，放在左、右键中间位置，最终形成鼠标模型，如图 5-49 所示。

 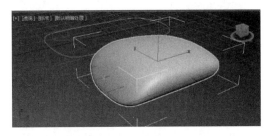

图 5-47　修改形状为鼠标形状　　　　　　　图 5-48　鼠标初步模型

图 5-49　鼠标最终模型

技 巧 提 示

　　拟合变形工具的功能非常强大，可以创建许多复杂的三维模型，尤其适合制作表面不规则，从顶、前、左 3 个视角看截面各不相同的模型，因此也称为三视图放样。

　　创建模型前应先确定 3 个视角的剖面，能画出 3 个视角的剖面，在拟合时还要确定好轴向，否则很难得到逼真的模型。

4. 放样建模案例

【例 5-5】制作花盘。

操作步骤如下。

步骤 1　设置单位为 mm。在顶视图的坐标原点绘制半径为 58 的圆作为花盘底的截面，再绘制一个半径 1 为 100、半径 2 为 80、圆角为 20 的八角星作为边沿的截面，最后在前视图绘制一条 40 的直线作为圆盘的高度。

步骤 2　进入"复合对象"面板，选择直线作为路径，在路径 10%处拾取图形圆，在路径 100%处拾取图形星形，得到放样模型，如图 5-50 所示。

步骤 3　复制一个放样模型，将复制品缩小 2%，使用对齐工具将其对齐到花盘放样模型内，然后对花盘放样模型和复制缩小后的复制品模型进行布尔差集运算，得到如图 5-51 所示的花盘模型。

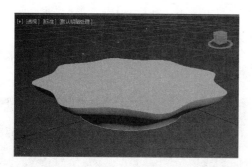

图 5-50   放样物体

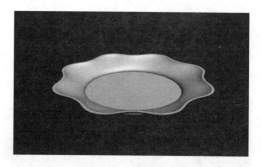

图 5-51   花盘模型

【例 5-6】制作牙膏模型。

操作提示：设置单位为 cm。在顶视图绘制一个半径为 2 的圆和一条长 4.5 的直线作为两端的截面。在前视图绘制一条长 12 的直线作为牙膏高度的路径，进入"复合对象"面板，选择前视图直线作为路径，单击"放样"按钮，在路径起始处拾取圆截面得到圆柱体，在路径 100%处拾取顶视图直线作为底部截面，得到瓶身。也可以只用圆放样，然后经过缩放变形后得到牙膏体，再绘制一个半径为 2.2、高为 2 的倒角圆柱体作为牙膏盖，复制一个牙膏盖并将其缩小 2%，和牙膏盖中心点对齐，用布尔差集运算得到牙膏盖，对齐到牙膏口，得到如图 5-52 所示的模型。

制作牙膏

图 5-52   牙膏

【例 5-7】制作窗帘。

前面的例题都是使用闭合曲线作为截面进行放样，实际上开放曲线也可进行放样。

操作步骤如下。

步骤 1   在顶视图使用光滑曲线绘制两条不同的波浪线作为窗帘的截面，在前视图绘制直线或弧线作为窗帘的长度，如图 5-53 所示。

制作窗帘

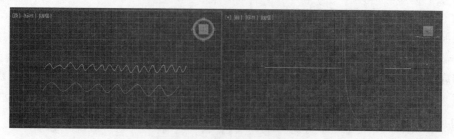

图 5-53   窗帘的截面和路径

步骤 2　选择前视图的曲线作为路径，进入"复合对象"面板，单击"放样"按钮，在路径起始处拾取小波浪线作为窗帘顶部，在路径 100% 处拾取大波浪线作为窗帘底部。

步骤 3　右击透视图中的"默认明暗处理"，在弹出的快捷菜单中选择"面"选项，在视图中可以看到窗帘模型，再通过编辑修改调整截面形状到水平位置，如图 5-54 所示。

步骤 4　如果想让窗帘呈现如图 5-55 所示的效果，需要通过放样修改器中的"变形"操作来完成。单击"变形"参数卷展栏中的"缩放"按钮，在打开的"缩放变形"窗口中为水平线插入两个点，并右击点，在弹出的快捷菜单中将点转换为贝塞尔平滑点，然后移动点、调整点的位置，如图 5-56 所示，得到变形的窗帘，如图 5-57 所示。

图 5-54　窗帘模型 1

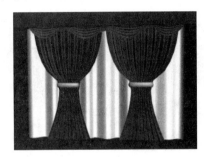

图 5-55　窗帘模型 2

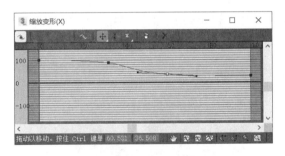

图 5-56　调整点的位置

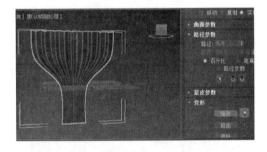

图 5-57　变形窗帘

技 巧 提 示

1）图 5-55 中窗帘的幔头也是使用缩放的方式完成的，只不过是将窗帘旋转至水平后多插入几个点，移动点并调整好弧度。

2）缩放中移动点的操作是对称的，要想一侧出现变形效果，需要缩放变形后添加"编辑多边形"修改器，将不需要变形的一侧选中删除即可。

【例 5-8】 制作油灯。

操作步骤如下。

步骤 1　制作底座。在前视图或左视图绘制如图 5-58 所示的二维线，在"样条线"层级添加 0.3 的轮廓形成薄壁，添加"车削"修改器，使用布尔方法在底座上面挖一个洞，再车削一个盖，得到底座，如图 5-59 所示。

制作油灯

步骤 2　制作灯芯。在左视图使用平滑的线绘制如图 5-60 所示的图形作为灯芯侧壁，产生 0.2 的轮廓线，形成灯芯的形状，经过车削形成灯芯，如图 5-61 所示。再在左视图绘制平滑曲线，设置可渲染性，如图 5-62 所示，作为灯捻。

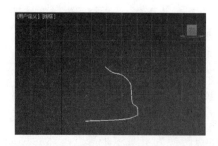

图 5-58 底座二维线

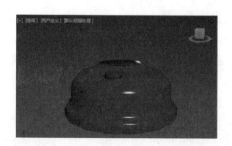

图 5-59 底座

图 5-60 灯芯侧壁二维线

图 5-61 灯芯

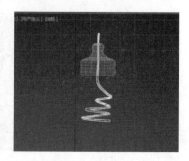

图 5-62 绘制灯捻图形

步骤 3 制作灯罩。在左视图使用平滑的线绘制如图 5-63 所示的图形作为灯罩侧壁，产生 0.2 的轮廓线，形成灯罩的形状，经过车削形成灯罩，如图 5-64 所示。

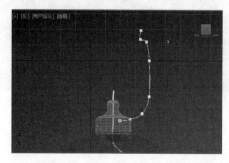

图 5-63 绘制灯罩侧壁样条线

图 5-64 灯罩

步骤 4 制作顶盖。在左视图使用平滑的线绘制如图 5-65 所示的两段线作为灯罩侧壁，分别产生 0.2 的轮廓线，形成两段灯罩顶盖的形状，经过车削形成灯罩顶盖，如图 5-66 所示。再创建一个长方体，通过"弯曲"修改器或"变形"修改器使其变形与顶盖的弧度一致，另外创建一个圆环，放在长方体和顶盖之间，如图 5-67 所示，形成顶盖的提手。

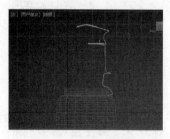

图 5-65 绘制两段线

图 5-66 灯罩顶盖

图 5-67 顶盖的提手

步骤 5　制作灯架。在左视图使用平滑曲线绘制灯架的二维线,如图 5-68 所示,作为主灯架的路径。在顶视图绘制圆角矩形,作为主灯架的截面,经过放样得到如图 5-69 所示的主灯架。

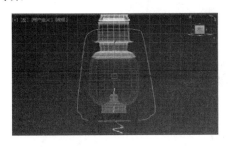 

图 5-68　绘制灯架的二维线　　　　　　　　　　图 5-69　主灯架

步骤 6　制作灯罩的保护固定架。绘制两个圆,将其转换为可编辑状态后,调整到灯罩外围形成灯罩护栏,如图 5-70 所示。进入圆的"渲染"参数卷展栏,选择可渲染选项,设置厚度为 2,渲染即可见。在圆的左右下部绘制两条直线,与主灯架相连,进入线的"渲染"参数卷展栏,选择可渲染选项,设置厚度为 2,形成如图 5-70 所示的油灯灯罩的保护固定架。

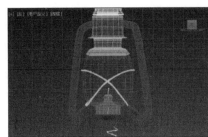 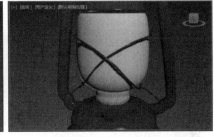

图 5-70　灯罩的保护固定架

步骤 7　制作提梁。在左视图绘制如图 5-71 所示二维线,形成灯架提手的形状,再绘制两段弧形线作为主灯架上固定提手的耳朵,对 3 条曲线都设置可渲染性,厚度为 2,得到如图 5-72 所示的灯架提梁。

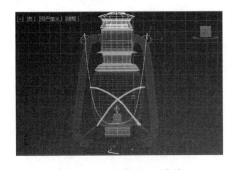 

图 5-71　灯架提梁二维线　　　　　　　　　　图 5-72　灯架提梁

步骤 8　最后渲染得到如图 5-73 所示的油灯模型(添加了材质的,材质将在第 7 章进行讲解)。

图 5-73　油灯模型

5.4　补充知识点及综合训练

5.4.1　补充知识点

　　本综合训练是创建一个房间及房间内的模型，将涉及一些房屋建筑方面的知识，在此进行简单的补充介绍，详细的知识请查阅有关建筑设计方面的书籍。本节补充的知识点包括模型合并、房屋的创建方法和模型优化。

图 5-74　模型合并对话框

1. 模型合并

　　当场景中的模型很多时，每个模型可以创建、单独保存，最后统一合并到一个场景文件中，这也是多人合作完成一个项目经常使用的分工方法。但这种方法的前提如下。

　　1）模型及各子物体都有命名。

　　2）如果设置了材质，材质球也要有单独的命名。

　　3）同一场景的所有模型的单位统一。

　　模型合并的操作如下。

　　1）选择"文件"→"导入"→"合并"选项。

　　2）找到单独制作的三维模型文件。

　　3）在如图 5-74 所示的模型合并对话框中选择要合并的对象（全部或部分），单击"确定"按钮。

技 巧 提 示

　　为了便于模型合并后确定其位置，单独创建的模型在保存时最好位置归零，这样合并后模型在新场景中也在原点，方便将模型移动到合适的位置。

2. 房间的创建方法

（1）房间的形态

1）房屋要有墙、门、窗、地面、屋顶。

2）可以是独立的一间房（忽略其他房间确定门窗位置），也可以是户型中的一间（要兼顾其他房间来确定门窗的位置）。

3）建议先画出草图。

（2）房间的创建方法

1）使用 Box 创建房间，添加"编辑多边形"修改器，再选择"翻转法线"选项，即可看到内部（Box 内放置摄影机），再调节分段数的点的位置，删掉门、窗位置面，留出门窗位置，这种方法适合只看房屋内部、做局部渲染效果，因为墙没有厚度，如图 5-75 所示。

2）使用 Box 创建有厚度的墙、地面、屋顶，通过捕捉对齐形成房屋，然后编辑门、窗所在墙的顶点位置，删掉门、窗位置的面，再选择门、窗位置的线，通过桥接封闭墙，此方法适合制作承重墙、非承重墙厚度不一样的单独的一个房间，如图 5-76 所示。

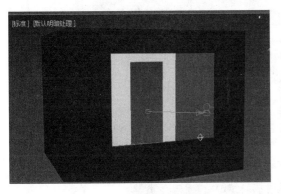
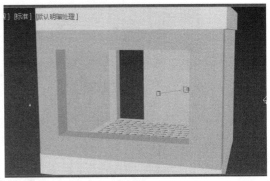

图 5-75　使用 Box 创建房间　　　　　　　　　图 5-76　房间模型 1

3）使用 AEC 扩展创建有厚度的墙，再使用 Box 创建地面、屋顶，通过捕捉对齐形成房屋。使用编辑多边形中的"切割"命令在门、窗所在墙上切割出门、窗位置，将面删掉，再选择门、窗位置的线，通过桥接封闭墙，如图 5-77 所示，此方法适合制作所有墙厚度一样的一个单独房间。

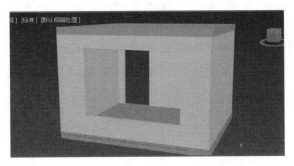

图 5-77　房间模型 2

4）将 CAD 户型图导入 3ds Max 中挤出户型，若没有 CAD 图，可以在 3ds Max 中用绘制二维线的方法绘制出户型图的俯视剖面图（可以用矩形作为参照），再使用挤出的方法挤出房屋的墙，然后使用 Box 创建地面、屋顶，通过捕捉对齐形成房屋，再使用编辑多边形中的"切割"命令在门、窗所在墙上切割出门、窗位置，将面删掉，制作出房间。这种方法适合制作整户房屋，且墙的厚度可以不一样的房间，如图 5-78~图 5-80 所示。

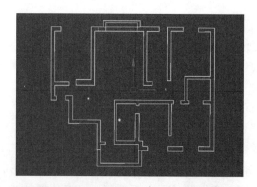

图 5-78　3ds Max 中绘制的二维墙线

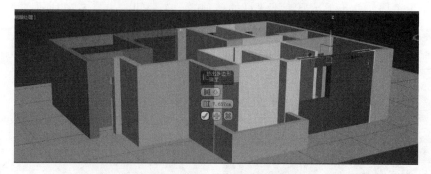

图 5-79　3ds Max 中挤出的墙

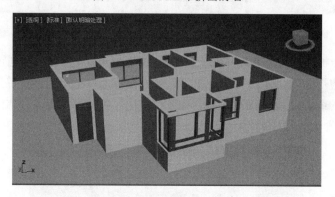

图 5-80　添加了门窗的墙体

注意：制作房屋模型时涉及墙的厚度和门窗的尺寸等，可以通过网络查询或查阅相关资料。

3. 模型优化

制作复杂场景模型时，一般应尽量保证用最低的面数建模，因为面数越多，场景文件数据量越大，计算时间越长，会影响渲染速度和浏览刷新显示速度，因此建模时要考虑模型优化问题。归纳起来可以用以下方法优化模型。

1）建模时尽量减少分段数量，不需要的分段数都降到最低。

2）移除不可见的面（即遮挡或重叠的面）。

3）尽量少用车削和放样建模。

4）尽量不用布尔建模，避免产生破面、黑面。

5）有些模型可以添加"编辑多边形"修改器以减少多边形的面数。

6）还可以适当添加"优化"修改器以减少多边形的面数。

7）对于相同材质的、位置临近的模型可以使用"塌陷"的方法优化材质贴图。

8）对于大型场景可以使用"烘焙"的方法解决场景的光影和材质问题。

9）大型场景遵循近实远虚的原则，周边陪衬的模型可以用简模贴图代替。

10）如果安装了 V-ray 插件，可以使用"代理"模型，以减缓显示卡顿的现象。

注意： 按键盘上的数字 7，会在视图左上角显示出当前场景中的顶点数、多边形数，在对象属性对话框中可以看到对象的面数。

5.4.2　综合训练

根据实际或想象制作"我的学习空间"，必备的模型是与学习有关的家具、学习用品等，其他可以自行创建，参考图如图 5-81 所示。

制作学习空间

图 5-81　学习空间一角参考图

本练习可以让读者自己发挥想象，也结合自己家中的布置，通过自己动手创作，制作一个属于自己的学习空间，通过创作可以了解建立复合模型的基本操作，巩固本章所学的复合对象建模及第 4 章的二维建模，掌握二维建模和复合对象建模的过程和参数设置。

相关的操作提示如下，具体内容这里不再赘述。

1）创建文件，设置单位为 cm，配置好路径。

2）创建书桌、书柜：参照制作五斗柜的方法制作书桌，书桌的一般高度为 70～80，长和宽可以视空间大小而定，书桌和书柜可以是组合一体的，也可以是单独的。

3）创建书：使用"长方体"按钮制作立着的书，使用放样的办法制作翻开的书，置于桌面上，注意放样的剖面是翻开书的倒人字形，路径是书脊的长度。

4）制作或合并计算机、台灯、纸篓：通过合并文件的方法将制作好的台灯、纸篓等模型合并到场景中，调整好比例置于桌面和地面上。

5）制作椅子：根据书桌样式和房间风格，配套制作一把椅子，椅面的高度为 45～50，样式自定。

6）制作装饰物（植物等）：在"标准几何体"下拉列表中选择"AEC 扩展"选项，创建一个植物，调整好比例和参数，再车削一个花盆。

7）制作房间：可以创建墙，也可以使用"长方体"按钮创建房间，使用倒角制作一个画框放于墙面，注意要有门、窗、窗帘等物品。

8）渲染输出、保存文件。

9）暂时忽略材质和灯光（第 7 和第 8 章再添加），注意参照真实比例制作模型，保证房间比例协调。

案例总结：本练习是基础建模、二维建模和复合建模的综合训练，有基本几何体建模、复合对象放样建模、二维旋转建模、二维倒角建模、复合对象布尔运算建模等，通过训练主要掌握各种建模方法，熟悉建模的基本操作，锻炼想象力和独立创作的能力。

本 章 小 结

本章讲解的复合建模是制作不规则造型的有效建模方法，通过案例讲解了复合对象的创建与编辑方法，可以是二维图形和三维模型的结合形成一个三维物体，也可以是两个以上的三维模型经过有效的处理变成一个复合三维模型。要熟练掌握散布、连接、布尔、图形合并和放样等常用的复合建模方法，尤其是放样建模是复合建模中常用的方法之一，难点是三视图平面图形的绘制，要有空间想象力。只有熟悉这些常用的建模方法才能得心应手地创建三维模型。

思考与练习

一、思考题

1．怎样将一个物体不均匀地散布在另一个物体的表面？

2．布尔运算中的 A-B 和 B-A 差集有什么区别？

3．执行二维布尔命令和三维布尔命令有什么不同？

4．连接两个物体时不开放对接的面能否连接上？

5．放样建模时，当不同形状的二维图形截面放样后产生扭曲时，应如何调节？

二、操作题

1．制作如图 5-82 所示的邮筒储蓄盒和彩蛋储蓄盒。

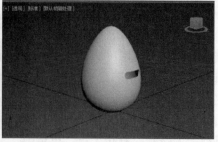

图 5-82   邮筒储蓄盒和彩蛋储蓄盒模型

2．参照图 5-83 和图 5-84 完成模型的制作。

图 5-83　带把的茶杯

图 5-84　象棋子

3．使用放样建模的方法参照图 5-85 完成模型的制作。

4．使用放样建模的方法参照图 5-86 完成模型的制作。

提示：先使用绘制二维线的方法将摇椅的框架形状绘制出来，使用圆环制作截面然后进行放样制作出摇椅的框架，如图 5-87 所示。使用椭圆放样制作出摇椅的坐垫和靠垫，如图 5-88 所示。添加"自由变形"修改器将坐垫和靠垫调整到与摇椅框架一致的形状，渲染得到如图 5-86 所示的摇椅模型。

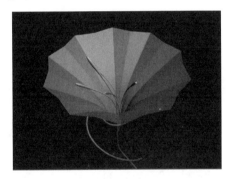

图 5-85　牵牛花

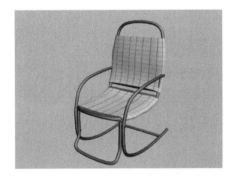

图 5-86　摇椅

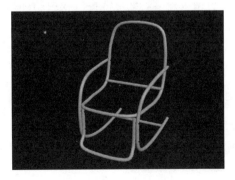

图 5-87　摇椅的框架

图 5-88　摇椅的坐垫和靠垫

第 6 章

3ds Max 高级建模

▶ 知识目标

1）了解多边形建模的特点。

2）认识 NURBS 样条线。

3）了解面片建模和曲面建模的差别。

▶ 能力目标

1）掌握多边形建模的方法。

2）掌握 NURBS 建模的方法。

3）掌握面片建模的方法。

4）掌握曲面建模的方法。

▶ 课程引入

随着建模方法学习的逐步深入，我们会发现很多复杂的模型往往不是一种方法能够独立完成的，而是需要多种方法混合使用。尤其是对模型的细节处理，更是需要对模型局部的点、线、面进行处理，或者使用线框外包曲面的方法代替使用基本体雕刻的方法，这些比较复杂的建模方法我们把它归结到高级建模中，主要包括多边形建模、NURBS 建模、面片建模等方法。本章部分案例的渲染效果如图 6-1 所示。

图 6-1　部分案例的渲染效果

6.1　多边形建模

多边形建模也称为网格建模，它是大多数三维建模与动画制作软件所使用的默认建模方法，广泛地应用在游戏设计及各种场景建模中。

多边形建模是所有建模方法中最烦琐、最耗精力的一种方法。

多边形模型存在两种编辑方式：编辑网格和编辑多边形。

6.1.1　多边形建模的概述

多边形建模就是通过给几何体添加"编辑网格"或"编辑多边形"修改器，然后进入"多边形"层级，对局部的点、线、面进行编辑、调整，以达到理想的模型效果。

如图 6-2 所示，两个相同参数的长方体，倒角挤出相同的参数，使用"编辑多边形"修改器可以一次完成所有面的倒角挤出，使用"编辑网格"修改器却要逐个面完成，但是编辑网格可以挤出凸起或凹陷的弧形面。编辑网格和编辑多边形究竟有什么不同呢？下面简单介绍编辑网格和编辑多边形。

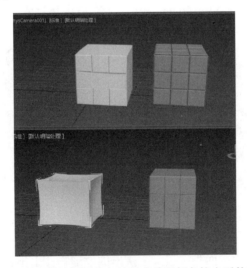

图 6-2　长方体编辑网格与编辑多边形倒角挤出后的效果

1. 编辑网格

编辑网格：网格是 3ds Max 最基本的多边形加工方法，但版本升级到 2009 后它的功能基本上没有什么变化了。编辑网格的基本体是由三角面构成的，在 3ds Max 4 之后被更好的算法——编辑多边形取代，之后编辑网格方法的使用逐渐减少。

2. 编辑多边形

编辑多边形：本质上还是网格，但构成的算法更优秀，多边形是当前主流的操作方法，而且技术领先，有着比网格更多、更方便的修改功能。

3．两者的区别

1）网格的基本体是三角面，而多边形是任意的多边形面，并且有"边界"层级，所以更为灵活。

2）可编辑多边形内嵌了曲面，而可编辑网格只能在外部添加"曲面细分"。当然，可编辑多边形也可以"曲面细分"。

6.1.2　多边形建模案例

下面通过案例由浅入深地了解"编辑网格"和"编辑多边形"修改器强大的对三维物体点、线、面的修改功能。

【例6-1】制作五角星。

五角星使用二维星形挤出很简单，但制作出尖角或从中心到尖部有一定弧度就不是直接能得到的，需要借助"编辑网格"和"编辑多边形"修改器完成。

此例主要掌握"编辑网格"修改器的使用方法，包括切片平面的应用方法。

操作步骤如下。

步骤1　设置单位为cm。单击"图形"面板中的"星形"按钮，在前视图中绘制图形星形（半径分别为2、1，点为5），如图6-3所示。然后选择修改器列表中的"挤出"修改器，设置参数中的"数量"为1，结果如图6-4所示。

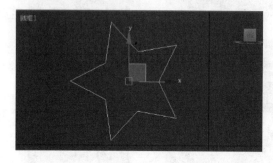
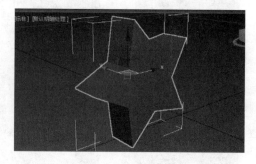

图6-3　星形　　　　　　　　　　　　图6-4　挤出五角星

步骤2　在命令面板中选择修改器列表中的"编辑网格"修改器，进入"顶点"层级，在参数卷展栏中单击"切片平面"按钮。在挤出的星形物体上出现一个黄色线框，移动调整线框的位置到中间，然后单击"切片平面"按钮右侧的"切片"按钮，这样会在挤出的星形物体中间切出一个剖面，相当于多了一层分段，如图6-5所示。

图6-5　切片平面

步骤 3　在左视图框选最右侧的一列顶点，在"编辑几何体"参数卷展栏中单击"塌陷"按钮，把顶点聚集在平面中心形成一个顶点，如图 6-6 所示。继续上述操作，在左视图框选最左侧的一列顶点，在"编辑几何体"参数卷展栏中再次单击"塌陷"按钮，把顶点聚集在平面中心形成一个顶点，得到如图 6-7 所示的五角星效果。

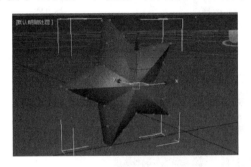

图 6-6　塌陷顶点

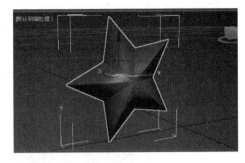

图 6-7　五角星

步骤 4　如果想让星形从中心到尖角是弧形的，可以再做几次切片平面，然后从中心开始，在平面视图中一层一层框选顶点，使用缩放工具逐次放大，使从中心到尖角的直线变成弧形，如图 6-8 所示，最终效果如图 6-9 所示。

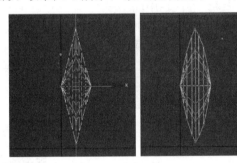

图 6-8　顶点逐层放大

图 6-9　五角星的最终效果

【例 6-2】制作如图 6-10 所示的魔方。

魔方这个案例很简单，重要的是了解"编辑多边形"修改器中的倒角挤出的作用及材质 ID 号的设置。

操作步骤如下。

步骤 1　设置单位为 cm。创建长、宽、高均为 7 的长方体，且分段数都设为 3，然后在修改器列表中选择添加"编辑多边形"修改器。

图 6-10　魔方

步骤 2　展开"编辑多边形"修改器，进入"多边形"层级，在视图中框选所有的面，然后在命令面板的参数卷展栏中单击"倒角"按钮右侧的"设置"按钮，在弹出的文本框中设置挤出为 0.2、倒角为-0.2、倒角轮廓选择"按多边形"选项，如图 6-11 所示，单击"确定"按钮，确认倒角参数，得到如图 6-12 所示的魔方效果。

图 6-11   设置长方体倒角

图 6-12   魔方最终效果

步骤 3   倒角挤出后不要做任何操作，选择"编辑"→"反选"选项（或 Ctrl+I 组合键），则由选择所有挤出的面，变成选择魔方的缝隙，在参数卷展栏中的"多边形：材质 ID"参数卷展栏中设置"设置 ID"为 7（1~6 的 ID 号分别赋予长方体的 6 个面，所以设置缝隙的材质 ID 号为 7，后面贴材质时依次为 7 个 ID 号赋予 7 种不同的颜色）。

步骤 4   为长方体添加修改器列表中的"网格平滑"修改器，在"细分量"参数卷展栏中设置迭代次数为 0，即可完成魔方模型的创建。

【例 6-3】制作台历笔筒。

此例主要体现编辑多边形细分面的修改，包括局部面的挤出、点的调节等。

操作步骤如下。

步骤 1   新建文档，设置单位为 cm。在透视图中绘制一个长方体，长、宽、高分别为 28、18、2，分段数分别为 3、2、2，命名为台历。

制作台历笔筒

步骤 2   在修改器列表中选择"编辑多边形"修改器，给长方体添加"编辑多边形"修改器，进入"顶点"层级，在前视图移动顶点，如图 6-13 所示。

步骤 3   制作左侧笔筒部分。进入"多边形"层级，在"选择"参数卷展栏中选中"忽略背面"复选框；在透视图中选择左上角的面，在"编辑多边形"参数卷展栏中单击"插入"按钮右侧的"设置"按钮，在弹出的文本框中设置插入值为 1，相当于把选中的面向内收缩 1，如图 6-14 所示，然后单击"确定"按钮。

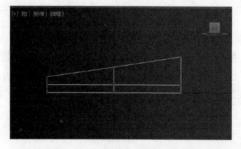

图 6-13   创建长方体并移动顶点

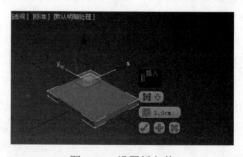

图 6-14   设置插入值

步骤 4　在"编辑多边形"参数卷展栏中单击"挤出"按钮右侧的"设置"按钮，在弹出的文本框中设置挤出值为 10，如图 6-15 所示，然后单击"确定"按钮，将此面部分升高 10，以便制作笔筒。

步骤 5　单击"倒角"按钮右侧的"设置"按钮，在弹出的文本框中设置挤出高度值为 0.05，倒角值为-0.05，使笔筒的边沿通过倒角平滑一些，如图 6-16 所示。

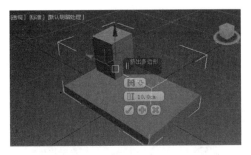
图 6-15　设置挤出值

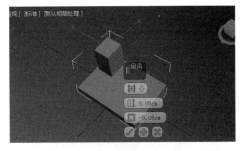
图 6-16　设置倒角值

步骤 6　单击"插入"按钮右侧的"设置"按钮，在弹出的文本框中设置插入值为 0.2，即把选中的面向内收缩 0.2，如图 6-17 所示，然后单击"确定"按钮，目的是产生笔筒的壁厚。

步骤 7　单击"挤出"按钮右侧的"设置"按钮，在弹出的文本框中设置挤出值为-11，如图 6-18 所示，然后单击"确定"按钮，将面反向挤出形成凹陷的笔筒。

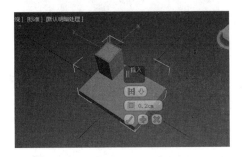
图 6-17　制作笔筒壁厚

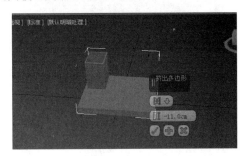
图 6-18　凹陷的笔筒

步骤 8　在笔筒下方制作收纳凹槽。选择左侧下面的面，单击"插入"按钮右侧的"设置"按钮，在弹出的文本框中设置插入值为 1，即把选中的面向内收缩 1，如图 6-19 所示，然后单击"确定"按钮，目的是产生一个凹槽。

步骤 9　单击"倒角"按钮右侧的"设置"按钮，在弹出的文本框中设置挤出值为-1，倒角值为-0.5，即把选中的面反向倒角挤出形成凹槽，如图 6-20 所示，然后单击"确定"按钮。

图 6-19　制作收纳凹槽

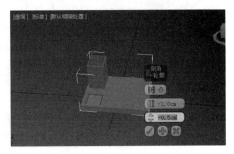
图 6-20　倒角挤出形成凹槽

步骤 10 制作台历板部分。选择"顶点"层级,单击参数卷展栏中的"切片平面"按钮,在视图中会出现切片线框,此时线框是水平放置的,需要将其旋转直立。右击工具栏中的"选择并旋转"按钮,在打开的"旋转变换输入"窗口的"X"文本框中输入 90,或者右击工具栏中的"角度捕捉切换"按钮,在打开的"栅格和捕捉设置"窗口中设置角度为90°。然后旋转切片线框成直立状态,并将线框移动到如图 6-21 所示的位置;单击"切片"按钮,生成一个切片,再次移动切片线框到如图 6-22 所示的位置;再单击"切片"按钮,又形成一个切片,切片的目的是产生截面,即产生相应的顶点,便于移动顶点,改变造型。

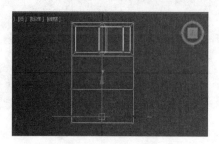

图 6-21　移动切片线框 1

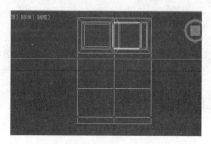

图 6-22　移动切片线框 2

步骤 11 进入"多边形"层级,选择如图 6-23 所示的两个面,沿着 Y 轴反向移动面至如图 6-24 所示的位置,使台面向下产生一个坡度。

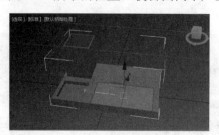

图 6-23　选择两个面

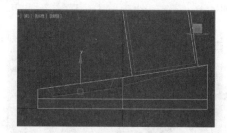

图 6-24　移动面形成坡度

步骤 12 进入"边"层级,按住 Ctrl 键依次选择台历上层面如图 6-25 所示的边线,然后单击"编辑边"参数卷展栏中的"切角"按钮右侧的"设置"按钮,在弹出的文本框中设置切角值为 0.3,如图 6-26 所示,然后单击"确定"按钮,使台历的边沿产生切角变得圆滑一些。

步骤 13 制作固定台历的孔。进入"多边形"层级,在顶视图选择台历板部分的 4 个顶面,如图 6-27 所示,在"编辑多边形"参数卷展栏中单击"切割"按钮,移动鼠标指针在顶视图从选择面的顶部边线连到底部边线,切割出两条线,再水平切割 4 条线,如图 6-28 所示,最后在两条水平切割线中间纵向切割出如图 6-29 所示的 8 个小方块,然后选择切割出的 8 个小方块的面删除,形成 8 个孔洞,效果如图 6-30 所示。

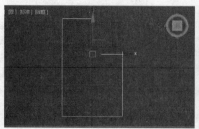
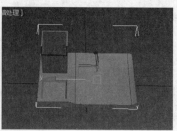

图 6-25　选择边线

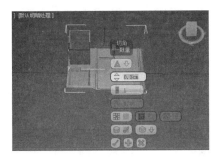

图 6-26　设置切角值

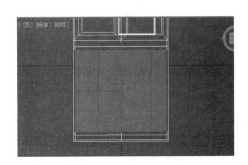

图 6-27　选择 4 个顶面

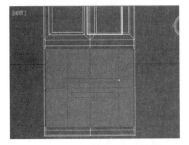

图 6-28　水平切割 4 条线

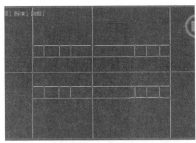

图 6-29　切割出 8 个小方块

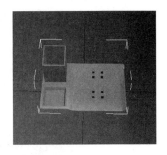

图 6-30　形成 8 个孔洞

步骤 14　制作固定台历的夹。进入"创建"选项卡的"图形"面板，在左视图使用二维平滑的线绘制如图 6-31 所示的曲线作为固定夹的路径。再在顶视图绘制半径为 0.3 的圆，选择路径，进入"复合对象"面板，单击"放样"按钮，然后单击"获取图形"按钮，选择刚创建的圆，通过放样得到台历固定夹，如图 6-32 所示，然后复制 1 个，移动固定夹到对应的孔，效果如图 6-33 所示。

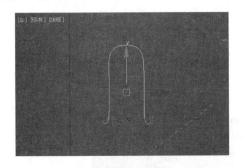

图 6-31　绘制二维线

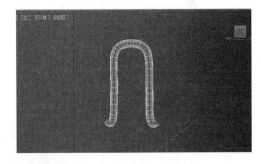

图 6-32　放样得到台历固定夹

图 6-33　台历的最终效果

可以自己根据想象再美化一下设计,在第 7 章学习材质设置后,可以再为台历设置材质,以达到理想的效果。

> **技 巧 提 示**
>
> 此案例中使用"切片"和"切割"按钮都可以产生局部的面,"切片"更多的是切割整面,是对整个模型进行切片,而"切割"更灵活一些,可以在局部的面中再分割出更细小的面。

【例 6-4】制作校训石。

此例只制作模型的外形,石头表面为凹凸纹理可以使用材质贴图解决,否则模型的面数太多。其操作步骤如下。

步骤 1　新建文档,设置单位为 m,进入"标准基本体"面板,在透视图创建一个长、宽、高分别为 7.5、0.6、2.5 的长方体,分段数分别为 15、3、5,将其命名为校训石,如图 6-34 所示。

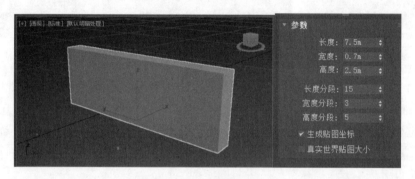

图 6-34　创建长方体

步骤 2　选择校训石,添加修改器列表中的"编辑多边形"修改器或将其转换为可编辑多边形,再添加修改器列表中的"FFD(长方体)"修改器,在"FFD 参数"参数卷展栏中单击"设置点数"按钮,在弹出的"设置 FFD 尺寸"对话框中设置长、宽、高的点数分别为 16、4、6,与石头的分段数一致,如图 6-35 所示。

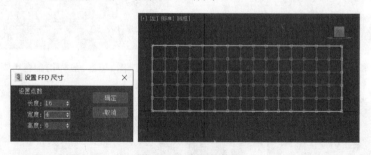

图 6-35　设置点数

步骤 3　单击左视图左上角的"线框",在弹出的下拉列表中选择"视口背景"中的"自定义图像文件"选项,如图 6-36 所示。再选择图 6-36 中的"配置视口背景"选项,在弹出的"视口配置"对话框的"背景"选项卡中单击"文件"按钮,在弹出的"选择背景图像"

对话框中选择参照的图片文件，单击"打开"按钮，返回"视口配置"对话框，如图 6-37 所示，然后单击"确定"按钮即可在视图中显示参照图片，如图 6-38 所示，便于按照参考图调整石头的外形。

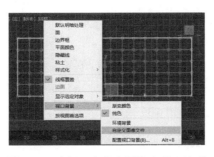

图 6-36　选择"自定义图像文件"选项

图 6-37　"视口配置"对话框

图 6-38　参照图片

步骤 4　在修改器堆栈中展开"FFD（长方体）"修改器，选择"控制点"选项，按照参考图的形状移动石头的控制点，使石头的外形与参考图大体一致，如图 6-39 所示，这是利用参考图快速制作模型的方法。

图 6-39　移动石头的控制点

注意：移动控制点时要先框选控制点再移动，便于将石头厚度上的所有点一起移动。

步骤 5　创建石头上的校训文字。单击"创建"选项卡"图形"面板中的"文本"按钮，在参数卷展栏中设置字体为"华文行楷"，大小为 0.8，在"文本"列表框中输入校训文字，在左视图单击创建文字。添加"挤出"修改器，设置挤出数量为 0.1，调整文字的位置，置于石头前，并嵌入石头一半厚度，如图 6-40 所示。

步骤 6　使用布尔的方法将文字刻于石头上。选择石头，在"创建"选项卡的"复合对象"面板中单击"布尔"按钮，在"运算对象参数"参数卷展栏中单击"差集"按钮，再单击"添加运算对象"按钮，在视图中选择文字，即可制作出文字刻在石头上的效果，如图 6-41 所示。

步骤 7　再为石头添加"编辑多边形"修改器，进入"多边形"层级，依次选择文字的多边形面，在参数卷展栏单击"分离"按钮，使文字都成为独立的对象，然后将独立的文字对象赋予红色，效果如图 6-42 所示。

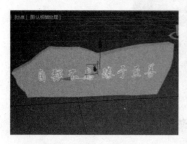 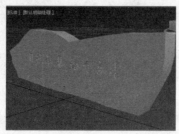 

图 6-40　创建校训文字　　　　图 6-41　文字刻在石头上的效果　　　图 6-42　分离文字后的效果

注意：石头表面可以通过材质参数设置或贴图形成表面石材的纹理效果。

步骤 8　平滑石头的边角。若想让石头的边角平滑一些，此处不能添加"网格平滑"修改器，因为中间有文字，添加"网格平滑"修改器会使文字变形。此时可以进入"边"层级，按住 Ctrl 键依次选择石头的边沿线，如图 6-43 所示，然后在参数卷展栏单击"切角"按钮右侧的"设置"按钮，弹出的文本框如图 6-44 所示，为边设置切角值 0.05，然后单击"确定"按钮，平滑后的效果如图 6-45 所示，添加环境背景后的渲染效果如图 6-46 所示。

图 6-43　选择石头的边沿线

图 6-44　设置切角值

图 6-45　平滑后的效果

图 6-46　添加环境背景后的渲染效果

【例 6-5】制作如图 6-47 所示的坦克模型。

此例主要掌握"编辑多边形"修改器、"对称"修改器的使用方法，包括放样建模、倒角挤出等参数设置。应用较多的是局部面的挤出，注意"对称"修改器的对称轴，只要添加了"对称"修改器，就可以精心地制作一侧模型，另一侧可自动对称镜像。

图 6-47　坦克模型

制作思路：车身—履带挡泥板—顶箱—履带—炮筒，操作步骤如下。

步骤 1　新建文件，设置单位为 cm，制作的是缩小版的模型，没有按实际比例制作。在视图中创建一个长、宽、高分别为 500、280、120 的长方体，对应分段数分别为 3、2、2，并命名为坦克，然后选择长方体击右击，在弹出的快捷菜单中将其转换为可编辑多边形，或者添加"编辑多边形"修改器。

步骤 2　在"修改"选项卡的修改器堆栈中单击"+"号，展开"编辑多边形"修改器，选择"顶点"层级，在 3 个平面视图内调整顶点的位置，即在顶视图将中间一列顶点向左移动，在左视图将 4 个角的顶点移动到如图 6-48 所示的位置。

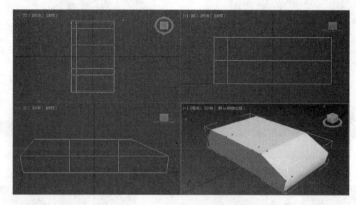

图 6-48　移动顶点的位置

步骤 3　制作履带挡泥板。选择"多边形"层级，按住 Ctrl 键选择长方体上面边缘的 5 个面，如图 6-49 所示。在"编辑多边形"参数卷展栏中单击"挤出"按钮右侧的"设置"按钮，在弹出的文本框中设置向上挤出 3 个单位；然后按住 Ctrl 键选择刚刚挤出的侧面的 5 个面，单击"挤出"按钮右侧的"设置"按钮，在弹出的文本框中设置向左挤出 40 个单位，如图 6-50 所示，得到履带挡泥板的形状。

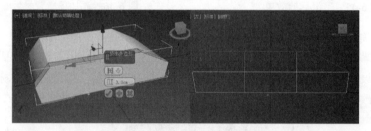

图 6-49　选择上面边缘的 5 个面

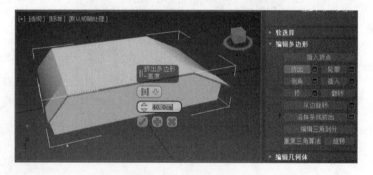

图 6-50　挤出多边形

步骤 4　制作顶箱。按住 Ctrl 键选择模型顶部的 3 个面，执行"倒角"命令，向上拉伸 20 个单位、倒角-10 个单位；再一次按住 Ctrl 键选择模型顶部的两个面，执行"倒角"命令，向上拉伸 50 个单位、倒角-25 个单位，如图 6-51 所示，形成顶箱。

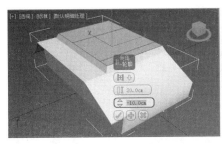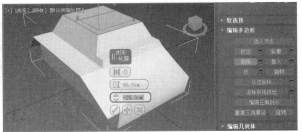

图 6-51　制作顶箱

步骤 5　选择后侧如图 6-52 所示的面，执行"挤出"命令，挤出 10 个单位；再选择顶箱后侧的面，挤出 20 个单位，然后进入"顶点"层级，调整顶点，如图所 6-53 所示。

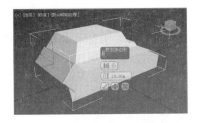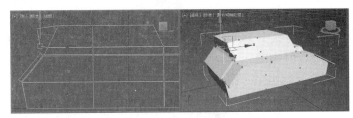

图 6-52　选择后侧的面并挤出　　　　　　　　　图 6-53　调整顶点

步骤 6　退出"顶点"层级，选择模型，在"修改"选项卡的"修改器列表"下拉列表中选择"网格编辑"中的"对称"修改器。选择 X 轴对称，选中"翻转"复选框，产生另一半模型，如图 6-54 所示。选中"沿镜像轴切片"和"焊接缝"复选框，焊接被分割位置的接缝，可以展开"对称"修改器，选择"镜像"选项，然后沿 X 轴移动调整对称轴位置，以中间不出现缝隙为好。

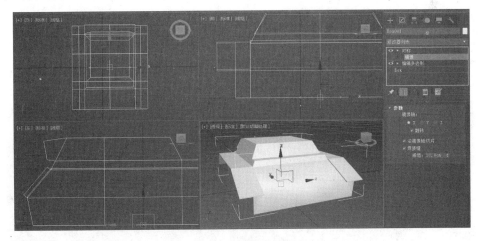

图 6-54　镜像对称模型

步骤 7　放样制作履带。在左视图使用平滑的样条线绘制出坦克履带的路径，如图 6-55 所示。在顶视图绘制长为 40、宽为 4 的矩形，选择履带样条线作为路径进行放样，进入"修改"面板，在"蒙皮参数"参数卷展栏中将"图形步数"设为 0，将"路径步数"设为 3，以便减少多边形数量，取消选中"自适应路径步数"复选框，得到坦克履带模型，如图 6-56 所示，命名为履带 001。

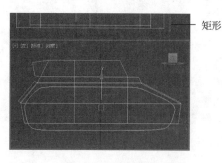

矩形

图 6-55   绘制路径

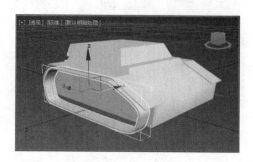

图 6-56   制作履带

步骤 8   制作车轮。在左视图创建圆柱（半径为 40、高度为 38）作为履带两端的车轮，高度分段数为 1、边数为 12，取消选中"平滑"复选框，命名为轮 001。复制当前圆柱作为履带内侧小轮，将半径设为 20，然后复制 7 个，放在下面排一排，再复制一个小轮，将半径设为 10，放到上排，3 个一组，共复制 9 个，效果如图 6-57 所示。再选择履带和所有车轮镜像复制出另一侧的履带和车轮，调整好位置。

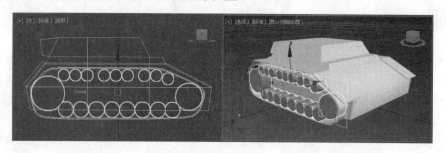

图 6-57   制作车轮

步骤 9   制作炮管，先制作炮管底座。选择坦克模型，进入编辑多边形的"多边形"层级，在前视图选择坦克顶箱前面的面，在没加对称的这一半切割出如图 6-58 所示的线。然后选择中间切割的面倒角挤出 5 个单位，倒角轮廓为-3。然后进入"顶点"层级，调整顶点的位置，如图 6-59 所示，作为炮筒底座。

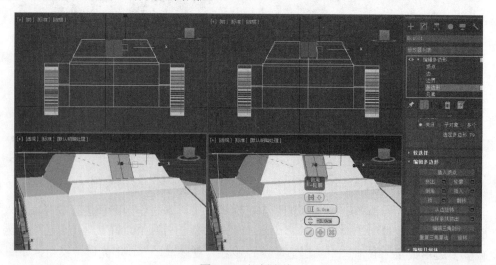

图 6-58   切割出线

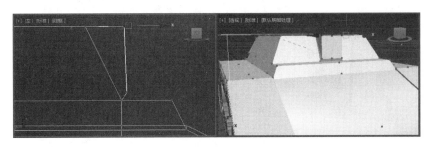

图 6-59　调整顶点的位置

步骤 10　制作炮管底部。进入"多边形"层级，选择挤出的面，单击"插入"按钮右侧的"设置"按钮，在弹出的文本框设置插入值为 2.5，然后单击"确定"按钮，如图 6-60 所示，使中间的面向内收缩，然后执行"挤出"命令，挤出 30 个单位，进入"顶点"层级，调整顶点的位置，如图 6-61 所示。

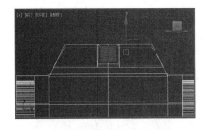

图 6-60　使中间的面向内缩

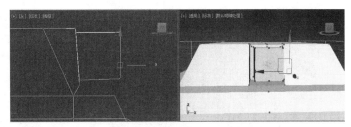

图 6-61　制作炮管底部

步骤 11　制作炮管。进入"顶点"层级，选择 4 个角的顶点，单击"编辑顶点"参数卷展栏中的"切角"按钮右侧的"设置"按钮，在弹出的文本框输入 5，如图 6-62 所示，单击"确定"按钮。如果中间出现缝隙可以调整一下顶点的位置，使 4 个角保持平整。然后选择除 4 个角的顶点外的第一次切角产生的顶点，再次进行切角操作，设置切角值为 2，如图 6-63 所示，这样可使四边形平面变成接近圆形面。

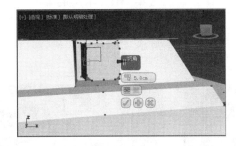

图 6-62　使 4 个角保持平整

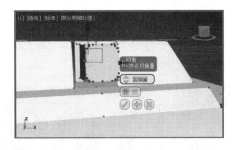

图 6-63　进行切角操作

步骤 12　进入"多边形"层级，选择切角产生的圆面，进行多次挤出操作，首先倒角挤出 20 个单位、倒角-3 个单位，然后挤出 30 个单位，接着倒角挤出 2 个单位、倒角-1 个单位，最后挤出 120 个单位。此时挤出了实心的炮管，要想制作成空心炮筒还需要反向挤出，先挤出 1 个单位，再倒角-1 个单位，产生炮管壁厚；然后挤出-160 个单位，使炮管成为筒状，调节好反向挤出炮筒的顶点，如图 6-64 所示。

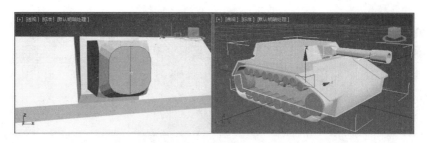

图 6-64　制作炮筒

步骤 13　制作顶盖。选择坦克箱体模型，进入"多边形"层级，在顶视图选择模型顶上的两个面，在"编辑多边形"参数卷展栏中单击"插入"按钮右侧的"设置"按钮，在弹出的文本框中设置插入值为 30，单击"确定"按钮，使多边形面缩小，如图 6-65 所示。然后进入"顶点"层级，先调整选中的顶点的位置，使其呈四方形，如图 6-66 所示。

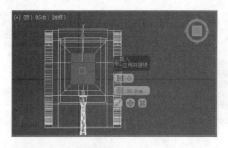

图 6-65　缩小多边形面

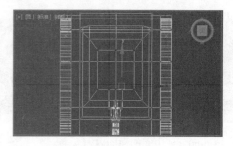

图 6-66　调整图形

步骤 14　选择顶面四边形 4 个角的顶点，单击"编辑顶点"参数卷展栏中"切角"按钮右侧的"设置"按钮，在弹出的文本框中输入 25，单击"确定"按钮，使四边形变成接近圆形。再次选择切角后产生的 8 个顶点，设置切角值为 10，使圆形更圆滑。一般切角一次后顶点处还有折角，不够圆滑，所以可以进行多次切角，只不过切角的值要越来越小，否则会有交叉，使模型产生扭曲效果，这一点值得注意。切角后的效果如图 6-67 所示。

步骤 15　进入"多边形"层级，选择切角后产生的圆面，单击"编辑多边形"参数卷展栏中的"挤出"按钮右侧的"设置"按钮，在弹出的文本框中输入 15，单击"确定"按钮，挤出顶盖，效果如图 6-68 所示。

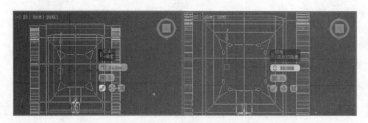

图 6-67　进行多次切角操作

图 6-68　挤出顶盖

以上制作出的只是坦克的大致模型，课堂时间有限，其他细节先忽略，材质后续会进行贴图。通过这个案例主要掌握多边形建模的方法和"对称"修改器的使用方法。在"编辑多边形"修改器中用到了挤出、倒角、插入、切割、切角等功能。这个案例只是参照图片模仿制作出大致的模型，学会方法后读者可以根据自己的想象创作更加真实的模型。

6.1.3　模型的平滑

多边形建模时模型的棱角比较分明，如果想制作出平滑的边角，需要添加"平滑"修改器，在修改器列表中的"细分曲面"中都是可以将多边形表面平滑的修改器，如图 6-69 所示，不同的修改器会产生不同的细分曲面。如图 6-70 所示，从左到右是原多边形模型添加了"OpenSubdiv"修改器后，迭代次数为 1、2、3、4 的效果。

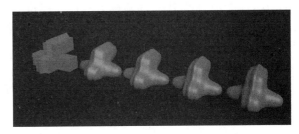

图 6-69　"细分曲面"修改器列表　　图 6-70　模型添加了"OpenSubdiv"修改器后不同迭代次数的效果

3ds Max 支持 3 种类型的细分曲面。

1）"HSDS"修改器提供分层细分曲面，可用于将精细细节添加到对象。

2）"网格平滑"修改器和"涡轮平滑"修改器都可使物体表面光滑，效果几乎一样，只是算法不同；"涡轮平滑"相当于"网格平滑"的升级版，算法更优，降低了对显卡的要求。

3）"OpenSubdiv"修改器可与"CreaseSet"修改器一起使用，来实现细分和平滑，以及可选的折缝。

如图 6-71 所示是模型使用各种平滑修改器的对比效果。

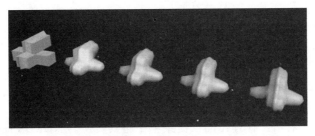

图 6-71　模型添加了"HSDS""网格平滑""涡轮平滑""OpenSubdiv"修改器后的效果

与上述平滑修改器密切相关的是可编辑多边形对象的"细分曲面"卷展栏，使用"细分曲面"，无须修改器就可以对曲面进行细分。

6.2　NURBS 建模概述

NURBS 是 Non-Uniform Rational B-Splines 的缩写，是非均匀有理 B 样条的意思。

NURBS 曲线和 NURBS 曲面在传统的制图领域是不存在的，是为使用计算机进行 3D 建模而专门建立的。在 3D 建模的内部空间使用曲线和曲面来表现轮廓和外形，它们是用数学表达式构建的，NURBS 数学表达式是一种复合体。在这里，只是简要地介绍一下 NURBS 的概念，帮助了解怎样建立 NURBS。

简单地说，NURBS 就是专门做曲面物体的一种造型方法。NURBS 造型总是由曲线和曲面来定义的，所以要在 NURBS 表面生成一条有棱角的边是很困难的。就是因为这一特点，我们可以用它制作出各种复杂的曲面造型和表现特殊的效果，如人的皮肤、面貌或流线型的跑车等。

NURBS 建模功能非常强大，它是创建具有光滑表面模型的理想工具，它提供了无缝结合的功能，而且在曲面扭曲时仍可以保持平滑。

NURBS 是一种非常优秀的建模方式，在高级三维软件中支持这种建模方式。NURBS 能够比传统的网格建模方式更好地控制物体表面的曲线度，从而能够创建出更逼真、更生动的造型。

NURBS 建模适用于创建动物、人物、汽车等具有平滑表面的模型，不适用于建筑模型。

本节将通过汽车轮胎模型的创建，介绍 NURBS 建模的方法。

6.2.1　创建 NURBS 曲线和 NURBS 曲面

NURBS 模型是由曲线和曲面组成的。创建 NURBS 模型的过程也是创建 NURBS 曲线和 NURBS 曲面的过程。

1.　创建 NURBS 曲线

NURBS 曲线有两种：点曲线和可控曲线。

创建 NURBS 曲线的方法如下。

1）创建—图形—NURBS 曲线—点曲线或 CV 曲线。

2）创建样条线，右击，在弹出的快捷菜单中将其转换为 NURBS 曲线。

2.　创建 NURBS 曲面

NURBS 曲面有两种：点曲面和可控曲面。

点曲面和可控曲面的性质与点曲线和可控曲线是相似的。

创建 NURBS 曲面的方法如下。

1）创建—几何体—NURBS 曲面—点曲面或 CV 曲面。

2）创建几何体，右击，在弹出的快捷菜单中将其转换为 NURBS 曲面。

6.2.2　编辑 NURBS

创建出 NURBS 曲线或 NURBS 曲面后，可以在"修改"选项的堆栈中选择点、线或面进行编辑，不同的物体有不同的编辑方式，这种编辑方式可以利用 NURBS 工具箱中的工具来完成。

下面通过案例重点演示点、曲线、曲面的编辑操作。

【例 6-6】创建一个汽车轮胎。

此例主要说明 NURBS 建模的思路，掌握二维轮廓线的绘制及在轮廓线上添加曲面的方法，常用的曲面有规则曲面、U 向放样曲面、封口曲面等，通过给轮廓线添加曲面的方法形成三维模型，还可以对三维模型进一步编辑修改，得到想要的模型。

创建轮胎

操作步骤如下。

步骤 1　新建文件，设置单位为 cm。在前视图中创建半径为 25 的圆，并右击，在弹出的快捷菜单中选择"转换为"→"转换为 NURBS"选项，将其转换为 NURBS 曲线。

步骤 2　选择"修改"选项卡，这时界面弹出"NURBS"对话框，如图 6-72 所示。如果没有显示，可在命令面板的"常规"参数卷展栏中击"NURBS 创建工具箱"按钮，如图 6-73 所示。

步骤 3　在左视图中选择圆形，按住 Shift 键沿 X 轴正方向施动圆形，复制 8 个圆（在弹出的对话框中选择"复制"选项，副本数设为 8，单击"确定"按钮即可），使用缩放工具依次将两侧的圆缩小 70%、90%、95%，并调整其位置，如图 6-74 所示。

图 6-72　"NURBS"对话框

图 6-73　"常规"参数卷展栏

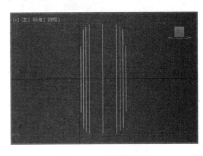
图 6-74　轮胎线框

步骤 4　在左视图中选择一条 NURBS 轮廓线，在"常规"参数卷展栏中单击"附加"按钮，依次拾取其他轮廓线将其附加成一个整体。

步骤 5　在"NURBS"对话框中单击"创建 U 向放样曲面"按钮，在视图内从左到右或从右到左依次拾取这 9 条曲线，完成后右击取消操作。如果在透视图中看不到放样结果，则选中参数卷展栏中的"翻转切线"复选框，放样结果如图 6-75 所示。

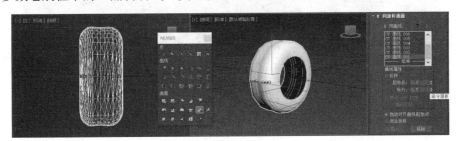
图 6-75　放样结果

步骤 6　在"U 向放样曲面"参数卷展栏中可以依次选择放样曲线，然后分别设置张力，张力越大，曲度越低，调整张力到满意为止。

步骤 7　在"NURBS"对话框中单击"创建规则曲面"按钮，依次拾取最外侧两个最小的曲线，封闭轮胎内部。

注意：创建规则曲面是两条曲线一起拾取，如果在透视图中看不到曲面，则选中"翻转切线"复选框。

步骤 8　打开"修改"选项卡中的"曲面近似"参数卷展栏，设置渲染和显示精度。选中"视口"单选按钮，在"细分预设"选项组中单击"低"按钮；选中"渲染器"单选按钮，在"细分预设"选项组中单击"高"按钮，这样模型在视图中以低质量显示、以高质量渲染，如图 6-76 所示。

图 6-76　"曲面近似"参数卷展栏

步骤9　创建轮毂，先制作一侧的轮毂盘。在前视图创建半径分别为5、17、19的3个圆，然后将它们转换为可编辑样条线，再转换为NURBS曲线，调整其位置，如图6-77所示，再附加到一起形成一个整体。使用"创建规则曲面"按钮将3个圆依次连接起来，如果是全封闭上了，就选中参数卷展栏中的"自动对齐曲线起始点"复选框，使中间的心是空的，形成轮毂外侧盘，如图6-78所示。

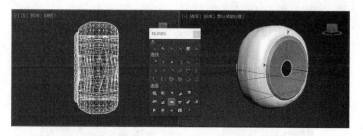

图6-77　创建圆并调整位置　　　　　　　图6-78　形成轮毂外侧盘

步骤10　制作轮毂盘上镂空部分。在前视图使用平滑的线绘制三角形，并放置于轮毂盘的前面，调整三角形的轴心点到轮毂盘的中心点，然后旋转复制5个，如图6-79所示，然后将它附加到轮毂盘上。

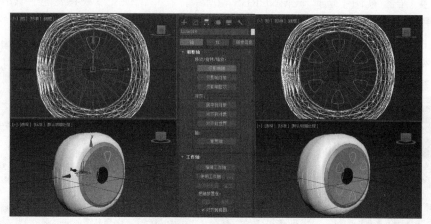

图6-79　绘制三角形

步骤11　选择轮毂盘，激活前视图，在"NURBS"对话框中单击"创建向量投影曲线"按钮，然后在前视图中拾取三角形，拖动鼠标指针到轮盘曲面上。在"修改"选项卡的"向量投影曲线"参数卷展栏中选中"修剪"复选框，如果此时只剩三角形面，则选中"翻转修剪"复选框，依次完成6个三角形投影修剪操作，得到如图6-80所示的模型。然后将用于投影的三角形隐藏。

步骤12　现在制作完整的轮毂。镜像复制一个轮毂盘放到轮胎的另一侧，然后选择轮胎将其隐藏，这时只看到两个轮毂盘，如图6-81所示。选择一个轮毂盘，使用"创建规则曲面"按钮将两侧轮毂盘中心的小圆连接起来，再把两个半径17的圆连接起来，得到如图6-82所示的效果。此处连接两个轮毂盘的操作也可以使用"编辑多边形"中的"桥"命令完成，即将一个轮毂盘添加"编辑多边形"修改器，应用"附加"命令将两个轮毂盘合并为一个整体，再进入"边界"层级，选择两侧轮毂盘中间最小的圆（两个第二大的圆也用此操作完成），然后在参数卷展栏中单击"桥"按钮，使两个轮毂盘桥接在一起，如图6-82所示。

步骤 13　取消隐藏，将轮胎赋予黑色，将轮毂赋予银灰色（后期再添加材质），效果如图 6-83 所示。

图 6-80　修剪三角形

图 6-81　轮毂盘

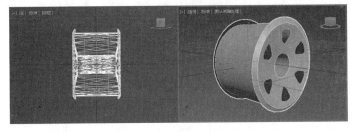

图 6-82　连接轮毂盘两侧的小圆

图 6-83　添加颜色

步骤 14　制作轮胎的防滑纹理。先将轮胎冻结，在左视图使用二维直线简单绘制轮胎的纹理图案（图案可以参考汽车轮胎的纹理），放置在轮胎前面，如图 6-84 所示。调整二维图形的轴心点到轮胎的中心，右击工具栏中的"角度捕捉切换"按钮，在打开的"栅格和捕捉设置"窗口中设置角度为 22.5°（根据纹理图案的大小确定），按住 Shift 键，使用旋转复制的方法复制 15 个花纹，如图 6-85 所示。将 16 个花纹图案附加成一个整体，然后使用图形合并的方式，将花纹图案投影到轮胎上，再给轮胎添加"编辑多边形"修改器，进入"多边形"层级，选择花纹投影在轮胎上的面，挤出 0.8，在轮胎上形成防滑纹理，完成轮胎模型的制作，效果如图 6-86 所示。

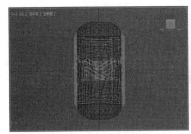

图 6-84　绘制轮胎纹理

图 6-85　复制花纹

图 6-86　轮胎完成后的模型效果

6.3　面 片 建 模

面片建模是一种较为直观的建模方式，相对于 NURBS 建模方法，面片建模要简单一些，因为面片建模没有太多的命令。但是这种建模方法对设计者的空间感要求很高，设计者要对模型的结构有充分的认识，初期可以参照实物建模，这种建模方法难度不大，但要有耐心，尤其是调节面片与线框的吻合度时。

我们可以方便地使用面片建模来创建各种复杂的形体。面片建模其实包括 3 个步骤：①使用二维图形绘制模型线框并附加成一个整体，这一步需要有空间的想象力；②创建面片（三角形面片或四边形面片）；③将面片捕捉蒙皮到线框局部上，并调节到与局部线框相吻合，这一步是最烦琐的，所以需要耐心。本节将通过制作篮球等案例介绍面片建模的方法。

6.3.1　创建面片

1.　创建方法

在"创建"选项卡的"标准基本体"下拉列表中选择"面片栅格"选项，然后使用相应的按钮就可以创建面片了。

2.　面片类型

1）四边形面片：可以进行分段划分，以便调节成多边形。
2）三角形面片：只能设置长度、宽度值。

注意： 创建三角形面片时，是由两个三角形组成的矩形，需要添加"编辑面片"修改器，进入"面片"层级，选择一个面删除，保留一个三角形，就是三角形面片。

6.3.2　编辑面片

要想调节面片与模型线框相吻合，就需要对面片的点进行调整，即对面片进行编辑，因此需要将面片转换为可编辑面片。

创建可编辑面片有以下 3 种方法。
1）选择一个三维物体或面片，右击，在弹出的快捷菜单中将其转换为可编辑面片。
2）选择一个三维物体或面片，右击修改器堆栈框，在弹出的快捷菜单中选择"可编辑面片"选项。

3）选择一个三维物体或面片，在修改器列表中选择"编辑面片"修改器。

【例 6-7】制作如图 6-87 所示的篮球。

此案例一方面可练习线框的绘制，另一方面学习面片的调节，这个案例中三角形面片和四边形面片都会用到。通过简单的案例要学会举一反三，掌握面片建模的方法，然后制作更复杂的模型。

制作篮球

图 6-87　篮球

操作步骤如下。

步骤 1　新建文档，设置单位为 cm。分别在顶视图、前视图、左视图创建 3 个半径为 12.5 的圆，都对齐到原点。再将前视图中的圆逆时针轴旋转 45° 复制一个圆，再顺时针旋转 45° 复制一个圆，如图 6-88 所示。

步骤 2　在前视图创建一个长为 28、宽为 20 的椭圆，为其添加"编辑样条线"修改器。通过调节顶点的位置和顶点的切线手柄，将椭圆弧度调节成与米字交叉的圆弧一致，再镜像复制一个椭圆，效果如图 6-89 所示。

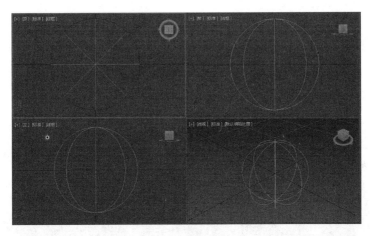

图 6-88　创建圆

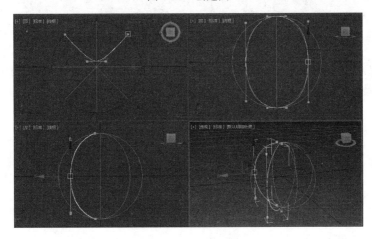

图 6-89　创建并复制椭圆

步骤 3　此时可以将旋转 45° 复制的两个圆删除（其实这两个圆只是作为辅助使用），然后选择其中的一个圆，右击，在弹出的快捷菜单中将其转换为可编辑样条线，然后将其他所有圆和椭圆附加成一个整体，形成篮球的线框，如图 6-90 所示。

步骤 4　选择"创建"选项卡"标准几何体"下拉列表中的"面片栅格"选项，然后单击"三角形面片"和"四边形面片"按钮，在顶视图创建一个三角形面片和一个四边形面片，再分别为其添加"编辑面片"修改器。

步骤 5　进入"面片"层级，选择三角形面片的一半，并按 Delete 键删除。在"几何体"参数卷展栏中的"曲面"选项组中将"视图步数"和"渲染步数"都设置为 12，使面片的边缘曲度变得平滑一些，如图 6-91 所示。

图 6-90　篮球的线框

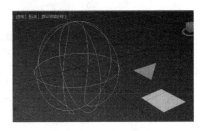

图 6-91　调整参数

步骤 6　打开捕捉开关，设置捕捉"顶点"和"中点"，进入"顶点"层级，将三角形面片上的 3 个顶点分别捕捉调整到篮球框架线上的三角形区域的 3 个交叉点上，将四边形面片上的 4 个顶点分别捕捉调整到篮球框架线上的四边形区域的 4 个交叉点上，然后通过调节顶点的切线手柄来调整面片的曲度，使面片在各个视图都与球框架线的曲度一致，如图 6-92所示。

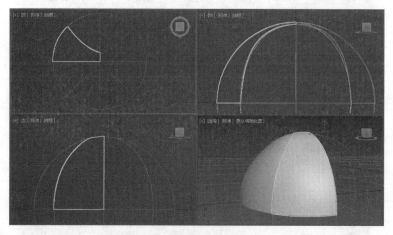

图 6-92　调整顶点

技 巧 提 示

1）面片蒙皮时可以只制作半个篮球结构，另一半可以镜像复制得到。

2）调节曲度时，可以在 3 个平面视图中分别调整切线手柄，使曲面和线框一致。

步骤 7　退出"面片"层级，选择编辑好的三角形面片和四边形面片进行"镜像"复制，得到如图 6-93 所示的半个篮球，再将半个球的面片都选中进行"镜像"复制，得到如图 6-94所示的整个篮球。

图 6-93　半个篮球

图 6-94　整个篮球

步骤 8　选择一个面片，单击"附加"按钮，将其他面片附加到原始面片上。在命令面板的修改器堆栈中选择"顶点"层级，分别将上、下半球中间接缝处的顶点选中，单击"焊接"参数卷展栏中的"选定"按钮，如图 6-95 所示。通过焊接顶点，将两个面片合成为一个面片，消除中间的缝隙，其他面片依次完成焊接操作，得到如图 6-96 所示的篮球。

图 6-95　焊接顶点　　　　　　　　　　　　图 6-96　消除中间的缝隙

步骤 9　选中篮球的线框,展开修改器堆栈中的"编辑样条线"修改器,进入"样条线"层级,选择如图 6-97 所示的上、下半球中间的样条线并将其删除。再将篮球框线改为黑色并设置可渲染性,即选择原始框线,选中参数卷展栏的"在视口中启用"和"在渲染中启用"复选框,并设厚度为 0.3,效果如图 6-98 所示。

图 6-97　选择样条线并删除　　　　　　　　图 6-98　修改框线颜色并设置可渲染性

步骤 10　在视图中创建一个半径分别是 0.15、0.25 的圆管,高度为 1,分段数为 1,然后为其添加"网格平滑"修改器,将迭代次数设为 2;再将其复制一个,修改半径为 0.2、0.3,修改高度为 0.8,然后将两个圆管中心对齐,将两个圆管成组后命名为气孔。然后将气孔对齐到篮球上即完成了篮球的制作,效果如图 6-99 所示。

图 6-99　完成篮球的制作

6.3.3　曲面建模

使用面片建模的方法虽然简单,但是调节面片与线框吻合时比较费时。还有一种办法就是使用"曲面"修改器代替面片为线框蒙皮,然后通过编辑点、线、面得到想要的模型,其制作思路与面片建模也大体一致。

首先要用线工具绘制出物体大致的结构线,然后为其添加一个"曲面"修改器,这样做的意义就好像是为"骨架"添加一个"蒙皮"。而骨架一般是物体的主要结构线,所以用曲面建模就显得比其他建模方法更加准确。更为重要的是,一般用曲面建模时主要针对的是角色模型,为了使角色模型创建出来能更加像参照物,一般会将参照物的照片导入 3ds Max 中,这使曲面建模具有较高的准确性。下面我们先学习骨架线框的创建和修改方法,再介绍曲面修改器的具体使用方法。

下面通过制作台灯来学习曲面建模的方法,大体有如下 3 个步骤。

1. 编辑样条线

创建线,然后在修改器列表中选择"编辑样条线"修改器,通过修改样条线绘制出模型的主体线框，并将创建好的样条线附加成一个整体。

2．添加横截面

给创建好的线框添加横截面，使样条线形成网状。

图 6-100　台灯模型

3．添加曲面修改器

在修改器列表中选择"曲面"修改器，用曲面给线框蒙皮，即用曲面包裹住线框。

【例 6-8】制作如图 6-100 所示的台灯模型。

此案例的目的是通过操作掌握曲面建模的方法，其中底座和灯头是用曲面建模方法制作的，此方法省时省力，模型比较容易接近实际物体。

操作步骤如下。

制作台灯

步骤 1　设置单位为 cm。绘制台灯底座的结构线。在顶视图使用二维线绘制如图 6-101 所示的图形，然后沿 Z 轴复制 4 条线，从下向上将第一条线和第四条线等比缩小 90%，最上面一条线等比缩小 60%，按图 6-102 进行排列。

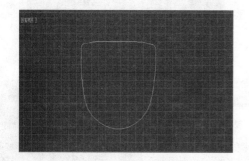

图 6-101　绘制二维线

图 6-102　排列线

步骤 2　添加横截面。选择一条样条线，使用参数卷展栏中的"附加"按钮将其他几条线附加成一个整体。然后单击参数卷展栏中的"横截面"按钮，从一条线开始逐一单击其他线，在线之间产生横截面连线，形成一个网状的线框，如图 6-103 所示。

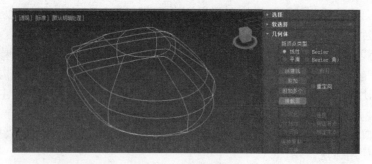

图 6-103　网状线框

步骤 3　产生曲面。选择网状线框，在修改器列表中选择"曲面"修改器，为网状线框添加"曲面"修改器，则会在线框上蒙上一层曲面。如果上下是开口的，则添加一个"编辑多边形"修改器，进入"边界"层级，选择最上面的边界线，单击参数卷展栏中的"封口"
按钮，即可在选中的边界处产生封口平面，使用同样的方法将下方也封口，将其命名为底座，
效果如图 6-104 所示。

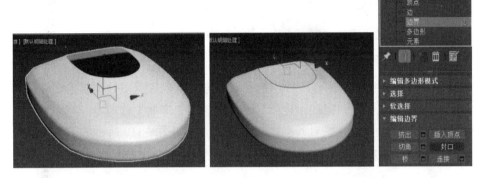

图 6-104 制作底座

步骤 4 在底座上制作开关按钮。进入"多边形"层级，选择最上面的小面，通过旋转
将封口盖面调整成如图 6-105 所示的效果（注意先调整轴心点）。然后在此面切割出如图 6-106
所示的面，将此面先反向"倒角"挤出成凹陷趋势，然后通过"插入"命令向内收缩，再正
向"挤出"成开关按钮形式，对于按钮顶面的 4 条边可以使用两次"切角"命令使边产生切
角，使按钮的边沿圆滑一些，结果如图 6-107 所示。

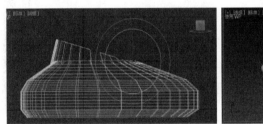

图 6-105 选择最上面的小面并旋转

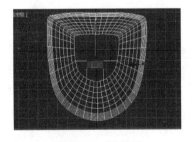

图 6-106 切割面

图 6-107 开关按钮

步骤 5 制作灯头。在顶视图绘制椭圆（长 35、宽 9），再复制 4 个，从下向上将第一
个和第四个椭圆等比缩放 90%，将最上面的椭圆等比缩放 60%，并按图 6-108 进行排列。将
其附加成一个整体，再添加横截面形成网状线框，然后添加"曲面"修改器，形成灯头的初
步形状，如图 6-109 所示。将灯头沿 Z 轴旋转 30°，为其添加"编辑网格"修改器，选择下
面的底面，设置材质的 ID 号为 2，将其命名为灯头。

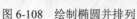

图 6-108　绘制椭圆并排列

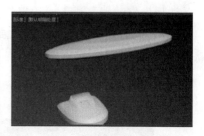

图 6-109　灯头的初步形状

步骤 6　制作台灯支架。创建软管作为支架，可以将软管两端分别绑定到底座和灯头，但是调节对齐的面要花费一些时间，也可以给软管添加"弯曲"修改器，弯曲 60°，对齐到底座中心偏后的位置，再将灯头对齐到软管顶端，形成如图 6-110 所示的效果。

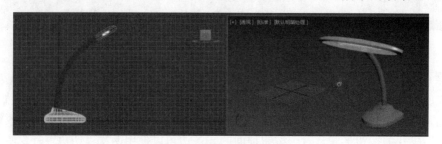

图 6-110　制作台灯支架

6.4　综 合 训 练

【例 6-9】制作如图 6-111 所示的网球拍模型。

图 6-111　网球拍模型

操作步骤如下。

步骤 1　新建文档。设置单位为 cm。在前视图绘制两个圆，然后添加"编辑样条线"修改器，调节顶点形成如图 6-112 所示的椭圆形。选择外层圆，通过"插入"命令插入两个顶点，再将顶点调节成如图 6-113 所示球拍的形状，再将线转换成 NURBS 曲线，并将两条线附加成一个整体。

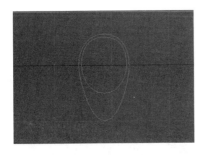

图 6-112　绘制两个圆

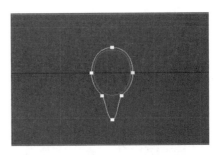

图 6-113　调节顶点形成球拍形状

步骤 2　选择球拍的线框，然后复制 5 条曲线，按图 6-114 进行放置。选择最中间的一条曲线，在修改器堆栈中展开"NURBS"，进入"曲线"层级。选择外圈曲线，将其等比缩放 98%，使球拍的网面部分穿线的地方向中间凹一些，内圈保持不变。

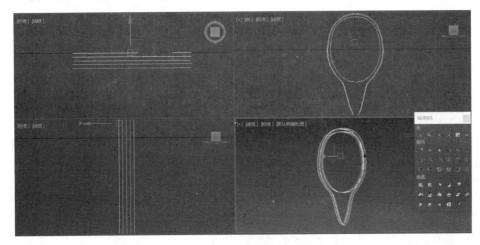

图 6-114　调整线的位置

步骤 3　将线框附加成一个整体，使用"创建 U 向放样曲面"按钮先将外围曲面连上，如图 6-115 所示；然后将内部的曲面连上，如图 6-116 所示；最后将内外部曲面再封上，如图 6-117 所示。

图 6-115　连接外围曲面

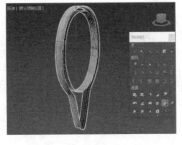

图 6-116　连接内部曲面

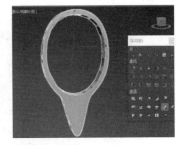

图 6-117　封住内外部曲面

步骤 4　在前视图绘制如图 6-118 所示的三角形图形，置于球拍前方，再复制一个置于后方，并附加到球拍上。单击"NURBS"对话框中的"创建向量投影曲线"按钮，将三角形图形在球拍上产生投影，选中命令面板中的"翻转修剪"复选框，重复操作另一侧，修剪后如图 6-119 所示。

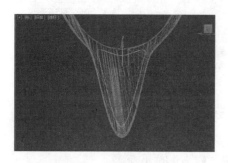

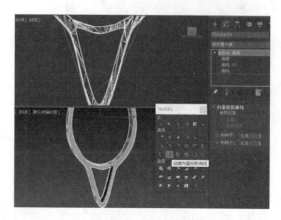

图 6-118　绘制三角形图形　　　　　　　　　　图 6-119　修剪图形

步骤 5　单击"创建 U 向放样曲面"按钮，依次单击刚刚修剪处前后两侧的三角形投影线，产生放样曲面封住内部，如图 6-120 所示。

步骤 6　创建切角圆柱体，半径为 1.8、高度为 18、圆角为 0.2、圆角分段为 3、边数为 8，对齐到球拍的下部作为球拍的把，为其添加"编辑多边形"修改器，将把和球拍附加成一个整体，如图 6-121 所示。

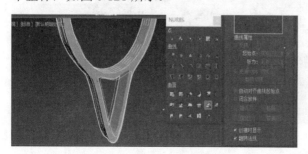

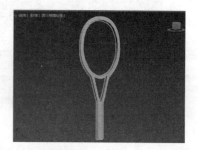

图 6-120　封住内部　　　　　　　　　　图 6-121　将把和球拍附加成一个整体

步骤 7　可以使用绘制二维线的方法制作出球拍的网线，设置其可渲染性，最终效果如图 6-122 所示。

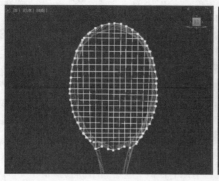

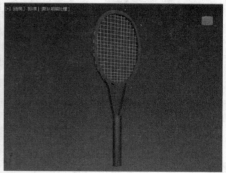

图 6-122　球拍的最终效果

本 章 小 结

本章主要介绍高级建模常用的方法——多边形建模、NURBS 建模、面片和曲面建模方法。多边形建模方法是最常用的方法，也经常与其他方法混合使用；NURBS 建模方法和面片建模方法都是适合建立表面光滑的复杂曲面对象，重点是曲面的构造和编辑，难点是对象轮廓的绘制，要先通过想象把物体的二维轮廓线绘制出来才能添加曲面或面片，对于细节的编辑修改需要极大的耐心，应多加练习，通过案例学会举一反三。

思考与练习

一、思考题

NURBS 建模、面片建模、曲面建模都是用线框作为模型的骨架，然后为骨架蒙皮，这层皮可以是 NURBS 曲面、面片、"曲面"修改器产生的曲面，试对比这 3 种方法有什么不同。

二、操作题

1. 参照自家的水龙头和花洒样式，使用多边形建模方法制作水龙头和花洒模型。
2. 参照图 6-123 使用多边形建模的方法制作电话机。
3. 参照图 6-124 使用面片建模的方法制作船帆。

图 6-123　电话机模型

图 6-124　船帆模型

4. 利用前面制作的伞骨模型，使用面片建模的方法制作雨伞。

第7章

材质贴图设置

▶ 知识目标

　　1）了解材质编辑器。
　　2）认识贴图通道。
　　3）了解贴图类型及贴图坐标。

▶ 能力目标

　　1）掌握材质编辑器的使用方法及标准参数的设置方法。
　　2）理解贴图通道的作用。
　　3）掌握贴图坐标的设置方法。
　　4）学会常用及特殊材质的设置方法。

▶ 课程引入

　　前面 6 章讲述了各种建模方法，建好后的模型是否逼真，还要靠材质贴图设置，所以材质和贴图是三维设计中的重要环节，只有材质设置恰当，三维模型才算完整。本章将介绍为模型添加材质或贴图的方法，以及特殊材质的参数设置方法，还有通过贴图坐标的设置使材质更加逼真的方法。本章部分案例的渲染效果如图 7-1 所示。

图 7-1　部分案例的渲染效果

[7.1] 材质编辑器

7.1.1　材质与贴图的基本概念

前面建模都是随机产生颜色，要想得到满意的渲染效果，还需要为三维模型量身定做满意的材质。3ds Max 是通过在物体表面指定不同的材质和贴图效果来模拟真实物体的。

材质实际上就是一些指定给物体表面的显示参数，使物体在渲染时显示出不同的外部特征。使用材质可以影响物体的颜色、表面光泽和透明度等特性。

贴图就是给物体表面指定一张图片。利用贴图反映物体表面的纹理效果。贴图的材质是位图，3ds Max 可以识别 BMP、GIF、JPEG、PSD、TIFF、PNG 格式的位图。

材质和贴图是密不可分的。每一种贴图都是基于某种特定材质的。贴图是附属于材质的，所以人们往往把包含贴图的材质称为贴图材质。

7.1.2　材质编辑器基本操作

真实世界中的物体都有其自身的表面特征，如木头、石头等有不同的颜色和纹理；金属表面有一定的光泽度；玻璃有透明的、反光的等，3ds Max 对于材质的设置是通过“材质编辑器”窗口来进行各项参数设置的。“材质编辑器”是一个浮动的窗口，如图 7-2 和图 7-3 所示，可以设置材质的不同类型及属性参数、对光照的反应程度、贴图效果等，调好参数后再将材质赋给场景中的物体即可。

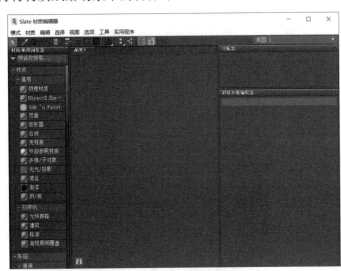
图 7-2　“Slate 材质编辑器”窗口

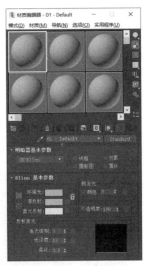
图 7-3　精简材质编辑器

1. 材质编辑器的打开

要为物体指定材质就要用到材质编辑器，打开“材质编辑器”窗口的方法有以下 3 种。
1）在工具栏中单击“材质编辑器”按钮 🔲。
2）在菜单栏中选择“渲染”→“材质编辑器”选项。

3）直接按键盘上的 M 键。

材质编辑器是编辑材质的区域。每种材质都包含了大量的参数，这些参数都是在材质编辑器中设置的。

3ds Max 中有两种材质编辑模式，分别是 Slate 材质编辑器和精简材质编辑器。

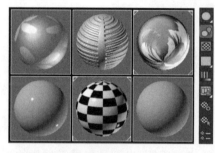

图 7-4　材质样本球和垂直工具栏

2. 精简材质编辑器

1）材质样本球示例窗：共有 24 个材质样本球，可以预览场景已经设置的材质和贴图，每个窗口可以预览单个材质或贴图。

2）垂直工具栏：位于示例窗右侧，如图 7-4 所示，主要用于对示例窗中的样本材质球进行控制，如背景、检查颜色等。

3）水平工具栏：位于示例窗下方，主要用于材质与场景对象的交互操作，如将材质指定给对象、显示贴图应用等，如图 7-5 所示。

图 7-5　水平工具栏

4）参数卷展栏：位于水平工具栏的下方，不同的材质类型具有不同的参数卷展栏。在各种贴图层级中，也会出现相应的参数卷展栏，这些参数卷展栏可以调整顺序，如图 7-6 所示。

5）材质/贴图浏览器：单击"获取材质"按钮或"Standard"按钮或任意参数项右侧的"无"按钮，都可以弹出"材质/贴图浏览器"对话框，如图 7-7 所示，用户可在其中选择要创建的材质与贴图的类型。

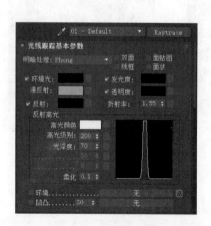

图 7-6　参数卷展栏

图 7-7　"材质/贴图浏览器"对话框

3. Slate 材质编辑器

Slate 材质编辑器是一个材质编辑器界面，它在设计和编辑材质时使用节点和关联以图形的方式显示材质的结构，如图 7-8 所示。

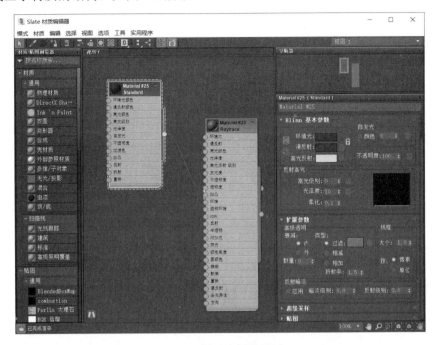

图 7-8　材质编辑器界面

"Slate 材质编辑器"窗口的左侧包含了"材质/贴图浏览器"窗口，中间的视图区是设置材质节点和关联的操作区，右侧上部是"导航器"窗口，下部是属性的参数卷展栏，所有的操作都可以在一个界面完成，操作更直观，也不受 24 个材质球的限制。

两种材质编辑模式最终都是为模型设置材质参数或贴图，使用哪种模式取决于设计者的习惯。Slate 材质编辑器界面功能更丰富、更直观，比较适合初学者使用，但对节点和关联的理解和操作较复杂；精简材质编辑器是 3ds Max 一直使用的材质编辑模式，老用户尤其是从 3ds Max 低版本使用过来的用户比较习惯使用精简模式，后面的案例多以精简模式进行材质参数的设置。

技 巧 提 示

1. 材质球的命名

材质球也像模型一样可以命名，且命名非常重要，尤其是多人团队协作开发项目，前期要制定好命名规则，便于记忆和区分。若不命名，所有模型的材质都使用默认名称，则场景合并时会出现同名冲突，材质会被同名的替换掉，因此一定要注意材质球的命名，选择一个材质球，在水平工具栏下方的文本框中即可修改材质球的名称，如图 7-9 所示。

2. 24 个材质球不够用时的补充方法

1）单独创建模型并添加材质，命名好模型及材质的名称，然后合并到需要的场景中，这样会将材质带过去而不占用该场景中的材质样本球。

2）本场景中已经设置好的材质如若不再更改了，可以将此材质球清除。选择该材质球，单击水平工具栏中的"重置贴图/材质为默认设置"按钮，在弹出的如图 7-10 所示的对话框中选中"仅影响编辑器示例窗中的材质/贴图"单选按钮，然后单击"确定"按钮，即可清除该材质球，而不影响场景中物体的材质，可以再利用此材质球设置其他材质。

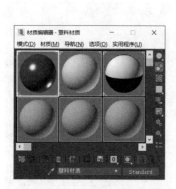

图 7-9　材质球的命名

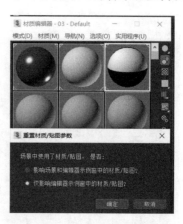

图 7-10　清除材质球

7.2　设置材质参数

创建材质的第一步就是要指定材质类型，不同类型的材质用途不同。

7.2.1　材质类型

1．标准材质

标准材质是最常用的材质类型，可以模拟表面单一的材质，为表面建模提供非常直观的方式。标准材质的参数卷展栏包括明暗器基本参数、Blinn 基本参数、扩展参数等，如图 7-11 所示。

（1）标准材质的明暗器基本参数

明暗器基本参数可以设置材质的明暗器模式和渲染方式。

明暗器主要用于标准材质，可以选择不同的着色类型，以影响材质的显示方式。在"明暗器基本参数"参数卷展栏中可以进行相关的设置，共有 8 种材质明暗模式，如图 7-12 所示，下面逐一介绍。

1）Blinn（反射）：这是默认的材质明暗模式，是一种综合性的材质属性，可以模拟大部分的材质。与 Phong 明暗器具有相同的功能，但在数学上更精确。

2）各向异性（anisotropic）：可以在物体表面产生椭圆形的、具有方向的高光曲面，适合制作毛发、玻璃或磨砂金属等材质的表面效果，参数设置与"Blinn"模式相似，只在反射高光部分有所不同。

3）金属（metal）：是一种特殊的渲染方式，专用于金属材质的制作，可以获得类似于金属的表面效果。可以根据过渡区颜色和灯光颜色计算高光区颜色，用户不能指定。

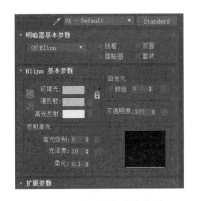

图 7-11 标准材质的参数　　　　　　　图 7-12 明暗器类型

4）多层（multi-layer）：和"各向异性"模式类似，但它包含两个高光反射控制，可以获得更为复杂的高光效果，常用来表现光亮的陶瓷用品。

5）Oren-Nayar-Blinn（明暗处理）：比"Blinn"模式增加了一个"高级漫反射"选项组，可以设置表面色强度和粗糙度，会产生平滑的无光曲面，常用来模拟布料（织物）、陶瓦等材质。

6）Phong（多面）：参数与"Blinn"模式一样，但可以获得比反射更亮、更有穿透性的高光效果，能产生带有发光效果的平滑曲面，但不处理高光，适合于制作玻璃、塑料等材质。

7）半透明明暗器（translucent shader）：可以设置半透明效果，如制作蜡烛、玉石等半透明材质效果。它比反射多了一个"半透明"选项组，可以设置半透明色和过滤色，光线将在穿过材质时散射，可以用于模拟窗帘、电影屏幕、霜或毛玻璃等效果。

8）Strauss（金属加强）：用于模拟金属表面效果，比"金属"模式具有更简单的光影分界线。其主要用于模拟非金属和金属曲面。

不管选择哪种明暗器模式，渲染时还可以选择线框、双面、面贴图或面状的显示方式，如图 7-13 所示。同样以棋盘格进行贴图，4 种显示方式渲染效果如图 7-14 所示。

图 7-13 4 种渲染显示方式

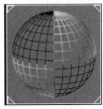  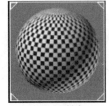 

（a）线框　　　　（b）双面　　　　（c）面贴图　　　　（d）面状

图 7-14 4 种显示方式的渲染效果

（2）Blinn 基本参数

选择不同的明暗模式，"Blinn 基本参数"参数卷展栏是不同的。这里可以设置物体的表面颜色、对光的反射程度、自发光颜色和透明度等参数，如图 7-15 所示，具体的参数设置在后面的案例中体现。

（3）扩展参数

扩展参数可进一步定义和调整材质属性，如图 7-16 所示，有"高级透明"选项组、"线框"选项组和"反射暗淡"选项组，可以设置过滤颜色和物体反射、折射等情况。

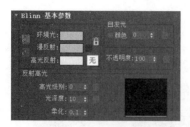

图 7-15　"Blinn 基本参数"参数卷展栏

图 7-16　"扩展参数"参数卷展栏

【例 7-1】 制作窗帘模型。双面显示窗帘材质（此"双面"显示是指窗帘正反两面显示一样的材质）。

操作步骤如下。

步骤 1 打开案例资源包中第 7 章的模型文件"7-17 正反面窗帘源文件"，事先从网上下载窗帘花纹图案的图片存储到窗帘文件同一文件夹下。

步骤 2 按 M 键打开材质编辑器，选择一个材质样本球，单击"漫反射"色块右侧的按钮，在弹出的"材质/贴图浏览器"对话框中选择"位图"选项，单击"确定"按钮，在弹出的"选择位图图像文件"对话框中找到下载的贴图图片。如果是纯色的窗帘，则可以直接在"漫反射"色块中设置颜色；如果是丝绸类的布料，则可以设置"高光级别"和"光泽度"的参数值，值的大小可以通过查看渲染效果来选设置，不同材质的光泽度是不一样的。

步骤 3 如果不选中显示方式的"双面"复选框，渲染时只有正面能看到颜色或图片花纹；若选中"双面"复选框，则正反两面都显示了颜色或图片花纹，效果如图 7-17 所示。

图 7-17　正反面渲染的窗帘

2. 建筑材质

建筑材质是通过物理属性来调整控制的，与光度学灯光和光能传递配合使用能得到更逼真的效果，适合于建筑效果制作。建筑材质是基于物理计算的，可设置的控制参数不是很多，内置了光线追踪反射、折射和衰减。通过建筑材质内置的模板，如图 7-18 所示，可以方便地完成很多常用材质的设置，如石材、木材、玻璃、水、大理石、金属等，如图 7-19 所示是几种常用类型建筑材质的基本渲染效果。

1）模板：该参数卷展栏提供了可以从中选择材质类型的建筑材质列表，如塑料、石材、金属、玻璃、织物、纸等，如图 7-18 所示。

图 7-18　建筑材质的相关参数卷展栏　　　　　图 7-19　建筑材质效果

2）物理性质：选择不同的模板后，该参数卷展栏提供了不同的参数，可以对相应的模板进行参数设置。

3）特殊效果：可以设置指定生成凹凸或位移的贴图，调整光线强度或控制透明度。

4）高级照明覆盖：可以调整材质在光能传递解决方案中的行为方式。

3．复合材质

标准材质得到的是单一的材质效果，要想在物体上得到多种材质效果，就需要使用复合材质。3ds Max 中的复合材质主要包括合成材质、混合材质、双面材质、多维/子对象材质、虫漆材质、顶/底材质等。

（1）合成材质

合成材质最多可以合成 10 种材质，按照在参数卷展栏中列出的顺序从上到下叠加材质。可以通过增加不透明度、减小不透明度来组合材质，或使用"数量"值来混合材质。

（2）混合材质

可以在曲面的单个面上将两种材质进行混合，并可以用来绘制材质的变形效果。

混合材质主要包括两个子材质和一个遮罩，子材质可以是任何类型的材质，并且可以使用各种贴图或位图作为遮罩。

混合材质是将两种颜色子材质规律或不规律地混合在一起得到兼有两者效果的父材质，通过控制不同的融合度来形成最终的效果。混合材质的参数卷展栏如图 7-20 所示。

还可以在"遮罩"下拉列表中选择一张贴图作为蒙版来控制子材质的混合效果，如选择"噪波"作为蒙版，白色遮挡材质 1、显示材质 2，黑色则相反，通过调节噪波值的大小来获得不同的效果。

例如，制作蓝天白云效果。

在场景中创建一个平面，然后打开材质编辑器，选择一个材质样本球，在"材质/贴图浏览器"对话框中选择"混合"类型材质，材质 1 设为蓝色（0,80,245），材质 2 设为白色（255,255,255），利用蓝白两种颜色，通过"噪波"或"烟雾"遮罩混合，本例的遮罩选择了"噪波"，适当地设置噪波参数，如图 7-21 所示，得到的效果图如图 7-22 所示。

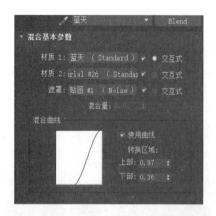

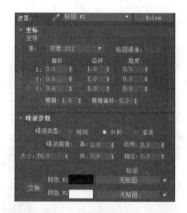

图 7-20　混合材质的参数卷展栏　　　　　　图 7-21　"噪波"遮罩的参数

图 7-22　混合材质的渲染效果

（3）双面材质

一般情况下，使用"双面"渲染方式，可看到两个面，但此时两个面的材质是相同的，要想使两个面的材质不同，需要使用"双面"类型材质给两个面指定不同的材质，如窗帘、风景画等。

制作双面窗帘材质

例如，制作双面类型窗帘和展开的画卷。

打开案例资源包中第 7 章的模型文件"7-23-1 双面窗帘源文件"或者"7-23-2 未展开的画卷源文件"，事先准备好书画或图案纹理图片，打开材质编辑器，选择一个材质样本球，在"材质/贴图浏览器"对话框中选择"双面"类型材质，正面设置书画或图案贴图，反面设置一种颜色或贴图，渲染后得到如图 7-23 所示的双面不同的材质效果。

图 7-23　双面类型的窗帘和展开的画卷

注意：明暗方式中的"双面"的两面是一样的材质，材质类型中的"双面"的两面是不一样的材质。

（4）多维/子对象材质

多维/子对象材质即在一个物体上表现出多种不同的材质效果。用户可以通过对物体表面设置不同的 ID 号，从而给物体指定多种材质。默认情况下，3ds Max 中可以同时为一个物体不同部分设置 10 种不同的材质效果，不够的话还可以通过"添加"命令增加材质数量，使用"删除"命令删除多余的材质。

例如，制作彩色铅笔。

1）使用放样的方法制作铅笔模型，通过变形调整笔尖部分，像削好的铅笔样子，如图 7-24 所示。

2）添加"编辑多边形"修改器，在"多边形"层级依次选择削好露出的笔芯、露出的木材和笔杆部分，设置其材质的 ID 号分别为 1、2、3，如图 7-25 所示。

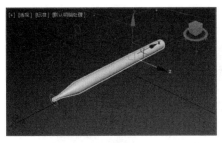

图 7-24 铅笔模型

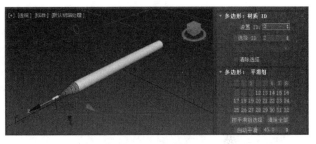

图 7-25 设置材质 ID

3）按 M 键打开材质编辑器，选择一个材质样本球，单击"Standard"按钮，在弹出的"材质/贴图浏览器"对话框中选择"多维/子对象"类型材质，单击"确定"按钮。设置数量为 3，然后依次单击"子材质"下的按钮分别设置 3 种不同的材质，如图 7-26 所示。此例 ID 号 1 为红色（235,0,0），ID 号 2 为木头颜色（60,15,5），ID 号 3 可以贴图或设颜色（2,6,3），笔杆设置高光级别为 50，光泽度为 30，显示油漆的光泽度，然后将材质赋给铅笔，得到如图 7-27 所示的效果。

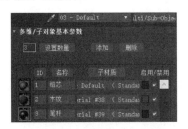

图 7-26 多维/子对象材质

图 7-27 铅笔效果

（5）虫漆材质

虫漆材质通过叠加将两种材质进行混合，叠加材质中的颜色称为"虫漆"材质，被添加到基础材质的颜色中，其他参数控制颜色的混合程度。基础材质和虫漆材质默认为标准材质，可根据需要设置材质类型；虫漆颜色混合的数值控制颜色混合程度，为 0 时虫漆材质不起作用，参数值越高，虫漆材质混合到基础材质中的程度越高，此参数没有上限。

例如，制作车漆。

1）打开案例资源包中第 7 章的模型文件"7-30 虫漆材质源文件"，直接渲染观察到的是随机产生的颜色。打开材质编辑器，选择一个材质样本球，在"材质/贴图浏览器"对话框中选择"虫漆"类型材质。在"虫漆基本参数"参数卷展栏中设置"基础材质"为标准材质，设置"虫漆材质"为光线跟踪材质，如图 7-28 所示。

2）在基础材质层级中为标准材质"漫反射"制定"衰减",漫反射设置自己想要的颜色,此例设为（56,2,2）;将颜色 1 设为"向量置换",设置第一个颜色（0，0，0）和第二个颜色（56，2，2）如图 7-29 所示;设置"虫漆颜色混合"参数,渲染效果如图 7-30 所示。

图 7-28　设置虫漆基本参数　　　　　　　　　　图 7-29　设置颜色

图 7-30　虫漆混合度分别为 20、80、150 的对比效果

（6）顶/底材质

顶/底材质可以给物体顶部和底部指定两个不同的材质,可以将两种材质混合在一起制作出渐变的效果。

如图 7-31 所示,分别给顶、底指定两种不同的颜色,由"位置"参数决定两种颜色的界限是各占一半（值为 50）,还是顶多底少或顶少底多,由"混合"参数决定两种颜色是否混合、混合多少,值为 0 时不混合,两种颜色界限分明。

4. 光线跟踪材质

光线跟踪材质是较为复杂的高级表面着色材质类型,不仅支持各种类型的着色,还可以创建完全光线跟踪的反射和折射,甚至支持雾、荧光等特殊效果。

光线跟踪材质包括 3 个主要参数卷展栏,用于控制光线跟踪的各种属性和参数,如图 7-32 所示。

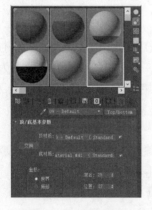

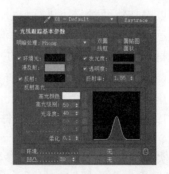

图 7-31　顶/底材质　　　　　图 7-32　"光线跟踪基本参数"参数卷展栏

1）光线跟踪基本参数：该参数卷展栏控制该材质的着色、颜色组件、反射或折射及凹凸。

2）扩展参数：该参数卷展栏控制材质的特殊效果、透明度属性及高级反射率。

3）光线跟踪器控制：该参数卷展栏影响光线跟踪器自身的操作，可以提高渲染性能。

光线跟踪的应用非常多，下节的典型案例中多处用到光线跟踪，这里不再单独举例。

5. 无光/投影材质

无光/投影材质可以将整个对象（或面的任何一个子集）构建为显示当前背景颜色或环境贴图的无光对象（隐藏对象）。

无光/投影材质只有一个参数卷展栏，如图 7-33 所示，在其中可以控制光线、大气、阴影和反射等参数，其中各项的含义如下。

1）无光：用于确定无光材质是否显示在 Alpha 通道中。

2）大气：用于确定雾效果是否应用于无光曲面和应用方式。

3）阴影：用于确定无光曲面是否接受投影于其上的阴影和接收方式。

4）反射：用于确定无光曲面是否具有反射，是否使用阴影贴图创建无光反射。

如图 7-34 所示，将场景环境背景设置了第一个材质球的贴图，第二个材质球选择了"无光/投影"材质，然后赋给图 7-35 场景中的球体。在其参数卷展栏中，如果"反射"的"贴图"中没有贴图，则图 7-35 的场景渲染时就看不到球体，相当于隐藏了球体，这个球体无光就什么也看不到。如果"反射"的"贴图"中也选择环境背景图片，则图 7-35 场景渲染时就呈现如图 7-36 所示的效果，场景中间隐约能看到球体，并反射了环境背景贴图，好像映射了周边环境一样。

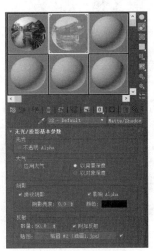

图 7-33　"无光/投影基本参数"参数卷展栏

图 7-34　设置材质球贴图

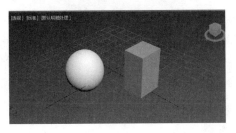

图 7-35　无光/投影材质的效果

图 7-36　反射环境背景贴图

7.2.2 典型材质设置

1. 陶瓷材质的设置

陶瓷材质是生活中常见的材质，如花瓶、茶杯、瓷砖等，下面以花瓶为例说明几种陶瓷材质的参数设置。

方法 1：普通陶瓷材质。

打开案例资源包中第 7 章的模型文件"7-39 陶瓷材质源文件"，场景中有 3 个未赋材质的花瓶模型，再打开材质编辑器，选择一个材质样本球，设置漫反射 RGB 为 141、229、229（陶瓷什么颜色就设为什么颜色），高光级别为 272，光泽度为 53，材质参数如图 7-37 所示。将材质球赋给场景中的左侧第一个花瓶，观察普通陶瓷材质。

方法 2：利用多层明暗类型设置陶瓷材质。

继续利用花瓶案例文件，另选一个材质样本球，设置漫反射 RGB 为 7、7、229；第一高光反射层，颜色为白色，级别为 400，光泽度为 95；第二高光反射层，颜色为淡蓝色（RGB 为 141、229、229），级别为 0，光泽度为 48，材质参数如图 7-38 所示。将材质球赋给场景中的中间花瓶，观察花瓶陶瓷材质。

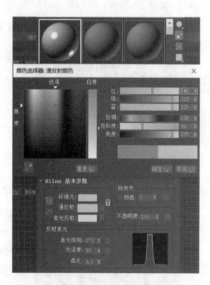

图 7-37　方法 1 的参数 1

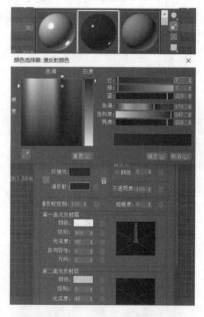

图 7-38　方法 2 的参数 1

使用方法 1 和方法 2 渲染的陶瓷结果如图 7-39 所示。

图 7-39　陶瓷渲染结果

设置陶瓷材质

技 巧 提 示

　　不论使用哪种方式设置陶瓷，如果基础漫反射设为白色，渲染时并不是白色，而是带点灰色。解决白色渲染时不白的问题，一般采取在反射贴图通道设置"衰减"，再把衰减类型修改为朝向/背离。

---

　　2. 玉材质的设置

　　方法 1：使用光线跟踪设置玉材质。

设置玉材质

　　打开案例资源包中第 7 章的模型文件"7-43 玉材质源文件"，再打开材质编辑器，选择一个材质样本球，单击"Standard"按钮，在弹出的"材质/贴图浏览器"对话框中选择"光线跟踪"材质，设置漫反射 RGB 为 74、212、162，折射率为 1.4，高光级别为 228，光泽度为 51；展开"扩展参数"参数卷展栏，设置半透明 RGB 为 22、218、179，材质参数如图 7-40 所示。将材质球赋给场景中右起第一个手镯，与最左边没有添加材质的手镯比较，观察玉手镯材质。

　　方法 2：利用半透明明暗类型设置带有颜色的玉材质。

　　另择一个材质样本球，利用半透明明暗类型设置玉材质。设置漫反射 RGB 为 23、90、0，高光反射 RGB 为 228、252、246，不透明度为 70；展开"贴图"参数卷展栏，设置反射为 31，单击右侧的按钮，在弹出的"材质/贴图浏览器"对话框中选择"光线跟踪"材质；单击"漫反射颜色"右侧的按钮，在弹出的"材质/贴图浏览器"对话框中选择"衰减"材质，黑色改为 0、102、0，白色改为 113、158、152，返回到父级别参数卷展栏；单击"自发光"右侧的按钮，在弹出的"材质/贴图浏览器"对话框中选择"衰减"材质，黑色改为 0、90、0，白色改为 146、146、146，材质参数如图 7-41 所示。将材质球赋给场景中右起第二个手镯，与最左边没有添加材质的手镯比较，观察玉手镯材质。

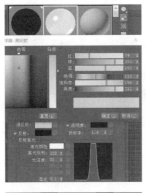

图 7-40　方法 1 的参数 2　　　　　　　　图 7-41　方法 2 的参数 2

方法 3：利用各向异性明暗类型设置带有颜色的玉材质。

另选一个材质样本球，利用各向异性明暗类型设置玉材质。设置漫反射 RGB 为 0、255、0，自发光 RGB 为 0、255、0，高光级别为 150，光泽度为 60，各向异性为 60；展开"贴图"参数卷展栏，设置反射为 50，单击右侧的按钮，在弹出的"材质/贴图浏览器"对话框中选择"反射/折射"材质；返回到父级别参数卷展栏，设置折射为 70，继续单击"折射"右侧的按钮，在弹出的"材质/贴图浏览器"对话框中选择"光线跟踪"材质，将其背景颜色 RGB 修改为 0、255、0，材质参数如图 7-42 所示。将材质球赋给场景中右起第三个手镯观察玉手镯材质。

3 种方法的玉手镯渲染结果如图 7-43 所示。

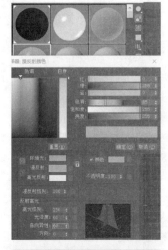
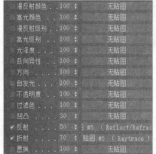

图 7-42　方法 3 的参数

图 7-43　玉手镯渲染结果

3. 各种玻璃材质的设置

玻璃材质是我们生活中常见的材质，窗户、门、餐具等很多都是玻璃的，玻璃也有很多种类，有透明的、半透明的、磨砂的、无色的、有颜色的、外玻璃幕墙等，不同的玻璃有不同的设置方法和参数。打开案例资源包中第 7 章的模型文件"7-47 玻璃材质源文件"，该案例场景中有很多需要设置玻璃材质的模型，下面一一介绍这几种常见玻璃的参数设置方法。

设置玻璃材质

（1）无色透明玻璃材质——房间窗户玻璃、餐具、酒具等

方法 1：利用光线跟踪设置透明玻璃材质。

打开材质编辑器，选择一个材质样本球，单击"Standard"按钮，在弹出的"材质/贴图

浏览器"对话框中选择"光线跟踪"材质类型，在"光线跟踪基本参数"参数卷展栏设置漫反射颜色 RGB 为 60、60、60，选中"发光度"和"透明度"复选框，设置透明度为白色，折射率为 1.5，高光级别为 400，光泽度为 70，柔化为 0.1，材质参数如图 7-44 所示。将材质球赋给场景中的高脚杯、窗户玻璃等模型，渲染观察透明玻璃材质，效果如图 7-45 所示。

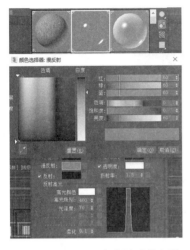

图 7-44 设置透明玻璃材质的参数 1

图 7-45 渲染后的效果 1

方法 2：利用反射明暗模式设置玻璃材质。

另选一个材质样本球，利用反射明暗类型设置玻璃材质。将环境光、漫反射、高光反射都设为白色，设置高光级别为 100，光泽度为 50，柔化为 0.52，选中"自发光"选项组中的"颜色"复选框；展开"扩展参数"参数卷展栏，设置折射率为 1.3，设置"过滤"右侧的色块为白色，设置数量为 100。展开"贴图"参数卷展栏，单击"反射"右侧的按钮，在弹出的"材质/贴图浏览器"对话框中选择"反射折射"材质；单击"折射"右侧的按钮，在弹出的"材质/贴图浏览器"对话框中选择"光线跟踪"材质，并且将反射、折射的数量都设为 15，材质参数如图 7-46 所示。将材质球赋给场景中餐桌上的玻璃杯，渲染观察透明玻璃材质，渲染效果如图 7-47 所示。

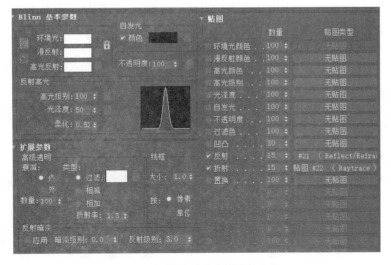

图 7-46 设置透明玻璃材质的参数 2

图 7-47　渲染后的效果 2

（2）有色半透明玻璃材质

方法 1：利用反射明暗模式设置带有颜色的半透明玻璃材质。

另选一个材质样本球，利用反射明暗类型设置玻璃材质。设置漫反射 RGB 为 52、203、241（蓝色）（可根据需要设置颜色，如 RGB 为 150、250、150 绿色，RGB 为 115、50、50 茶色），不透明度为 50，高光级别为 50，光泽度为 25，强制"双面"显示，材质参数如图 7-48 所示。将材质球赋给场景中矮柜上右侧的花瓶，渲染观察半透明玻璃材质，渲染效果如图 7-49 所示。

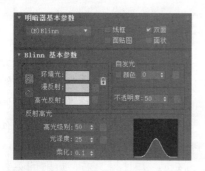

图 7-48　设置半透明玻璃材质的参数 1

图 7-49　渲染后的效果 3

方法 2：利用半透明明暗模式设置带有颜色的半透明玻璃材质。

另选一个材质样本球，利用半透明明暗模式设置玻璃材质。设置漫反射 RGB 为 0、10、0（模型需要什么颜色就设置什么颜色），高光级别为 50，光泽度为 30，半透明度颜色 RGB 为 0、10、0，不透明度为 50，过滤颜色 RGB 为 10、20、10，材质参数如图 7-50 所示。将材质球赋给场景中餐桌上的啤酒瓶，渲染观察半透明玻璃材质，效果如图 7-51 所示。

图 7-50　设置半透明玻璃材质的参数 2

图 7-51　渲染后的效果 4

（3）利用金属双面明暗模式设置透明但有一定厚度的玻璃材质

另选一个材质样本球，利用金属明暗模式设置玻璃材质。强制"双面"显示，设置环境光 RGB 为 112、112、112，漫反射 RGB 为 8、10、15，高光级别为 95，光泽度为 95；展开"扩展参数"参数卷展栏，设置折射率为 1.7。展开"贴图"参数卷展栏，单击"过滤色"右侧的按钮，在弹出的"材质/贴图浏览器"对话框中选择"噪波"材质，设置类型为"分形"类型，级别为 2.0，大小为 2.0，颜色 1 的 RGB 为 0、0、121，颜色 2 的 RGB 为 255、255、255；设置反射为 75，单击右侧的按钮，在弹出的"材质/贴图浏览器"对话框中选择"反射折射"材质；设置折射为 95，单击右侧的按钮，在弹出的"材质/贴图浏览器"对话框中选择"光线跟踪"材质，材质参数如图 7-52 所示。将材质球赋给场景中的鱼缸，渲染观察透明玻璃材质，效果如图 7-53 所示。

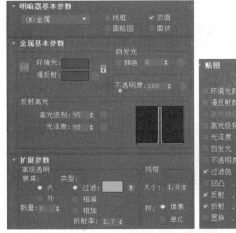

图 7-52　设置透明有一定厚度的玻璃材质的参数

图 7-53　渲染后的效果 5

（4）利用多面明暗类型设置磨砂玻璃材质

另选一个材质样本球，利用多面明暗模式设置磨砂玻璃材质。设置漫反射 RGB 为 148、173、187，高光级别为 240，光泽度为 60。展开"贴图"参数卷展栏，设置凹凸为 30，单击右侧的按钮，在弹出的"材质/贴图浏览器"对话框中选择"噪波"材质，设置噪波大小为 1.0；设置反射为 30，单击右侧的按钮，在弹出的"材质/贴图浏览器"对话框中选择"光线跟踪"材质；设置不透明度为 30，单击右侧的按钮，在弹出的"材质/贴图浏览器"对话框中选择"噪波"材质，设置噪波大小为3.0；返回父级别，单击"Standard"按钮，在弹出的"材质/贴图浏览器"对话框中选择"高级照明覆盖"材质，设置反射比为0.8，颜色渗出为0.75，材质参数如图7-54所示。将材质球赋给场景中矮柜的玻璃门，渲染观察磨砂玻璃材质，效果如图7-55所示。

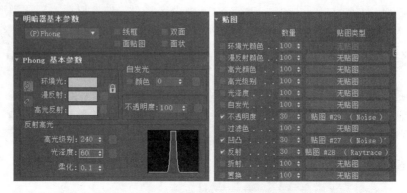

图 7-54　设置磨砂玻璃材质的参数

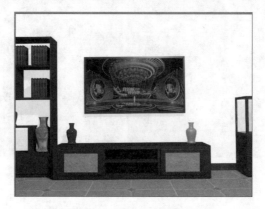

图 7-55　渲染后的效果 6

技 巧 提 示

漫反射颜色决定玻璃颜色，贴图通道数量决定玻璃的透明或反射、折射程度，玻璃效果要有反射或折射现象才更加真实。

（5）室外玻璃材质

建筑表面的玻璃材质不仅具有玻璃材质的属性，最主要是有很强的反射性。从室外看建筑门窗玻璃的透明度不是很高，但有很强的反射效果，因此可以将前面讲的透明玻璃减少一些透明度，增加一些反射效果即可。

打开案例资源包中第7章的模型文件"7-57 室外玻璃材质源文件"，打开材质编辑器，选择一个材质样本球，材质明暗模式选择"Phong"模式，设置漫反射RGB为0、5、10，不透明度为95，高光级别为300，光泽度为70。展开"贴图"参数卷展栏，设置反射数量为50，贴图类型选择"光线跟踪"材质，材质参数如图7-56所示。将材质球赋给场景中建筑物的玻璃模型，渲染观察室外玻璃材质，效果如图7-57所示。

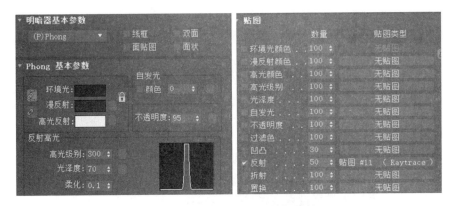

图 7-56　设置室外玻璃材质的参数

图 7-57　渲染后的效果 7

4. 镜面材质的设置

镜面材质就是不透明且反射极高的一种材质，在 3ds Max 中有一种平面镜材质类型可以直接制作出镜子的效果。

继续使用案例资源包中第 7 章的模型文件"7-47 玻璃材质源文件"，打开材质编辑器，选择一个材质样本球，单击"漫反射"右侧的按钮，在弹出的"材质/贴图浏览器"对话框中选择"平面镜"材质。然后将材质球赋给场景中门厅柜的镜面（平面模型），渲染观察镜面效果，如图 7-58 所示，镜中能够看到对面的窗帘。

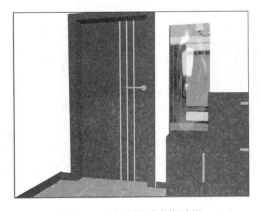

图 7-58　镜面材质渲染效果

┌───┐
│ **技 巧 提 示**
│
│ 　　平面镜材质只能赋给平面，其他模型不能体现效果，如果想让物体表面拥有镜面效果，
│ 需要在物体表面增加一个平面。
└───┘

5. 金属材质的设置

金属材质是生活中常见的材质，金属材质有高光的、哑光的、拉丝的等，还有铁的、铜的、钢的等，下面以不锈钢材质为例介绍金属材质的参数设置。

方法 1：利用金属明暗类型设置金属材质。

继续使用案例资源包中第 7 章的模型文件"7-47 玻璃材质源文件"，打开材质编辑器，选择一个材质样本球，明暗器模式选择"金属"模式，利用金属明暗类型设置金属材质。设置漫反射 RGB 为 114、114、114，高光级别为 112，光泽度为 83，如图 7-59 所示。展开"贴图"参数卷展栏，单击"反射"右侧的按钮，在弹出的"材质/贴图浏览器"对话框选择"光线跟踪"材质。将材质球赋给场景中餐桌上的茶壶，渲染观察金属材质，效果如图 7-60 所示。

图 7-59　设置金属材质的参数

图 7-60　金属材质的渲染效果

方法 2：不锈钢金属材质。

打开材质编辑器，选择一个材质样本球，设置漫反射为灰色（RGB 为 150、150、150），高光级别为 200，光泽度为 50，如图 7-61 所示。将材质球赋给场景中的门把手和门厅柜拉手，渲染观察金属材质，效果如图 7-62 所示。

图 7-61　设置不锈钢金属材质的参数

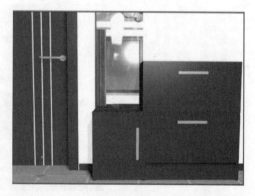

图 7-62　不锈钢金属材质的渲染效果

技 巧 提 示

当然，不锈钢材质也可以使用贴图的方法解决；若是其他类型的金属则可以使用漫反射设置颜色，然后调节反射参数，如铜的颜色设为黄色，如果是亚光不锈钢材质，光泽度设为 20。若反射较好，则在反射贴图通道设光线跟踪（大小为 70），在自发光贴图通道设置衰减为 66，白色修改为 1、171、171。

6. 水材质的设置

水是无色透明的，在室内水杯、水桶、水瓶等容器中是如此，但在室外会反射周边环境的颜色，所以设置水的参数时要考虑这一点。以案例"7-47 玻璃材质源文件"房间内的鱼缸中的水为例进行水材质的设置。

1）创建一个鱼缸内部三分之二大小的长方体，长、宽、高的分段数要足够，视鱼缸大小而定，此例中分别为 10。

2）打开材质编辑器，选择一个材质样本球，设置漫反射为蓝色（RGB 为 32、91、180），高光反射颜色为灰白色（RGB 为 229、229、229），选中"自发光"选项组中的"颜色"复选框，设置高光级别为 88，光泽度为 76，如图 7-63 所示。

3）展开"贴图"参数卷展栏，设置反射为 66，单击右侧的按钮，在弹出的"材质贴图浏览器"对话框中选择"光线跟踪"材质；在"光线跟踪基本参数"参数卷展栏中单击背景（None）贴图按钮，选择"波浪"贴图；在"波浪参数"参数卷展栏中设置波浪参数如下：分布为 2D，颜色 1 的 RGB 为 0、6、50，颜色 2 的 RGB 为 88、77、227，波浪组数量为 20，波半径为 500，振幅为 1，波长最大值为 50，波长最小值为 5，相位为 0，参数如图 7-64 所示。

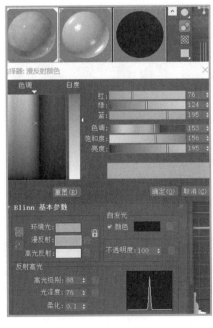

图 7-63　设置材质参数

图 7-64　设置波浪和贴图参数

4）设置置换贴图通道为 16，单击"置换"右侧的按钮，在弹出的"材质贴图浏览器"对话框中选择"波浪"贴图。"波浪"贴图的参数设置如下：分布为 3D，颜色 1 的 RGB 为

199、199、240，颜色 2 的 RGB 为 26、26、199，波浪组数量为 40，波半径为 800，振幅为 3，波长最大值为 50，波长最小值为 5，相位为 0。

5）也可以在凹凸通道添加"波浪"贴图：波浪组数量为 15，分布为 2D，波半径为 800，波长最大值为 50，最小值为 5，振幅为 3～5。

6）将水材质球赋给鱼缸中的水模型，渲染浏览水材质效果，如图 7-65 所示。

图 7-65　水材质的渲染效果

技 巧 提 示

以上案例设置好的材质可以存入材质库中，单击材质样本球下方水平工具栏中的"放入库"按钮，可以将材质存入临时库中，其他模型使用此材质时，可以从"材质/贴图浏览器"对话框中调用此材质，如图 7-66 所示。

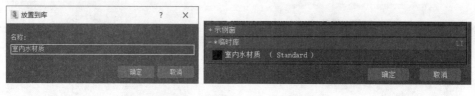

图 7-66　材质存入库和从库中调出

7.3　贴 图 通 道

7.3.1　贴图通道简介

贴图不只是在物体表面制作纹理效果，使用不同的贴图通道，可以得到各种特殊效果，甚至可以改变物体的形状（如位移贴图）。

设置贴图是为了使绘制的三维物体更加逼真、精彩，获得更好的渲染效果，贴图和材质是紧密联系的，通过贴图通道及贴图坐标的设置，能获得更理想的效果，并能获得一些特殊的效果。

在材质编辑器的"贴图"参数卷展栏中显示了所有的贴图通道，值得注意的是不同的明暗模式，贴图通道的数量并不相同。用户可以在多个贴图通道中贴图，获得复杂的材质效果。

如图 7-67 所示是标准材质默认的反射明暗模式的贴图通道。

　　单击每一个"无贴图"按钮，都可以弹出"材质/贴图浏览器"对话框，如图 7-68 所示，在其中选择贴图类型并进行贴图。每一个贴图通道前面的复选框用于设置该通道的贴图是否起作用，数量用于设置该通道贴图的作用程度（数值减小，效果也减弱）。

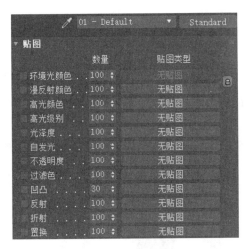

图 7-67　贴图通道

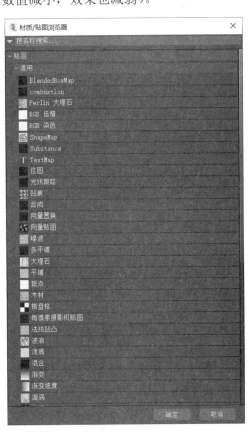

图 7-68　贴图类型

7.3.2　贴图通道的参数设置

1. 漫反射颜色贴图通道

漫反射颜色贴图通道用来描述物体表面的图像。

注意： 一般情况下是环境光颜色和漫反射颜色一起使用，特殊情况可以解锁，分别设置环境光颜色贴图和漫反射颜色贴图。

设置漫反射贴图通道的贴图效果。

1）打开第 2 章创建的朱漆大门案例文件，准备给院墙赋予青砖材质，打开材质编辑器，给院墙指定一个材质球。

2）展开"贴图"参数卷展栏，单击"漫反射颜色"右侧的"无贴图"按钮，在弹出的"材质/贴图浏览器"对话框中双击"位图"选项，在弹出的"选择位图图像文件"对话框中选择事先准备好的青砖贴图文件，单击"打开"按钮。调整"坐标"参数卷展栏中的瓷砖的 U、V 值，观察材质球或场景中院墙上青砖纹理的变化，直到接近真实青砖大小。

3）门前有一球，也赋予青砖材质，渲染场景，得到如图 7-69 的效果。

图 7-69　漫反射贴图通道的贴图效果

2. 高光颜色贴图通道

高光颜色贴图通道用来设置材质高光区的颜色效果，但并不改变高光的亮度。

设置高光颜色贴图通道的贴图效果。

1）继续上述操作，另选一个材质样本球。

2）展开"贴图"参数卷展栏，单击"高光颜色"右侧的"无贴图"按钮，在弹出的"材质/贴图浏览器"对话框中双击"位图"选项，在弹出的"选择位图图像文件"对话框中选择青砖贴图，单击"打开"按钮。回到反射基本参数卷展栏，改变高光的强度（高光级别为120，光泽度为30）。

3）将此材质赋给门前的球体，渲染场景，得到如图 7-70 所示的效果，与漫反射贴图的球体对比贴图效果。

图 7-70　高光颜色贴图通道的贴图效果

3. 高光级别贴图通道

前面使用高光颜色贴图通道，是用贴图来产生高光的颜色和纹理，高光级别贴图通道用来设置高光强度，实际上只用了图片的灰度信息，并由此来控制高光亮度（白色区域产生反光，黑色区域不产生高光）。

设置高光级别贴图通道的贴图效果。

1）继续上述操作，另选一个材质样本球。

2）展开"贴图"参数卷展栏，单击"高光级别"右侧的"无贴图"按钮，在弹出的"材质/贴图浏览器"对话框中双击"位图"选项，在弹出的"选择位图图像文件"对话框中选择指定的青砖贴图。

3）将此材质赋给门前的球体，渲染场景，得到如图 7-71 所示的效果，与高光颜色贴图的球体对比贴图效果。

图 7-71　高光级别贴图通道的贴图效果

4. 光泽度贴图通道

光泽度贴图同样是根据图形灰度来计算的。

设置光泽度贴图通道的贴图效果。

1）在视图中创建一个长方体，另选一个材质样本球。

2）展开"贴图"参数卷展栏，单击"光泽度"右侧的"无贴图"按钮，在弹出的"材质/贴图浏览器"对话框中双击"位图"选项，在弹出的"选择位图图像文件"对话框中选择 3ds Max 自带的 FLOWER6P.TGA（花瓣）贴图文件，如图 7-72 所示。回到反射基本参数卷展栏，改变高光的强度（高光级别为 50，光泽度为 0）。

3）高光级别设为 235 时，渲染场景，得到如图 7-73 所示的效果。高光级别为 0 时，什么纹理也看不到，高光级别越高，渲染图形越清晰。

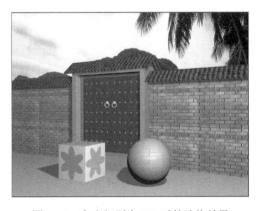

图 7-72　花瓣贴图　　　　　　　　　　图 7-73　高光级别为 235 时的渲染效果

5. 自发光贴图通道

自发光贴图同样是根据图形的灰度值来进行发光强度的计算，使物体某些部位看上去具有自发光效果（白色区域产生发光效果，黑色区域不产生发光效果）。

注意： 自发光不照亮其他物体。

设置自发光贴图通道的贴图效果。

1）在视图中创建一个球体，然后打开材质编辑器，给球体指定一个材质球。

2）在基本参数卷展栏中设置漫反射的颜色为亮绿色（RGB 为 95、240、15）。

3）展开"贴图"参数卷展栏，单击"自发光"右侧的"无贴图"按钮，在弹出的"材质/贴图浏览器"对话框中选择 3ds Max 自带的 JAG3LEAF.TGA（叶）贴图文件。

4）渲染场景，得到如图 7-74 所示的效果。

图 7-74　自发光贴图通道的贴图效果

6. 不透明度贴图通道

基本参数卷展栏中的"不透明度"参数设置的是材质的不透明度，获得的是物体的整体不透明效果，而不透明度贴图通道可以获得物体的部分透明和半透明效果。

不透明度贴图通道按图片的灰度值来计算透明效果，白色完全不透明，黑色完全透明，两者间的颜色为过渡效果。通常利用不透明度贴图制作带纹理的透明、半透明或镂空效果。

注意： 单独使用不透明度贴图并不会使透明部分的材质消失，获得的是一种类似玻璃的透明效果；还可以设置高光效果；要想获得材质完全去除的效果，需要配合使用高光级别贴图通道，即在高光级别贴图通道中使用同样的图片，这样黑色部分产生透明效果，但高光特性也同时被去除了。

设置不透明度贴图通道的贴图效果。

1）在视图中创建一个平面，取消分段数，并指定一个材质球。

2）在基本参数卷展栏中指定材质的漫反射颜色为暗绿色（RGB 为 12、40、12）。

3）在"贴图"参数卷展栏中单击"不透明度"右侧的按钮，在弹出的"材质/贴图浏览器"对话框中双击"位图"选项，在弹出的"选择位图图像文件"对话框中选择 3ds Max 自带的 ELMLEAF.TGA（树叶）贴图文件。

4）在基本参数卷展栏中设置高光级别为 200、光泽度为 10。

5）渲染得到如图 7-75 所示的效果（体现黑透白不透）。

7. 过滤色贴图通道

使用过滤色贴图可以控制在透明或半透明物体的不同部分获得不同的过滤色。

注意： 在"扩展"参数卷展栏中应选择不透明类型为"过滤"，相加、相减都会忽略过滤色贴图。一般情况下过滤色贴图和不透明度贴图配合使用。

设置过滤色贴图通道的贴图效果。

1）在视图中创建一个长方体，取消分段数，并指定一个材质球。

2）在"贴图"参数卷展栏中单击"过滤色"右侧的按钮，在弹出的"材质/贴图浏览器"对话框中双击"位图"选项，在弹出的"选择位图图像文件"对话框中选择 3ds Max 自带的FLOWER3.TGA（花）贴图文件。

3）将过滤色贴图复制到不透明度贴图通道中。

4）在基本参数卷展栏中设置高光级别为 100、光泽度为 10。

5）渲染场景，得到如图 7-76 所示的效果。

图 7-75　不透明度贴图通道的贴图效果　　　图 7-76　过滤色贴图通道和不透明度贴图通道配合贴图

8. 凹凸贴图通道

凹凸贴图通道可以使物体表面产生凹凸效果。这种效果是一种视觉效果，物体本身形态不变。

凹凸贴图是通过图形灰度值计算物体表面的凹凸程度（白色产生凸起效果，黑色产生凹陷效果），还可以通过设置 Amount 数值调节凹凸程度。

设置凹凸贴图通道的贴图效果。

1）在视图中创建一个长方体，然后打开材质编辑器，给其指定一个材质球。

2）展开"贴图"参数卷展栏，单击"凹凸"右侧的按钮，在弹出的"材质/贴图浏览器"对话框中双击"位图"选项，在弹出的"选择位图图像文件"对话框中选择自带的 fir2 贴图，回到反射基本参数卷展栏，设置高光级别为 50。

3）渲染场景，得到如图 7-77 所示的效果，长方体上的树叶纹理仿佛雕刻的浮雕一般。

9. 反射贴图通道

在 3ds Max 中有 3 种方法产生反射效果，即基本反射贴图、自动反射贴图、镜面反射贴图。

（1）基本反射贴图

基本反射相当于使用一张图片贴到物体表面产生反射效果，优点是不用计算，渲染速度快，但只能应用于静态场景。

设置反射贴图通道——基本反射贴图的效果。

1）给打开的"朱漆大门"案例场景添加环境贴图 KOPIPI，在"渲染"菜单的"环境"选项中，设置环境贴图为 KOPIPI 图片。

2）在视图中创建一个球体，打开材质编辑器，选择一个材质样本球，选择"金属"明暗模式，并将材质球指定给球体。

3）在基本参数卷展栏中设置高光级别为 205、光泽度为 28。

4）在"贴图"参数卷展栏中单击"反射"右侧的按钮，在弹出的"材质/贴图浏览器"对话框中双击"位图"选项，在弹出的"选择位图图像文件"对话框中选择 KOPIPI 贴图。

5）在"坐标"参数卷展栏的"贴图"下拉列表中选择"收缩包裹环境"选项，并适当调整贴图坐标中瓷砖的 U、V 值为 3、2。

6）渲染场景，得到如图 7-78 所示的效果，球体表面反射环境贴图。

图 7-77　凹凸贴图通道的贴图效果

图 7-78　反射贴图通道——基本反射贴图的效果

（2）自动反射贴图

自动反射是在反射贴图通道使用反射/折射贴图来产生反射效果，优点是运算速度快，占用资源少，可获得较好的动态反射效果。

设置反射贴图通道——自动反射贴图的效果。

1）在视图中创建一个球体和一个平面，平面（1000×1000）作为地面，打开材质编辑器，选择一个材质样本球，给地面指定自带的 Maps 文件夹下的 Herringbone.1 贴图，基本参数中瓷砖 U、V 的值都设为 20。

2）再选择一个材质样本球，在"贴图"参数卷展栏中单击"反射"右侧的按钮，在弹出的"材质/贴图浏览器"对话框中选择"反射/折射"选项。

3）返回到基本参数卷展栏，设置高光级别为 188、光泽度为 87。

4）将材质球赋给场景中的球体。

5）渲染场景，得到如图 7-79 所示的效果，球体反射了环境贴图和地面贴图。

图 7-79　反射贴图通道——自动反射贴图的效果

（3）镜面反射贴图

镜面反射可以模拟平面或平坦物体（镜子、光滑地面）的反射效果，渲染速度很快且效果较好。

设置反射贴图通道——镜面反射贴图的效果。

1）在视图中创建一个球体和一个平面，平面（1000×1000）作为地面，并分别指定材质球，命名为 Sphere 和 Floor。

2）选择 Sphere 材质球，在反射基本参数卷展栏中设置高光级别为 105，光泽度为 75。

3）进入"贴图"参数卷展栏，单击"漫反射"右侧的按钮，在弹出的"材质/贴图浏览器"对话框中选择"棋盘格"选项，在棋盘格的"坐标"参数卷展栏中设置瓷砖的 U、V 平铺数量都为 5。

4）选择 Floor 材质球，进入"贴图"参数卷展栏，单击"反射"右侧的按钮，在弹出的"材质/贴图浏览器"对话框中双击"位图"选项，在弹出的"选择位图图像文件"对话框中选择平面镜贴图，渲染得到如图 7-80 所示的效果。

5）在 Floor 材质"平面镜参数"参数卷展栏的"扭曲"选项组中，选中"使用内置噪波"单选按钮，设置扭曲量为 0.4。渲染场景，得到如图 7-81 所示的效果，可模拟水面的反射效果。

图 7-80　反射贴图通道——镜面反射贴图的效果

图 7-81　反射贴图通道——镜面水波反射的效果

10. 折射贴图通道

折射效果可以模拟通过玻璃或放大镜观察物体时，物体发生扭曲的现象，有 3 种方法产生折射效果。

（1）使用位图产生折射

使用位图产生折射的方法和反射贴图是一样的，这里不再赘述。

设置折射贴图通道——位图折射。

1）新建 Max 文件，打开材质编辑器，选择一个材质样本球，单击"漫反射"右侧的按钮，在弹出的"材质/贴图浏览器"对话框中双击"位图"选项，在弹出的"选择位图图像文件"对话框中找到 KOPIPI 图片。在"坐标"参数卷展栏中选中"环境"单选按钮，返回上一级别。然后选择"渲染"菜单中的"环境"选项，将漫反射贴图复制到（拖动到）背景右侧的贴图按钮上，设置环境背景贴图。

2）在视图中创建第一个球体，在材质编辑器中另选一个材质样本球，选择"各向异性"明暗模式，在基本参数卷展栏中设置高光级别为 110、光泽度为 80，将材质球指定给场景中的球体。

3）在"贴图"参数卷展栏中单击"折射"右侧的按钮，在弹出的"材质/贴图浏览器"对话框中双击"位图"选项，在弹出的"选择位图图像文件"对话框中选择 KOPIPI 贴图。

4）在位图层级的"坐标"参数卷展栏的"贴图"下拉列表中选择"球形环境"选项。

5）渲染场景，得到如图 7-82 所示的球体的折射效果。

（2）自动折射贴图

自动折射贴图的方法和自动反射相同，这里不再赘述。

设置折射贴图通道——自动折射贴图。

1）继续上述操作，再创建第二个球体。

2）另选一个材质样本球，在反射基本参数卷展栏中设置高光级别为 188、光泽度为 87。

3）在"贴图"参数卷展栏中单击"折射"右侧的按钮，在弹出的"材质/贴图浏览器"对话框中选择"反射/折射"贴图，将此材质球指定给场景中刚创建的球体。

4）如图 7-83 所示，渲染得到右侧球体自然折射的效果。

图 7-82　折射贴图通道——位图折射的效果

图 7-83　折射贴图通道——自动折射的效果

（3）使用薄壁折射贴图

使用薄壁折射贴图可以获得类似于玻璃、透镜的折射变形效果。

设置折射贴图通道——薄壁折射贴图。

1）继续上述操作，再创建第三个球体。

2）另选一个材质样本球，单击"贴图"参数卷展栏中的"折射"右侧的按钮，在弹出的"材质/贴图浏览器"对话框中选择"薄壁折射"贴图，将此材质球指定给场景中刚创建的球体。

3）渲染场景，得到如图 7-84 所示的效果，最右侧的球体有一种类似放大镜的效果。

11. 置换贴图通道

置换贴图用于改变物体表面的形状，和凹凸贴图一样，也是通过图片的灰度值来计算物体表面的凹凸效果。与凹凸贴图不同的是，置换贴图使用位移贴图改变了物体的结构。

注意：该贴图只能应用于面物体、可编辑网格物体和 NURBS 物体。

设置置换贴图通道的贴图效果。

1）新建一个 Max 文件，在视图中创建两个球体。

2）打开材质编辑器，选择一个材质样本球，指定其"漫反射"贴图通道为 Moon2 图片，然后指定其"凹凸"贴图通道为"噪波"，噪波类型选择"分形"选项，并将材质赋给场景中左侧第一个球体。

3）把右侧第二个球体塌陷成 NURBS 物体（选择球体后右击，在弹出的快捷菜单中将其转换为 NURBS 曲面），另选一个材质样本球，指定其"漫反射"贴图通道为 Moon2 图片，然后指定其"置换"贴图通道为"噪波"，噪波类型选择"分形"选项。

4）渲染场景，得到如图 7-85 所示的效果，左侧是"凹凸"通道贴图效果，右侧是"置换"贴图通道贴图效果，可以明显看出置换贴图通道贴图后球体表面不平滑了。

图 7-84　折射贴图通道——薄壁折射的效果

图 7-85　置换贴图通道的贴图效果

注意：因为不同明暗模式有不同的贴图通道，因此除了上面介绍的标准材质的贴图通道，还有漫反射级别、漫反射粗糙度、各向异性、金属度、方向等贴图通道，含义和前面介绍的类似，读者可以自己尝试操作一下。

7.4　贴图类型及贴图坐标

7.4.1　贴图类型

1. 2D 贴图

2D 贴图使用二维图片贴到物体表面，或者用做环境贴图。最简单的二维贴图是"位图"图片，其他二维贴图属于程序贴图。

1）位图：前面使用的大多数是位图文件进行贴图，包括 JPG、TIF、BMP、GIF、PSD、PNG、TGA 等格式。

注意：位图是外部文件，不会随场景保存在.max 文件中，复制时应同时复制贴图文件，或者采用归档打包。

2）棋盘格贴图：可以产生由两种颜色组成的类似棋盘的材质。

在棋盘格的"坐标"参数卷展栏中可以改变棋盘格的形状、颜色和图案，还可以指定贴图作为棋盘格的一个组分，效果如图 7-86 所示。

3）平铺贴图：使用平铺贴图程序可创建砖、彩色瓷砖等材质贴图，制作时可以采用预设的建筑砖图案，也可以自行设计图案样式。在平铺高级控制中可以改变平铺纹理和缝隙的颜色、平铺数量等参数，还可以用贴图制作平铺效果，如图 7-87 所示的红砖和大理石瓷砖效果。

图 7-86　棋盘格贴图　　　　　　　　图 7-87　平铺贴图

4）渐变贴图：渐变是指从一种颜色到另一种颜色进行明暗处理，3ds Max 可以对两种或 3 种颜色的过渡插补中间值。如图 7-88 所示是"渐变参数"参数卷展栏，3 个色块不仅可以调整颜色，还可以用贴图替代颜色。颜色 2 位置值决定 3 种颜色的占比，以及是使用 3 种颜色还是两种颜色进行过渡，当颜色 2 位置值为 1 时，颜色 1 不起作用，只有颜色 2 和 3 过渡；当颜色 2 位置值大于 0.5 时，颜色 1 占比减小；当颜色 2 位置值小于 0.5 时，颜色 3 占比减小。渐变类型可以是线性，也可以是径向，如效果图中的球体和圆柱；如果增加噪波数量，则可以将颜色混合。

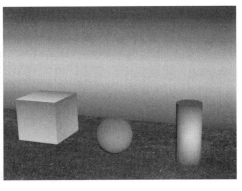

图 7-88　渐变贴图参数及效果

5）渐变坡度贴图：渐变坡度是与渐变相似的二维贴图，都可以产生颜色间的渐变坡度，但是渐变坡度可以指定任意数量的颜色，制作出更为多样化的颜色渐变效果。如图 7-89 所示是"渐变坡度参数"参数卷展栏，其中颜色是一个渐变条，范围是 0～100，在渐变条的下边沿单击即可增加标记点。除两个端点外，中间的标记点可以通过拖动来决定它的位置，右击标记点，在弹出的快捷菜单中可以复制、粘贴标记点（带属性），也可以删除标记点，重要的是编辑属性。如图 7-90 所示是"标志属性"对话框，在此对话框中可以改变标记的颜色或贴图，也可以调节标记的位置，如图 7-91 所示是背景平面由草地到蓝天的颜色过渡效果。设置噪波的数量和大小就可以将多种颜色混合，形成图 7-91 中立方体的杂点效果。

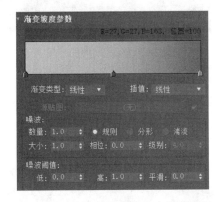

图 7-89　"渐变坡度参数"参数卷展栏

图 7-90　"标志属性"对话框

图 7-91　渐变及渐变坡度效果

2．3D 贴图

3D 贴图是一种产生三维空间图案的程序贴图，连续分布于物体内，不像二维贴图会在物体表面形成接缝，即使剖开几何体，内部也呈现与外表匹配的纹理。

1）细胞贴图：用于生成各种视觉效果的细胞图案，如马赛克瓷砖、鹅卵石等效果。如图 7-92 所示是"细胞参数"参数卷展栏，细胞颜色决定细胞的基本色调，也可以指定贴图；变化值可以随机改变细胞颜色；分界颜色是细胞间两种颜色或两种贴图之间的斜坡；细胞特性可以更改细胞的形状和大小，圆形或碎片决定细胞边缘是圆形的还是线性的；扩散可以更改单个细胞的大小，如图 7-93 所示是细胞 3 种参数变化的细胞贴图效果。

图 7-92　"细胞参数"参数卷展栏

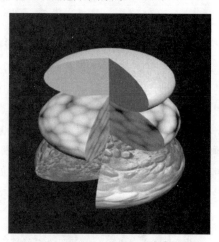

图 7-93　细胞贴图的效果

2）凹痕贴图：凹痕贴图在渲染时根据分形噪波产生随机的图案。如图 7-94 所示是"凹痕参数"参数卷展栏，大小默认是 200，其他参数不变时，大小增大凹痕变少、大小减小凹痕变多。强度决定两种颜色的覆盖范围，增大强度，颜色 2 的覆盖范围增大；减小强度，颜色 1 的覆盖范围增大。凹痕贴图的效果如图 7-95 所示。

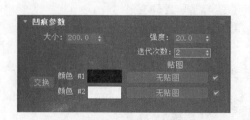

图 7-94　"凹痕参数"参数卷展栏

图 7-95　凹痕贴图的效果

3）噪波贴图：是基于两种颜色或材质的交互创建曲面的随机扰动，常用于制作无序的贴图效果。如图 7-96 所示是"噪波参数"参数卷展栏，噪波类型有 3 种，效果如图 7-97 所示，分别用 3 种不同的算法生成噪波。噪波阈值、级别和相位可以记录动态的噪点变化；可以使用颜色或贴图形成噪点，噪点的大小可以改变。噪波贴图通常用在混合材质或体现物体内部扰动的材质中。

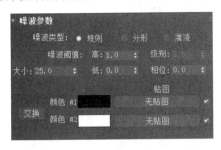

图 7-96　"噪波参数"参数卷展栏

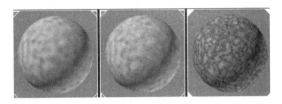

图 7-97　噪波 3 种类型的效果

4）烟雾贴图：烟雾是生成无序的、基于分形的湍流图案的 3D 贴图，主要用于设置动态的不透明贴图，如烟雾效果或其他云状流动贴图效果。如图 7-98 所示是"烟雾参数"参数卷展栏，大小可以更改烟雾团的比例，相位可以动态记录烟雾湍流移动的效果，颜色 1 表示无烟部分，颜色 2 表示烟雾，指数的变化表示颜色 2（即烟雾）的清晰和缭绕程度，增加指数表示烟雾火舌在图案中变得更小。如图 7-99 所示是 3 种不同参数的烟雾效果。

图 7-98　"烟雾参数"参数卷展栏

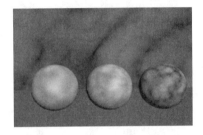

图 7-99　烟雾贴图的效果

5）大理石贴图：大理石贴图有两种，Marble 和 Perlin Marble。

① Marble 贴图针对彩色背景生成带有彩色纹理的大理石曲面。如图 7-100 所示是 Marble 的参数卷展栏，可以调整纹理的间距（大小值）、宽度，可以改变颜色，交换两种颜色的位置，还可以用贴图代替颜色。

② Perlin Marble 贴图用来模拟珍珠岩型大理石的纹理效果，如图 7-101 所示是 Perlin Marble 的参数卷展栏，可以设置图案的大小，通过级别设置湍流算法的次数（1～10），值越大图案越复杂；不仅可以设置颜色，还可以改变颜色的饱和度，也可以用贴图来代替颜色。

两种大理石贴图的效果如图 7-102 所示。

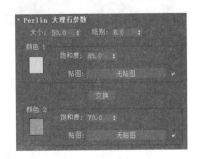

图 7-101　Perlin Marble 的参数卷展栏

图 7-100　Marble 的参数卷展栏

图 7-102　两种大理石贴图的效果

6）木材贴图：可以将整个物体体积渲染成波浪纹图案。如图 7-103 所示是"木材参数"参数卷展栏，可以控制纹理的方向、粗细和复杂度，可以交换或改变颜色，还可以用贴图代替颜色。木材贴图的效果如图 7-104 所示。

图 7-103　"木材参数"参数卷展栏

图 7-104　木材贴图的效果

7）波浪贴图：产生平面或三维空间中的水波纹效果，可以控制波纹的数目、振幅和波动的速度等参数，一般常用于漫反射和凹凸贴图通道，也可以用于不透明度贴图通道，产生透明的水波效果。如图 7-105 所示是"波浪参数"参数卷展栏，可以指定图案中有多少波浪组数、波的半径和波长的大小；振幅和相位可以动态记录水波涌动的效果；3D 是球形分布，2D 是 XY 平面圆圈分布；可以设置波浪的颜色，也可以用贴图代替颜色。波浪贴图的效果如图 7-106 所示。

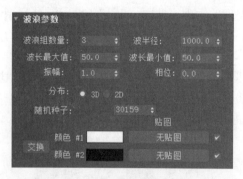

图 7-105　"波浪参数"参数卷展栏

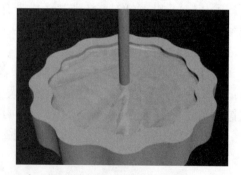

图 7-106　波浪贴图的效果

8）衰减贴图：是基于几何体曲面上发现的角度衰减来生成从黑到白的值。将衰减贴图指定到漫反射贴图中可以制作布料效果，将衰减贴图指定到不透明度贴图中可以制作衰减渐变的效果。如图 7-107 所示是"衰减参数"参数卷展栏，在色块中可以设置颜色或贴图；可以选择不同的衰减类型或方向。在"混合曲线"参数卷展栏中，可以在曲线上通过插入点并移动点来调整衰减程度，衰减贴图的效果如图 7-108 所示。

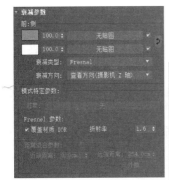
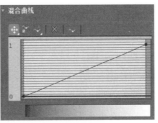

图 7-107 "衰减参数"参数卷展栏　　　　　　　　图 7-108 衰减贴图的效果

9）泼溅贴图：用于产生类似油彩飞溅的效果，常用于漫反射贴图，可制作喷涂墙壁的效果。如图 7-109 所示是"泼溅参数"参数卷展栏，可以调整泼溅的大小，设置计算分形函数的次数，通过阈值确定两种颜色的混合量，两种颜色也可以用贴图代替。泼溅贴图的效果如图 7-110 所示。

图 7-109 "泼溅参数"参数卷展栏　　　　　　　图 7-110 泼溅贴图的效果

10）粒子年龄贴图：是专用于粒子系统的一种动态贴图形式。根据粒子的生命周期，分别为开始、中间和结束处的粒子指定 3 种颜色或贴图，粒子在诞生时具有第一种颜色，然后边生长边逐渐变成第二种颜色，在最终消亡前变成第三种颜色，形成了动态彩色粒子效果。如图 7-111 所示是"粒子年龄参数"参数卷展栏，可以设置 3 种颜色或贴图，还可以调整每种颜色的占比。粒子年龄贴图的效果如图 7-112 所示。

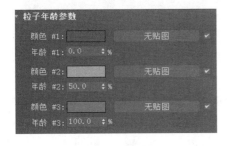
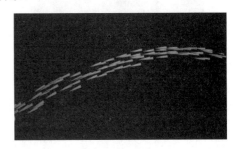

图 7-111 "粒子年龄参数"参数卷展栏　　　　　图 7-112 粒子年龄贴图的效果

还有一种粒子运动模糊贴图，是根据粒子运动的速度进行模糊处理。但是粒子运动模糊必须指定给粒子相同的材质，用作不透明度贴图的效果最好。

3. 复合贴图

可以使用两种或多种贴图按照一定的方式合成在一起形成复合贴图，包括合成贴图、遮罩贴图、混合贴图、RGB 倍增贴图等。

1）合成贴图：可以使用 Alpha 通道或其他方法将几幅图叠加起来形成叠加图像，或使用内置遮罩工具仅叠加贴图中的某些部分。如图 7-113 所示是"合成层"参数卷展栏，单击"总层数"右侧的 按钮可以添加层数；单击"层 1"下方左侧的"无"按钮可以添加纹理题图，单击右侧的"无"按钮可以添加图像的遮罩方法。每一层图像都可以设置透明度，还可以调整图像的合成方法，可以是图像相加、减去、叠加、强光、色调、饱和度等，不同的方法合成的图像效果各不相同。如图 7-114 和图 7-115 是 3 幅不同的星空图像合成的参数和合成的效果。

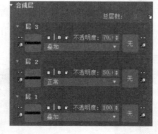

图 7-113　"合成层"参数卷展栏　　图 7-114　3 幅图像合成的参数　　图 7-115　合成的星空贴图

2）遮罩贴图：可以在曲面上通过一种材质查看另一种材质。如图 7-116 所示是"遮罩参数"参数卷展栏，可以在贴图层和遮罩层分别贴两幅图，得到透过遮罩层看贴图的效果。遮罩层可以是 JPEG 格式图像，也可以是 PNG 格式图像，形成一种像带有滤镜一样的模糊图像，也可以通过 PNG 通道制作出一种透过遮罩层改变图像边缘形状的实图的贴图效果。遮罩贴图的效果如图 7-117 所示。

图 7-116　"遮罩参数"参数卷展栏　　　　图 7-117　遮罩贴图的效果

3）混合贴图：可以将两种颜色或材质合成在曲面的一侧。如图 7-118 所示是"混合参数"参数卷展栏，颜色 1、颜色 2 可以调节颜色，也可以使用贴图，即可以通过遮罩或第三幅贴图等方式进行混合，也可以设置混合量参数，甚至可以记录混合量的动态变化过程；如果使用曲线，则可以调节上部和下部的比例。如图 7-119 所示是 3 幅图混合后的贴图效果。

图 7-118　"混合参数"参数卷展栏

图 7-119　3 幅图混合后的贴图效果

如图 7-120 和图 7-121 所示是混合量为 10 和 35 的混合效果。

图 7-120　混合量为 10 的混合效果

图 7-121　混合量为 35 的混合效果

4）RGB 倍增贴图：主要用于凹凸贴图方式，允许将两种颜色或两个贴图进行颜色相乘处理，大幅度增加图像的对比度，也就增加了凹凸的程度。它的运算方法是将一个图像中的红色与另一个图像中的红色相乘作为结果，以此类推。如果两幅图像都有 Alpha 通道，它可以决定是否将 Alpha 通道也进行相乘处理。如图 7-122 所示是"RGB 倍增参数"参数卷展栏，如图 7-123 所示中的两个球体显示的是同一幅贴图 RGB 倍增前后贴图的对比效果。

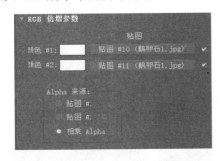

图 7-122　"RGB 倍增参数"参数卷展栏

图 7-123　RGB 倍增前后贴图的对比效果

4．颜色修改贴图

颜色修改贴图能够改变贴图材质中像素的颜色、亮度、饱和度，避免再到 Photoshop 等软件中调整。

1）RGB 染色：可以通过调整图像中 3 种颜色通道的值，来改变贴图颜色效果。如图 7-124 所示是"RGB 染色参数"参数卷展栏，在"贴图"选项中选择位图贴图，然后通过改变 RGB

的值使贴图的颜色得以改变。如图 7-125 所示是通过改变 RGB 的值，将灰瓦贴图变成红瓦贴图。

图 7-124　"RGB 染色参数"参数卷展栏

制作 RGB 染色材质

图 7-125　通过 RGB 染色贴图将灰瓦变成红瓦

2）输出贴图：可以将输出设置应用于没有这些设置的程序贴图中，"输出参数"参数卷展栏如图 7-126 所示。输出贴图时，在"输出参数"参数卷展栏中选择应用输出控件的贴图并设置适当的参数值，还可以启用颜色贴图，通过曲线调整颜色。如图 7-127 所示的长方体是大理石贴图调整颜色曲线后的效果。

3）顶点颜色贴图：此程序贴图应用于可渲染对象的顶点颜色，必须使用"编辑网格"或"编辑面片"修改器来指定顶点颜色。顶点颜色贴图一般用于漫反射贴图通道，"顶点颜色参数"参数卷展栏如图 7-128 所示。图 7-127 中的茶壶就是在编辑网格中设置了部分顶点的颜色，然后通过漫反射贴图通道设置了顶点颜色贴图后修改了顶点颜色的渲染效果。

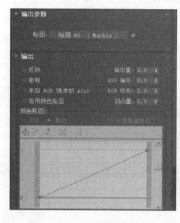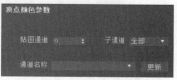

图 7-126　"输出参数"
参数卷展栏
　　　　图 7-127　输出和顶点颜色效果　　　　图 7-128　"顶点颜色参数"
参数卷展栏

7.4.2　贴图坐标

将图像和纹理材质添加到模型上是创建逼真效果的重要技术之一。要想把贴图或纹理恰当地添加到物体上，就需要贴图坐标来帮助调整贴图或纹理材质，使其与模型的大小、方向等相吻合。

贴图坐标可以指定如何在几何体上放置贴图、调整贴图方向及进行缩放等。贴图坐标通常用 U、V 和 W 来指定，其中 U 是水平维度，V 是垂直维度，W 是可选的第三维度，可表示深度。

通常情况下，几何基本体在默认情况下会应用贴图坐标，但曲面对象（如可编辑多边形和可编辑网格）需要添加贴图坐标。

如果将贴图材质应用到没有贴图坐标的对象上，则渲染器显示一个警告，提示渲染需要贴图坐标，此时需要给物体添加"贴图坐标"修改器。

3ds Max 提供了多种用于生成贴图坐标的方式。

1）应用内置贴图坐标。创建基本体对象时，若选中"生成贴图坐标"复选框，则自动提供贴图坐标。对于大多数对象，在默认情况下此选项处于启用状态。

注意：贴图坐标需要额外的内存，因此，如果不需要的话，请禁用此选项。

2）应用放样对象贴图坐标。在生成或修改放样对象时，按对象的长度、圆周指定贴图坐标。

3）应用"UVW 贴图"修改器。可以从多种类型的投影中选择；通过定位贴图 Gizmo，自定义对象上贴图坐标的放置；然后设置贴图坐标变换的动画。

4）应用"UVW 展开"修改器。此功能强大的修改器提供了大量的工具和选项，可用于编辑贴图坐标。

设置贴图后并不一定马上得到理想的效果，可能需要调整贴图的位置和角度，这就要调整贴图坐标。

1. 贴图共有的参数卷展栏

在各种类型的贴图中，有些参数卷展栏是它们共有的，如坐标、噪波、输出等，如图 7-129 所示是二维和三维贴图的"坐标"参数卷展栏，在该参数卷展栏中可以调整贴图的方向，控制贴图如何与物体对齐，以及是否重叠平铺和镜像等。

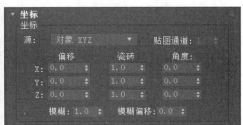

图 7-129　贴图共有的"坐标"参数卷展栏

1）"纹理"选项：使用锁定在物体上的纹理坐标系。

2）"环境"选项：使用锁定在世界坐标系上的环境坐标系。

3）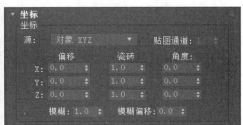：可以选择不同的 2D 贴图的坐标平面。

4）"偏移"选项：用于设置平移贴图的偏移位置。

5）"瓷砖"选项：用于设置贴图重复的次数，以调节贴图纹理的大小。

6）"镜像"选项：可以使贴图产生镜像贴图效果，镜像和瓷砖是相互排斥的设置。

7）"角度"选项：可以设置指定贴图坐标轴向上的旋转角度。

8）"模糊"选项：设置贴图的模糊度。

9）"模糊偏移"选项：设置贴图的模糊偏移。

10）"旋转"选项：可以对贴图进行手动旋转。

2. 内置贴图坐标

内置贴图坐标即生成自带的贴图坐标。

例如，使用内置贴图坐标在通用"坐标"参数卷展栏中设置贴图纹理和平铺数量。

1）在视图中创建一长方体，并选中"生成贴图坐标"复选框。

2）打开材质编辑器，选择一个材质样本球，为长方体赋予一个材质贴图 FLOWER6P.TGA，如图 7-130 所示。

3）在材质编辑器中展开"坐标"参数卷展栏，如图 7-131 所示，可以设置贴图重复次数、偏移或旋转的角度等；还可以设置镜像贴图、模糊等效果。内置贴图坐标的效果如图 7-132 所示。

图 7-130　创建长方体并赋予材质

图 7-131　"坐标"参数卷展栏

图 7-132　内置贴图坐标的效果

3. 放样对象贴图坐标

对于放样得到的物体，在"曲面参数"参数卷展栏的"贴图"选项组中，选中"应用贴图"复选框，可以按长度重复、宽度重复设置坐标。

例如，使用放样对象贴图坐标设置贴图纹理。

1）在场景中使用大小两个矩形和一条路径放样得到模型。

2）打开材质编辑器，选择一个材质样本球，为模型赋予材质贴图 FLOWER6P.TGA，如图 7-133 所示。

3）在放样模型"修改"选项卡的"曲面参数"参数卷展栏中选中"应用贴图"复选框，如图 7-134 所示，改变长度重复和宽度重复的数值（如都设为 4），得到的效果如图 7-135 所示。

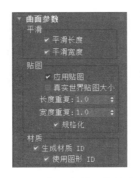

图 7-133　创建模型并赋予材质　图 7-134　"曲面参数"参数卷展栏　图 7-135　放样对象贴图坐标的效果

4．使用"UVW 贴图"修改器

对于一些没有自身贴图坐标的物体，必须手动设置贴图坐标。例如，一些曲面对象（如可编辑多边形和可编辑网格）自身没有贴图坐标，需要手动添加贴图坐标，否则渲染时会因贴图需要 UVW 贴图坐标而无法渲染贴图。

例如，使用"UVW 贴图"修改器设置贴图包裹方式、贴图纹理、平铺数量及角度等。

1）在视图中利用"长方体"按钮创建如图 7-136 所示的模型，并为其指定标准材质，如在材质的漫反射上贴一张 FLOWER6P.TGA 图片，效果如图 7-137 所示。

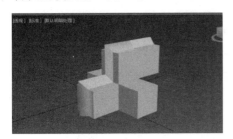
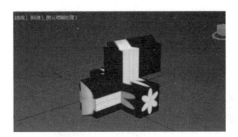

图 7-136　创建模型　　　　　　　　　　　图 7-137　为模型指定材质

2）在"修改"选项卡的修改器列表中选择"UVW 贴图"修改器添加给模型，在贴图参数卷展栏选择"长方体"或"面"方式贴图，效果如图 7-138 所示。还可以设置 U 向平铺和 V 向平铺的数量，效果如图 7-139 所示。

图 7-138　设置贴图方式　　　　　　　　　图 7-139　设置平铺数量

3）在修改器堆栈展开"UVW 贴图"修改器，进入"Gizmo"层级，移动、旋转、缩放 Gizmo，贴图也随之改变，如图 7-140 所示。

4）还可以修改长、宽来改变边界盒尺寸，从而调整贴图坐标，如图 7-141 所示。

5）可以选择不同的轴向设置贴图坐标的对齐方式。

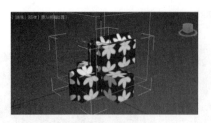

图 7-140　移动、旋转、缩放边界盒

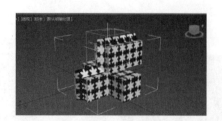

图 7-141　改变边界盒尺寸

技 巧 提 示

1）添加 "UVW 贴图" 修改器后，也可以在材质贴图层级中对贴图坐标进行设置，效果为两者综合；如果冲突，系统优先采用 "UVW 贴图" 修改器设置的贴图方式。

2）当需要把同一材质应用到多个物体时，如在材质编辑器中设置贴图坐标，则会影响到应用该材质的所有物体上。因此要想单独调节每个物体上纹理的平铺数量，最好在每个物体的 "UVW 贴图" 的参数卷展栏设置平铺数量。

5. 使用 "UVW 展开" 修改器

"UVW 展开" 修改器可以通过 UV 展开的方式来编辑贴图，给一个物体的不同部位设置不同的贴图。

在 3ds Max 中，展 UV 的用处非常大，人物、怪兽、复杂的机械模型、建筑模型等，都可以用展 UV 来制作贴图，它能展现模型的细节，不会出现贴图的拉伸、模糊等问题。

例如，使用正方体的 6 个面分别添加不同的贴图来展示 UV 展开的作用。

1）在视图中创建一个正方体，为其添加 "UVW 展开" 修改器，"UVW 展开" 修改器的参数卷展栏如图 7-142 所示。

2）准备好 6 幅图作为贴图材质，将贴图分辨率设为一致。

3）单击 "UVW 展开" 修改器参数卷展栏中的 "打开 UV 编辑器" 按钮，打开 "编辑 UVW" 窗口，如图 7-143 所示，现在正方体的 6 个面是叠加在一起的。

图 7-142　"UVW 展开" 修改器的参数卷展栏

图 7-143　"编辑 UVW" 窗口

4）选择"贴图"菜单中的"展平贴图"选项，正方体的 6 个面即展开，如图 7-144 所示，能看到每个面的边线。

5）选择"工具"菜单中的"渲染 UVW 模板"选项，在弹出的"渲染 UVs"对话框中（图 7-145）单击"渲染 UV 模板"按钮，显示如图 7-146 所示的渲染贴图模板。单击"保存图像"按钮，将贴图模板保存成 JPG 格式的贴图文件。

图 7-144 展平贴图　　　　　　　　　图 7-145 "渲染 UVs"对话框

6）在 Photoshop 软件中打开刚才保存的文件，能看到 6 个面的线框，然后将准备好的 6 幅贴图依次复制到当前文件中，并分别放到 6 个线框所在位置，调整贴图大小与 6 个面的线框大小一致，如图 7-147 所示。

图 7-146 渲染贴图模板　　　　　图 7-147 在 Photoshop 软件中处理贴图

7）在 Photoshop 软件中保存处理好的贴图文件为 JPG 格式文件，存放到 MAX 文件的路径下。

8）回到 3ds Max 中，打开材质编辑器，选择一个材质样本球，在漫反射贴图中找到 Photoshop 刚保存的贴图文件，并将材质球赋给正方体，效果如图 7-148 所示，正方体的 6 个面分别是 6 幅贴图。

图 7-148　正方体 6 个面显示不同的贴图

使用上述展开 UVW 贴图的方式，可以方便地将模型不同部分赋予不同的贴图，且可以在 Photoshop 软件中将材质接缝处做好过渡处理，使材质呈现无缝连接。

6. 使用透明贴图代替模型

生活当中有些复杂的、不规则的模型，若按实际建模既耗时又耗资源，如像花草、树木这些模型。如果建模非常繁杂，且面数非常大，在有些场景中并不建实际模型，而是用透明贴图代替真实的模型，将贴图贴在平面上，有时为了看到立体效果，往往采用十字面贴图或米字面贴图，使效果更加逼真一些。

例如，利用平面加透明贴图制作蝴蝶模型。

1）在视图中创建两个大小合适的平面，将分段数设为 1，两个平面水平平行相连放置，作为蝴蝶的翅膀。

2）打开材质编辑器，将事先处理好的蝴蝶透明贴图拖放到漫反射贴图通道中，然后将漫反射贴图复制到不透明度贴图通道中。展开不透明度贴图参数卷展栏，在"位图参数"参数卷展栏中的"单通道输出"选项组中选中"Alpha"通道，如图 7-149 所示。

3）将材质球分别赋给作为翅膀的两个平面，并分别为平面添加"UVW 贴图"修改器。选择一个平面，在命令面板的修改器堆栈中展开"UVW 贴图"修改器，进入"Gizmo"层级，使用缩放工具将 Gizmo 沿 X 轴放大 1 倍，并向一侧移动 Gizmo 到合适位置，如图 7-150 所示。使用同样的方法完成另一个平面的处理，使两个平面分别是半个翅膀贴图，两个平面构成一个完整的蝴蝶，如图 7-151 所示。最终渲染效果如图 7-152 所示。

图 7-149　"位图参数"参数卷展栏　　　　图 7-150　蝴蝶翅膀的效果

图 7-151　完整的蝴蝶

图 7-152　蝴蝶的渲染效果

又如，利用平面加透明贴图制作花草、树木等效果。

花草、树木可以利用平面做十字贴图或米字贴图，然后利用上述透明贴图的方法实现。

1）在视图中创建两个或 4 个大小合适的平面，将分段数设为 1，两个平面十字相交放置，4 个平面米字相交放置，作为树木贴图的面，如图 7-153 所示。

2）打开材质编辑器，将事先处理好的树木透明贴图拖放到漫反射贴图通道中，然后将漫反射贴图复制到不透明度贴图通道中。展开不透明度贴图参数卷展栏，在"位图参数"参数卷展栏中的"单通道输出"选项组中选中"Alpha"通道，如图 7-154 所示。

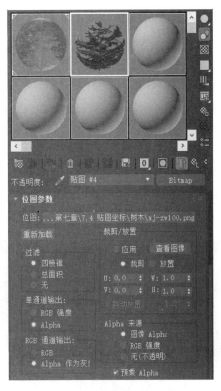

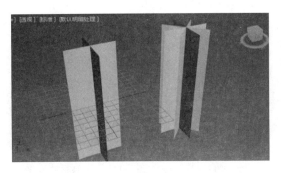

图 7-153　十字或米字交叉平面

图 7-154　选择 Alpha 通道

3）将材质球分别赋给作为树木的十字平面或米字平面，选中材质编辑器明暗模式中的"双面"复选框，最终渲染效果如图 7-155 所示。

注意：在贴图前，应先利用 Photoshop 软件将图片去掉背景，保存成 PNG 格式。

图 7-155　树木贴图

7.5　综合训练

【例 7-2】制作房间内各种模型的材质。

此案例为创建的房间内的模型添加合适的材质，并调整贴图坐标，使材质接近真实效果。

操作步骤如下。

制作房间内各种模型的材质渲染效果

步骤 1　打开案例资源包中第 7 章的模型文件"7-156 房间内各种模型材质渲染源文件"，房间内有沙发、各种木质柜子等家具，还有地板、窗帘、装饰画、玻璃等需要设置的材质，如图 7-156 所示。

步骤 2　设置家具材质。打开材质编辑器，选择一个样本球，命名为家具，单击"漫反射"右侧的按钮，在弹出的"材质/贴图浏览器"对话框中选择"木材"贴图，木材材质的参数设置如图 7-157 所示，颜色#1RGB 为 40、15、14，颜色#2RGB 为 32、2、0，然后设置高光级别为 60、光泽度为 30，将材质赋给房间内的木质家具，效果如图 7-158 所示。

图 7-156　房间源文件

图 7-157　木材材质的参数设置

图 7-158　家具材质效果

步骤 3　设置装饰材质。选择一个样本球，命名为窗帘，漫反射贴图为"布料 01"贴图，将材质赋给窗帘；使用同样的方法将贴图"布料 046"赋给沙发、将贴图"不锈钢材质"赋给沙发腿、将贴图"油画 2"赋给壁画、将贴图"布料 02"赋给抱枕。另选一个材质样本球，命名为墙壁，设置漫反射为白色，为解决白色渲染不白的问题，展开"贴图"参数卷展栏，将反射贴图设为"衰减"，衰减类型设为"朝向/背离"，如图 7-159 所示，将材质赋给房间的墙壁、棚顶，效果如图 7-160 所示。

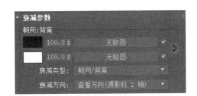

图 7-159　白色墙面的衰减参数　　　　图 7-160　布料装饰效果

步骤 4　设置地面材质。选择一个材质样本球，命名为地板，漫反射贴图选择"平铺"贴图，参数设置如图 7-161 所示，展开"高级控制"参数卷展栏，纹理贴图选择"瓷砖 01"，砖缝参数设置如图 7-162 所示，将材质赋给地面，效果如图 7-163 所示。

图 7-161　地面平铺材质参数设置　　图 7-162　砖缝参数设置　　图 7-163　地砖渲染效果

步骤 5　设置玻璃材质。选择一个材质样本球，命名为玻璃，漫反射贴图选择"光线跟踪"贴图，参数设置如图 7-164 所示，将材质赋给窗户玻璃；再选择一个材质样本球，命名为镜面，漫反射贴图选择"平面镜"贴图，将材质赋给矮柜上方的平面。房间渲染效果如图 7-165 所示。

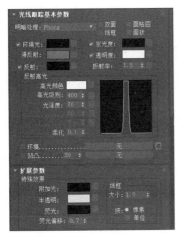

图 7-164　光线跟踪参数设置　　　　　图 7-165　房间渲染效果

本 章 小 结

　　本章主要讲述了材质和贴图的基础知识，包括材质编辑器的使用、材质的基本类型与属性，以及给物体赋予材质的一般过程，掌握材质贴图的设置方法可以使物体更加逼真。设置贴图是为了使创建的三维物体更加逼真，获得更好的渲染效果，贴图和材质是紧密联系的。通过贴图通道及贴图坐标的设置，可以使贴图与模型相吻合，能获得更理想的效果，并且能获得一些特殊的效果。

思考与练习

一、思考题

　　1．双面类型材质和材质的双面显示有什么不同？
　　2．简述添加材质时场景中材质样本球不够用的解决方法。
　　3．简述贴图通道的作用。
　　4．说明 UVW 贴图坐标的作用。
　　5．UVW 展开贴图适用于为哪类模型做材质贴图？

二、操作题

　　1．为之前做过的模型添加适当的材质。
　　2．使用 NURBS 方法制作车模，并为汽车模型添加合适的材质。
　　3．为"我的学习空间"添加材质（要求：为"我的学习空间"中所有的模型添加材质，包括房屋墙壁、地板、屋顶等）。

第 8 章

灯光摄影机设置

▶ 知识目标

1）了解灯光的基础知识。

2）了解摄影机的应用。

▶ 能力目标

1）掌握灯光的使用方法。

2）掌握灯光属性的参数设置方法。

3）掌握摄影机的使用方法和参数设置方法。

▶ 课程引入

三维建模的目的是制作产品或场景，得到完美的渲染效果。一幅好的渲染效果图不仅要有细腻逼真的模型，还要有烘托气氛的光效和好的观察角度。光效是用各种灯光调节的，观察的角度就需要摄影机的参数调节，因此这一章介绍 3ds Max 灯光和摄影机。

光实际是太阳、火、电等放射出来使人感到明亮、能看见物体的东西。世间万物要有光才能看得见，无论是日光、月光、火光还是电发出的灯光。

3ds Max 场景中同样要有光照，精美的模型、真实的材质、完美的动画，如果没有灯光照射一切都是不可见的。在三维场景中光不仅是照明，有些特殊材质是需要光的配合才能体现出真实的效果的，有些场景还需要光烘托渲染气氛，因此灯光的应用在三维场景设计中是不可缺少的一环。如果仅仅是照明，那么 3ds Max 场景中默认的灯光就可以了，但是恰当地运用灯光，不仅能提升场景的视觉效果、材质的逼真度，还能增添场景的感情色彩，影响观察者的情绪。本章部分案例的渲染效果如图 8-1 所示。

图 8-1 部分案例的渲染效果

8.1 灯光基础知识

前面的章节学习了三维模型的创建方法和材质编辑方法，可以建造各种模型。但要模拟真实的场景，仅靠模型还不够，还要为场景添加灯光，才能达到精美的视觉效果。

灯光是创建真实世界视觉效果的有效的手段之一。一个好的作品包含了对造型、材质和灯光等因素的综合考虑，不同的场景、不同的表现效果，对灯光的要求也是不同的。

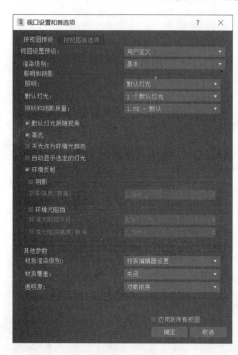

图 8-2 默认灯光选项

灯光是一个特殊的物体，在视图中可看到并对它进行各种操作，但在渲染图中是看不到的。

在没有设置灯光时，场景中实际上使用了默认的灯光，单击视图左上方的"标准"，在弹出的下拉列表中选择"按视图预设"选项，弹出如图 8-2 所示的"视口设置和首选项"对话框。在"照明和阴影"选项组的"默认灯光"下拉列表中可选择一个或两个默认灯光，一盏灯时在正前方，两盏灯时分别在左前方和侧下方。当用户自己创建灯光时，系统默认的泛光灯会关闭。

8.1.1 灯光的基本属性

不管是哪种类型的灯光，都有其基本的属性。在场景中创建了灯光后，选择灯光，在其"修改"选项卡的参数卷展栏中即可看到其属性及参数，如图 8-3 所示，最基本的属性有以下 5 种。

1）强度（亮度）：同样的材质，在不同的亮度下其效果也会有很大的差异。一般通过调整灯光的倍增数值来改变其亮度。

2）灯光颜色：默认是纯白色，一般根据场景需要设置黄白色（太阳光）、橘黄色（普通灯泡）及各种彩色灯光效果。

3）灯光的衰减：一般的灯光亮度都有衰减（即离光源越远亮度越微弱），否则显得不真实。一般通过调节"衰减"参数值来控制衰减效果。

4）灯光反射：默认的灯光不会在物体表面产生反射，为了得到理想的效果，用户要设置灯光的反射特性。还可以使用"光能传递"渲染系统，模拟现实世界中的灯光效果。

5）灯光的阴影：可根据场景需要开启或不开启阴影，可以设置阴影的颜色或使用贴图，还可以设置区域阴影或排除某些物体不产生阴影等。

图 8-3 灯光的属性

8.1.2 常用的灯光类型

想要创建的三维模型或场景达到真实的效果，就要用到 3ds Max 的多个灯光来模拟真实世界中的各种灯光，用光来确定场景的基调、烘托场景的气氛。真实的灯光有日光、各种电灯、烛光等。3ds Max 中有两大类灯光，分别是标准灯光和光度学灯光。

1. 标准灯光

标准灯光是基于计算机模拟的灯光对象，如常见的照明灯光、舞台灯光、太阳光等。因此标准灯光是比较难设置参数的布光方式，完全是靠设计者对真实光线的理解进行手动模拟全局光照的，但是渲染速度还是比较快的。

标准灯光有 4 种类型：聚光灯、平行光、泛光和天光。聚光灯和平行光又分为目标灯光和自由灯光，它们的区别在于控制点的不同。

1）目标聚光灯：有两个控制点，由一个点光源发出光，形成锥形照射区域，还有一个点是光照目标点。其优点是方向性好，有圆形和矩形两种投射区域。

2）自由聚光灯：也可以产生锥形照射区域，但不能通过控制发射点和目标点来改变投射范围，只能整体移动或旋转。

聚光灯的照射效果如图 8-4 所示。

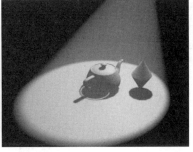

图 8-4 聚光灯的照射效果（有无体积光的照射效果）

1）有时可以先把目标灯光调整好，然后在渲染时，或者是在调整位置时，为了方便直接将目标灯光切换成自由灯光。这样在调整位置的时候就不用选择目标点，操作起来比较方便，便于调节照射位置。

2）聚光灯适合于台灯、壁灯、射灯、舞台追光、产品展示等灯光效果的设计。

3）目标平行灯：产生的是圆柱状或矩形平行照射区域，可模拟阳光、探照灯、激光光束等。

4）自由平行灯：产生的是圆柱状或矩形平行照射区域，不同之处是不能通过控制发射点和目标点来改变投射范围，只能整体移动或旋转。其适合制作灯光动画。

平行灯的照射效果如图 8-5 所示。

图 8-5　平行灯的照射效果（有无体积光的照射效果）

注意：平行光的特点是从开始照射起始点到结束点都是平行的一束光，类似于激光束。在 3ds Max 中，可以用它来模拟阳光。阳光照射，光是平行的。

5）泛光：是从一个点开始可以向四周发散光线的点光源，也就是说它的光是沿着四周各个方向来自己调整的。其优点是创建和调节方法简单，适合模拟灯泡、蜡烛等光源，也用来制作辅助光源。泛光的照射效果如图 8-6 所示。

6）天光：用于模拟自然光，能够在物体表面形成均匀的照射效果。这一类型的灯光使用的频率比较低，因为参数比较少。天光的照射效果如图 8-7 所示。

图 8-6　泛光的照射效果　　　　图 8-7　天光的照射效果

2．光度学灯光

光度学灯光是一种较为特殊的灯光类型，它能根据设置的光能值来定义灯光，常用于模拟自然界中的各种类型的照明效果，就像在真实世界一样。并且可以创建具有各种分布和颜色的特性灯光，或导入照明制造商提供的特定光度学文件。

光度学的灯光更加接近真实世界中的灯光，如物体的影子会随着灯光的远近而产生真实的投影效果，同时也支持光域网文件。

光度学灯光包括目标灯光、自由灯光和太阳定位器。

1）目标灯光和自由灯光与标准灯光中介绍的区别一样，不同的是光度学中的灯光可以制作点光源、线光源、矩形、球体、圆柱体灯光等，如图 8-8 所示是球体和线光源灯光，图 8-9 所示是渲染光度学光照的效果。

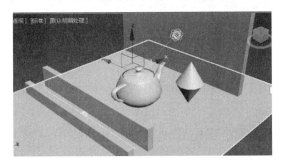
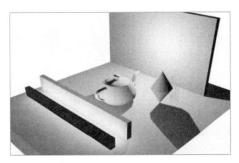

图 8-8　球体和线光源灯光　　　　　　　图 8-9　渲染光度学光照的效果

2）太阳定位器：它可以在制作室外、园林景观的时候用来模拟阳光照射的位置，也就是自然界中的物理阳光。单击并拖动可以在场景中创建太阳定位器，如图 8-10 所示，并可以设置阳光照射的方位，以及经度、纬度、日期等，如图 8-11 所示。

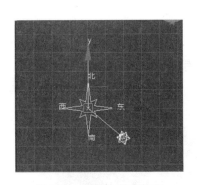
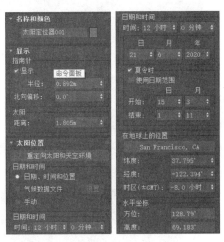

图 8-10　创建太阳定位器　　　　　　　图 8-11　太阳定位器的参数卷展栏

8.1.3　灯光的作用

1．照亮场景

3ds Max 场景中默认有一盏或两盏灯，但是默认灯光只起到看清场景物体的作用，无法通过参数改变来调节场景的明亮程度等。如果想要真实的光影效果，渲染精美的效果图，就需要添加各种灯光，而一旦添加了灯光，默认的灯光就不起作用了。因此灯光的作用首先是照亮场景，增加场景的清晰度和纵深度，不仅可以使场景有真实的光影效果，还可以通过调节灯光的强度、颜色等参数，调节场景的明亮程度，如图 8-12 所示。

图 8-12　光的照明作用

2. 烘托气氛、美化场景

就像家庭或办公场所装修一样，不仅需要一盏主灯进行照明，往往还会设计一些壁灯、射灯、灯带等作为陪衬，起到烘托气氛、美化场景的作用，如图 8-13 所示，这就会用到不同类型的灯光。当然，场景中用到多个灯光时，要遵循一定的布光原则，否则不仅光会爆，影也会乱。

图 8-13　光的美化作用

3. 渲染材质

前面讲述材质时，介绍了一些特殊材质类型是与光有密切联系的。通过高光级别、光线跟踪、反射/折射等与光有关的参数及光的属性参数的算法计算，才能显示材质的效果，如图 8-14 所示。

图 8-14　光线跟踪及反射/折射效果

[8.2] 灯光的使用方法

8.2.1　创建聚光灯和泛光灯

由于灯光的属性大致相同，这里以创建标准类型的聚光灯和泛光灯为例，来说明灯光的使用方法。

1. 创建聚光灯

在视图中创建一个平面、一个茶壶、一个纺锤体，然后选择"创建"选项卡中的"灯光"命令面板。选择"标准"类型灯光，单击"目标聚光灯"按钮，在任意视图中单击确定光源点位置、拖动鼠标至合适位置释放鼠标左键，以确定照射目标点的位置，并选中"常规参数"参数卷展栏中的"阴影"选项组中的"启用"复选框，渲染结果如图 8-15（a）所示。

目标聚光灯有两个点，一个光源点、一个目标点，属性在光源点下。要移动灯光需要将两个点都选中，如果选择移动光源点，则只能改变光照角度；如果选择移动目标点，则改变的是光照的位置，如图 8-15（b）所示是整体移动聚光灯得到的效果。

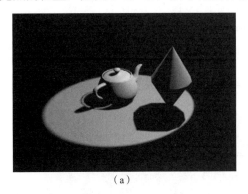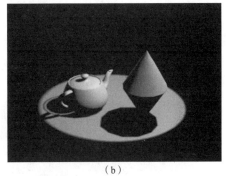

（a）　　　　　　　　　　　　　　　　　（b）

图 8-15　聚光灯的照射效果

设置的聚光灯值照亮的是光圈范围内的物体，光圈以外都是黑的，若想让光圈之外也有一定的亮度，则需要再添加一盏泛光灯。

平行光的创建方法与聚光灯的创建方法基本相同，自由聚光灯和平行光与目标聚光灯的区别只是没有了目标点，具体创建方法这里不再赘述。

2. 创建泛光灯

继续在上一个场景中单击"灯光"命令面板中的"泛光"按钮，在视图中合适的位置单击，即建立了一盏泛光灯，渲染后得到如图 8-16（a）所示的效果；如果泛光灯阴影也开启的话，就会得到如图 8-16（b）所示的效果。

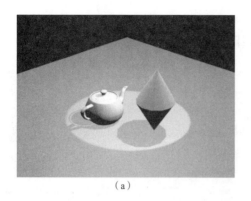
（a）

（b）

图 8-16　聚光灯加泛光灯的照射效果

例如，为台灯模型添加灯光效果。

1）打开案例资源包中第 4 章的模型文件"4-19 台灯"，场景中的桌面上有一盏台灯，现在给台灯添加灯光效果。

为台灯模型添加
灯光效果

2）在"创建"选项卡中选择"灯光"命令面板，选择"标准"类型的灯光，然后单击"目标聚光灯"按钮。在场景的平面视图灯泡的位置单击，并沿着灯罩倾斜角度方向拖动鼠标，创建一盏聚光灯，并观察视图，同时选中聚光灯的光源点和目标点移动到合适的位置，如图 8-17 所示。

3）因为聚光灯只有锥形范围内有亮度，所以只添加聚光灯的话，渲染后周边都是黑的，如图 8-18 所示。为了使周围看起来不那么黑，还需要为场景添加一盏泛光灯。单击"泛光"按钮，在台灯上方高处单击，即添加了泛光灯，然后在"常规参数"参数卷展栏选中"启用"复选框，渲染得到如图 8-19 所示的效果。

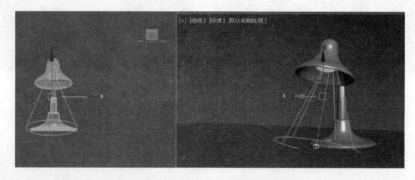

图 8-17　台灯的聚光灯

图 8-18　台灯聚光灯的渲染效果

图 8-19　台灯的灯光渲染效果

注意：此案例在设置材质时，灯泡模型要设置自发光，贴图通道设置半透明。

8.2.2　布光的基本原则

设计一个三维场景，为了效果更加真实，仅有一盏灯光照明往往是不够的，而且不同的场景，灯光的数量、类型及参数也是不同的，怎样才能快速、合适地设置场景中的多个灯光效果呢？一般灯光设置要根据场景中物体布局和要表现的环境氛围来决定，通常可以遵照"三点照明法"的原则进行布光，比盲目地创建几盏灯，然后调节它们的位置和参数效果要好得多。

"三点照明法"是指在场景主体对象周围的 3 个位置布置灯光，分别为主光源、辅助光和背光。

1．主光源

场景中并不是只能有一个光源。主光源是场景中最基本的光源，用来照亮主要对象，并给主体对象投射阴影，是场景中最亮的且是唯一打开阴影的灯光。如果单纯是产品模型展示，主光源一般位于摄影机旁偏 15°～45°，更能表现模型的立体效果，如图 8-20 所示。有时为了营造特殊气氛，也将主光源放置在模型前下方，如图 8-21 所示。如果是一个场景或一个房间，则一般主光源在场景正中顶部，或者是房间的主灯位置，如图 8-22 所示。

　图 8-20　45°方向的主光源　　　图 8-21　前下方的主光源　　　图 8-22　房间主灯

2．辅助光

辅助光可以对主光源产生的照明区域进行柔化和延伸，可以在场景中添加数盏辅助光，一般使用聚光灯，也可以应用泛光灯。可以把辅助光设置在主光源相对于摄影机的另一边，比主光源略低，且辅助光的强度要降低。如图 8-23 和图 8-24 所示是添加辅助光源前后的对比效果。

　　　图 8-23　没加辅助光源的效果　　　　　　图 8-24　添加辅助光源的效果

3．背光

背光的作用是照亮场景中主要物体的边缘，使其与背景分开，以增强主体的深度感、立体感。背光一般放置在物体背后、摄影机的对面，如图 8-25 所示，当然强度也要降低。如图 8-26 所示是按照"三点照明法"布光的效果。

图 8-25　3 盏灯的位置

图 8-26　添加了背光的效果

例如，按照"三点照明法"给花瓶场景布光。

1）打开第 4 章制作的花瓶案例，再添加地面和墙，材质设置如图 8-27 所示。

2）创建一盏聚光灯作为主光源，放在花瓶前上方 45°的方向，如图 8-28 所示。

图 8-27　未添加光的文件

图 8-28　添加了主光的效果

3）添加一盏泛光灯作为辅助光，放置在主光源的另一侧，降低辅助光的亮度倍增值，将其设为 0.3，效果如图 8-29 所示。

4）添加目标聚光灯作为背光，将其置于花瓶背后、主光的对面，位置接近于地面，将亮度倍增值设为 0.3。渲染后得到如图 8-30 所示的效果。

图 8-29　添加主光源和辅助光源的效果

图 8-30　添加主、辅、背光源的效果

[8.3] 设置灯光属性

8.3.1　设置灯光的亮度、颜色和阴影

1.　亮度

灯光的亮度是重要的参数，通过"亮度/颜色/衰减"参数卷展栏中的"倍增"值进行修改。尤其是场景中有多个灯光时，一定要分清主次，每一盏灯都要适当降低亮度，避免场景因亮度过高而渲染曝光。一般主灯稍微亮一些，其他辅灯都要相对降低亮度。如图 8-31 与图 8-32 所示，是倍增值为 1.5 和 0.5 的渲染效果图。

图 8-31　倍增值为 1.5 的渲染效果

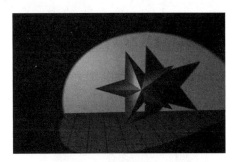

图 8-32　倍增值为 0.5 的渲染效果

2.　颜色

默认的颜色为白色，可以适当改变颜色，获得特殊的效果。例如，卧室可以采用淡黄、淡粉等暖色，彰显温馨；书房可以采用淡蓝色等冷色调，凸显清静。总之可以利用颜色的感情色彩来设置场景中灯光的颜色，以便使场景的烘托气氛更加贴近要表现的效果。如图 8-33 和图 8-34 所示，是橙色和蓝色的舞台效果。

图 8-33　橙色光束效果

图 8-34　蓝色光束效果

制作光的颜色
渲染效果

3.　阴影

光和影是相伴的，有光就有影。标准灯光默认时没有阴影，若想显示阴影，则选中"常规参数"参数卷展栏中的"阴影"选项组中的"启用"复选框，设置阴影能够凸出主体。在

设置阴影时还可以单击"排除"按钮，单独设置某些物体产生阴影或排除某些物体不产生阴影，如图 8-35 所示是"排除/包含"对话框，在该对话框中可以设置包含或排除某些物体。如图 8-36 所示是带有阴影的效果图。

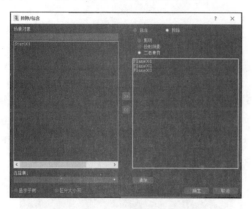

图 8-35 "排除/包含"对话框

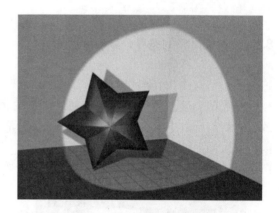

图 8-36 带有阴影的效果图

在"阴影参数"参数卷展栏中还可以进一步设置阴影的颜色、密度（浓度）、透明度等参数，甚至可以为阴影贴图，如图 8-37 所示是"阴影参数"参数卷展栏，如图 8-38 所示是半透明阴影。

图 8-37 "阴影参数"参数卷展栏

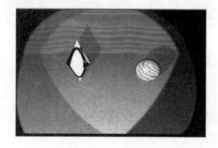

图 8-38 半透明阴影

8.3.2 设置灯光的衰减参数

真实的灯光应该近明远虚，也就是说灯光从光源点发出光后，随着距离增加是逐渐衰减的，下面以聚光灯为例来说明灯光衰减参数的设置。如图 8-39 所示是"聚光灯参数"参数卷展栏，聚光范围的光束可以是圆形，也可以是矩形。

光线衰减的设置有以下两种方法。

1）在"强度/颜色/衰减"参数卷展栏中的"衰退"选项组中进行设置。

2）在"强度/颜色/衰减"参数卷展栏中的"近距衰减"和"远距衰减"选项组中进行设置。

如图 8-40 所示是按照图 8-39 设置远距衰减前后对比的灯光效果图。一般在做室外灯光时经常会用到远距衰减。

图 8-39 "聚光灯参数"参数卷展栏

（a）设置灯光衰减前　　　　　　　　　　（b）设置灯光衰减后

图 8-40　设置灯光衰减前后的对比效果

8.3.3　设置灯光的照射方式

1．设置灯光的排除对象

在 3ds Max 中可以将场景中的某些对象从某个灯光中排除，使它们不受灯光的影响，通过该方式可以单独设置灯光来照明场景中某个特殊的物体，从而达到特殊的照明效果。

如图 8-41 所示是设置一盏聚光灯作为主光源（倍增 1.5），一盏泛光灯作为辅助光源（倍增 0.5），并选择阴影，渲染后得到的效果。显然茶壶的阴影挡住了五角星，设置排除茶壶的阴影后再渲染得到图 8-42，选择"两者"，把茶壶和阴影都排除在照明之外，渲染得到如图 8-43 所示的效果。

图 8-41　正常渲染效果　　　图 8-42　排除茶壶阴影的渲染效果　　　图 8-43　排除茶壶及阴影的效果

2．设置灯光影响的表面效果

默认情况下，灯光会对整个物体表面产生照明效果，包括过渡区和高光区，用户可以设置灯光只对某个区域产生影响。如图 8-44 所示是灯光"高级效果"参数卷展栏，默认是选中"漫反射"和"高光反射"复选框，也可以仅选择某一项。如图 8-45～图 8-47 所示分别是选择漫反射（表面过渡区）、高光反射、环境光 3 种灯光的渲染效果。

图 8-44　"高级效果"参数卷展栏　　　　　图 8-45　漫反射光照渲染效果

图 8-46　高光反射光照渲染效果

图 8-47　环境光光照渲染效果

【例 8-1】为"古老的油灯"添加灯光效果（内加泛光灯，外加聚光灯，调整光的强弱、阴影、衰减等参数）。

操作步骤如下。

步骤 1　打开第 5 章的油灯案例，案例已经建好模型，并赋好了材质。

步骤 2　添加一盏泛光灯置于灯罩内灯芯顶头位置，倍增值设为 0.3，不启用"阴影"，形成油灯灯光效果，渲染效果如图 8-48 所示，也可以把灯光的颜色设为淡黄色或橘黄色。

步骤 3　此时周边很暗，在前上方再添加一盏目标聚光灯，倍增值设为 0.8，开启"阴影"，并添加体积光效果，密度为 0.05，最大亮度为 30，衰减倍增为 0.5，渲染效果如图 8-49 所示。

制作油灯灯光
渲染效果

图 8-48　古老油灯的渲染效果

图 8-49　油灯最终的渲染效果

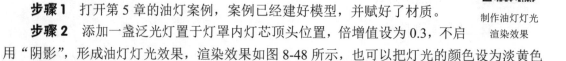

技 巧 提 示

1）灯光的设置需要从审美的角度体现，结合材质贴图的使用，恰如其分地运用好材质灯光，会起到事倍功半的效果。

2）渲染灯光效果时，对于吊灯、台灯、壁灯、路灯等罩模型，设置材质时要开启自发光，配合场景灯光设置效果，渲染才会更加逼真。

3）光和影是密不可分的，切不可忽视"阴影"的开启，并且阴影的方向不能杂乱。

8.4　摄影机的应用

一幅好的效果图需要好的观察角度，这就要靠摄影机的视角来完成，配合逼真的材质和烘托气氛的灯光，一个唯美的场景或物体的渲染效果图跃然于眼前，给人美的享受。另外，通过摄影机还可以动态地展示场景或物体，达到一个漫游的效果。因此，摄影机是一个场景中不可缺少的部分，摄影机就好比人的眼睛，摄影机在哪里视角就在哪里，摄影机的拍摄角度和距离不同，产生的效果也不同。

8.4.1　了解镜头

摄影机是用镜头语言来表达设计者的想法和设计理念的，因此设计时还要了解一些镜头运用的知识和一些属性参数。

镜头对于场景的表现是至关重要的，涉及镜头的选择、镜头的长度计算、镜头间的切换，以及镜头运动与场景画面和音效的配合效果等。镜头可以代替语言来描述每一个场景要展现或表达的内容，而镜头的表现需要用摄影机来完成。三维设计中的摄影机与真实的摄影机一样，摄影机的调节就是按照真实摄影机的镜头尺寸和视野而定的。其中，镜头尺寸用来描述镜头的规格单位，镜头的长短决定镜头的视角、视野、景深范围的大小，影响场景中物体之间的透视关系，因此镜头对场景的表现尤为重要。

一个镜头是由一架摄影机录制的一个连续的画面，它包含以下几个视觉因素。

1）镜头长度：即一个连续画面（一组帧序列）的时间长度，它保证观察者有足够的时间来了解其中的信息，它关系到整体动画的节奏。

2）镜头角度：它是由摄影机的运动方向决定的，特殊角度能向观众表达特殊感觉。

3）镜头运动：包括摄影机的变焦，以及摄影机的推、拉、摇、移，通过镜头的运动展现场景及故事情节。

4）镜头景别：景别由对象在画面中占据的面积多少决定，分为全景、中景、近景和特写，一般应根据故事情节及要表现的主体内容选择景别。

8.4.2　使用摄影机

摄影机可以从特定的观察点表现场景。摄影机对象模拟现实世界中的静止图像、运动图片或视频摄影机。使用摄影机视图可以调整摄影机，就好像通过镜头进行观看。多个摄影机可以提供相同场景的不同视图，摄影机提供可控制的观察点，通过设置摄影机动画可以制作漫游效果。

3ds Max 自身提供了物理、目标、自由 3 种摄影机。

1）物理摄影机将场景的帧设置与曝光控制和其他效果集成在一起。物理摄影机是用于基于物理的真实照片级渲染的最佳摄影机类型。

2）目标摄影机会查看在创建该摄影机时所放置的目标周围的区域，包括一个目标点和一个观察点，可以通过调节目标点的位置来改变观察的角度和范围，可用来制作目标跟随的动画效果。目标摄影机比自由摄影机更容易定向，只需要将目标对象定位在所需位置的中心即可。

3）自由摄影机在摄影机指向的方向查看区域内容。与目标摄影机不同，自由摄影机由单个图标表示，没有目标点，目的是更轻松地设置动画，可直接通过工具栏中的移动和旋转工具对它进行调节。自由摄影机可被绑定到运动目标上，产生跟随运动，可制作路径跟随的运动效果。

1. 创建并调整摄影机

例如，设置房间的动态浏览效果——以目标摄影机为例。

1）打开案例资源包中第 8 章的场景文件"8-50 房间动态浏览源文件"，在"创建"选项卡的"摄影机"命令面板中单击"目标"按钮，在任意一个视图中的房间内合适位置拖动鼠标即可创建摄影机。

2）激活透视图，按 C 键，或单击左上角的"透视"，在弹出的下拉列表中选择"摄影机"选项，透视图变成摄影机视图，如图 8-50 所示，移动摄影机的机身或目标点观察场景的变化。

3）设置摄影机参数。

① 镜头焦距：是指摄影机镜头到底片的距离，焦距越长，视图中包含的场景越少，能看到的细节越清楚；焦距越短，包含的场景越多。

摄影机"参数"参数卷展栏中提供了 9 种预设的镜头，焦距为 50 的镜头为标准镜头，大于 50 的镜头的称为长焦镜头，小于 50 的镜头的称为广角镜头。镜头的 9 种焦距如图 8-51 所示。

图 8-50　摄影机视图　　　　　　　　　　　　图 8-51　镜头的 9 种焦距

② 视野：和镜头的焦距是匹配的，焦距越长，视角越窄；焦距越短，视角越广。如图 8-52 所示分别是焦距为 15、28、85 时的效果。

图 8-52　不同焦距的视野范围

注意： 自由摄影机的参数设置和目标摄影机相同；物理摄影机的参数较多，但原理是一样的，只是模拟的效果更真实。

2. 创建摄影机动画

使用路径动画可以制作摄影机沿路径运动时周围场景变化的场景浏览效果，即场景自动漫游动画效果。

1）使用自由摄影机制作漫游动画。

① 继续使用"8-50 房间动态浏览源文件"，在顶视图中要浏览的房间中央绘制一个二维椭圆图形作为路径，并调整到人的视角合适的高度，如图 8-53 所示。

② 在"摄影机"命令面板中单击"自由"按钮，在视图中创建一个自由摄影机，调整摄影机的视角方向，镜头选择"28mm"镜头。

③ 单击动画控制区的"时间配置"按钮，在弹出的"时间配置"对话框中将长度设为200，单击"确定"按钮。选择摄影机，选择"动画"→"约束"→"路径约束"选项，在视图中选择椭圆图形作为约束路径，如图 8-54 所示，把摄影机约束到路径上，进行路径漫游。也可以使用目标摄影机制作路径漫游效果，因为目标摄影机有观察的目标点，因此还需要为目标点绘制路径，将目标点约束到该路径上。

图 8-53　漫游路径

图 8-54　摄影机的路径约束

④ 激活透视图，按 C 键，或者单击透视图左上角的"透视"，在弹出的下拉列表选择"摄影机"→"Camere001"选项，将透视图转换成摄影机视图。然后选择摄影机，在命令面板的"路径参数"参数卷展栏中选中"跟随"复选框，单击动画控制区中的"播放动画"按钮，在视图中可看到室内转一周的拍摄效果。

技 巧 提 示

　　如果不进行跟随路径处理，则摄影机方向始终保持着一个朝向，适合制作直线浏览。如果是曲线或圆弧，则会出现回退浏览的效果，此时可以选择该摄影机，在"运动"命令面板中的"路径参数"参数卷展栏中选中"跟随"复选项，这样摄影机即可沿路径方向浏览房间一周。

2）使用目标摄影机制作漫游动画。

① 继续使用"8-50 房间动态浏览源文件"，在"摄影机"命令面板中单击"目标"按钮，在视图中创建一个目标摄影机，并调整到人的视角合适的高度，选择摄影机的目标点调整到要浏览的房间的中间位置，镜头选择"28mm"镜头。

② 选择摄影机机身，选择"动画"→"约束"→"路径约束"选项，在视图中选择椭圆图形作为路径；也可以反过来，让摄影机机身在房间中间不动，将目标点约束到路径上，让目标点沿路径运动。

③ 激活透视图，按 C 键，切换为目标摄影机视图，因为摄影机有目标点，即使没有选中"跟随"复选框，也会得到摄影机跟随路径漫游的效果。

④ 单击动画控制区中的"播放动画"按钮，可以看到摄影机在房间内浏览了一圈，并跟踪拍摄效果。

技 巧 提 示

因为目标点在中间不动，相当于摄影机机身沿椭圆路径围绕目标点转了一周。也可以再绘制一条平行的路径，将目标点约束到这条路径上，让目标点沿这条路径与摄影机机身同时运动产生漫游效果。

3. 创建摄影机的深景特效

运用多通道渲染的方法可以利用摄影机创建深景模糊效果。

1）打开案例资源包中第 2 章的模型文件"2-81 路灯源文件"，添加环境背景贴图"城市外景-背景 1"，然后创建目标摄影机，调整摄影机的位置和角度，使它的目标点对准前端路灯。

2）在摄影机的"多过程效果"参数卷展栏选中"启用"复选框。

3）在"景深参数"参数卷展栏中的"采样"选项组中，过程总数值越大模糊计算越精确，但花费的时间越长，一般使用默认值；取样半径值越大，模糊程度越大，摄影机离目标点越远场景模糊程度越大，如图 8-55 和图 8-56 所示。

图 8-55　采样半径为 2 的景深效果　　　　图 8-56　采样半径为 10 的景深效果

注意：渲染后看到摄影机目标点处路灯很清楚，远处的路灯变得模糊。

8.5 综 合 训 练

【例 8-2】为房间添加灯光。

操作步骤如下。

步骤 1　打开案例资源包中第 8 章的场景文件"8-57 房间灯光源文件"，房间是一个客厅，模型材质已经添加。

步骤 2　首先为房间吊灯添加泛光灯作为主灯，并把泛光灯对齐到吊灯中间灯罩内（可以只添加一盏泛光灯，倍增值设为 1.0，若给每个灯头中都添加泛光灯，则每盏灯的倍增值就得调到 0.1 左右），主灯开启"阴影"，吊灯灯罩材质设置自发光，渲染效果如图 8-57（a）所示。

步骤 3　为吊顶的射灯和墙壁的壁灯添加聚光灯。先在前视图或左视图添加一盏聚光

制作日光照射
渲染效果

灯，将其倍增值降到 0.2，调整照射角度，方向指向墙面，并调整光圈的大小，然后复制多个射灯，并把每盏射灯对齐到吊顶射灯孔内，如图 8-57（b）所示的电视背景墙和图 8-57（c）所示的餐厅走廊壁灯投射光圈效果，射灯孔内灯头模型材质设置自发光。

步骤 4　如果吊顶制作成灯槽的话，就在灯槽处添加光度学灯光中的自由灯光，然后在"图形/区域阴影"参数卷展栏（图 8-58）中将点光源改成线光源，调整长度参数与灯槽的长度相匹配，并调节灯光强度和颜色，渲染后在吊顶灯槽处可看到如图 8-57（d）所示的效果。

（a）

（b）

（c）

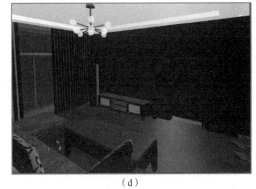
（d）

图 8-57　房间灯光的设置

步骤 5　如果要制作出白天日光从窗户照射进来的光影效果，则在墙外有窗户的一侧创建一盏目标平行光，调节好照射角度，从斜上方穿过窗户照射到室内地面上，平行光放置的位置和角度如图 8-59 所示。调节好光筒的大小包裹住窗户，且选择矩形光筒，开启"阴影"，并把主灯和射灯都关掉（在参数卷展栏中取消选中"启用"复选框），只保留吊灯中的一盏泛光灯作为辅灯，但要降低亮度，不开启"阴影"，渲染效果如图 8-60 所示，室内地上有透过窗户照射进来的光影。

图 8-58　"图形/区域阴影"参数卷展栏

步骤 6　制作浏览效果。在房间内绘制浏览路径，然后添加目标摄影机，通过"路径约束"将摄影机绑定到路径上，调整好路径的高度。击动画控制区的"播放动画"按钮，可以看到摄影机在房间内浏览了一圈，制作出房间漫游效果。

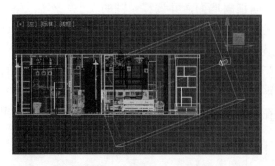

图 8-59   平行光放置的位置和角度

图 8-60   模仿日光照射的效果

本 章 小 结

　　本章介绍了灯光和摄影机的基本知识，从灯光的类型、灯光的布光原则、灯光属性和参数调节等方面讲述了灯光的使用。灯光的设置可以为场景增色，可以得到更炫目的渲染效果图，所以正确有效地使用灯光非常重要。而摄影机可以改变观察的视角，利用摄影机可以制作漫游动画效果，是室内外设计常用的一种手段。

思考与练习

一、思考题

　　1．简述灯光的种类和灯光的作用。

　　2．简述灯光的主要属性。

　　3．简述灯光的布光原则。

　　4．当房间四面墙及棚顶地面都做好后，怎样看到封闭的室内呢？

　　5．简述摄影机动画效果的制作流程。

二、操作题

　　1．为第 2 章综合训练制作的路灯添加灯光并渲染。

　　2．为第 5 章综合训练制作的"我的学习空间"案例中的灯模型及场景添加灯光和摄影机，制作摄影机漫游效果。

第9章

渲 染 输 出

▶ 知识目标

    1）了解环境效果对场景的影响。

    2）理解渲染与烘焙。

▶ 能力目标

    1）掌握环境效果的制作方法。

    2）掌握烘焙的参数设置方法。

    3）能够对场景进行烘焙。

▶ 课程引入

    渲染就是对场景进行着色处理，使场景具有灯光及材质效果。在三维场景中，当建模、添加材质、设置灯光等完成后，需要渲染摄影机视图生成二维静态图像，再经过 Photoshop 软件对亮度、饱和度、对比度等进行调节，形成最终的效果图。也可以渲染输出成序列帧，形成动态的渲染效果。本章将介绍输出前的环境设置、烘焙材质及动静态渲染输出的过程。本章部分案例的渲染效果如图 9-1 所示。

图 9-1　部分案例的渲染效果

9.1 制作环境效果

9.1.1 制作背景

场景制作完成后，直接进行渲染，背景是黑色的，这种效果一般不能满足要求，所以要通过环境设置来为场景定制一些特殊效果。

1. 设置背景颜色

选择"渲染"→"环境"选项，在弹出的"环境和效果"对话框的"公用参数"参数卷展栏的"背景"选项组中，单击"颜色"下方的色块，在弹出的对话框中可以设置环境背景颜色。

图 9-2   "环境和效果"对话框

2. 指定背景贴图

用户还可以指定一张贴图作为环境背景，方法是单击"环境贴图"下方的"无"按钮。在弹出的"材质/贴图浏览器"对话框中，通过"位图"选项可为环境背景指定贴图，如图 9-2 所示，不仅可以指定位图，还可以指定一些程序贴图。

技巧提示

1）如果要修改指定背景贴图的参数，可以打开材质编辑器，直接拖动"环境贴图"下方的按钮到任意一个材质样本球上，并选择"关联"方式，即可对贴图的参数进行修改。

2）如果背景贴图渲染时显示不全，则可以在材质编辑器中选择一个材质球，然后在"漫反射"贴图中选择背景位图，并设置为"环境"，然后将此贴图复制到环境背景贴图中，渲染时即可全部显示背景贴图。

9.1.2 制作环境雾效

仅仅在场景中添加背景贴图往往并不能满足要求，还可以在场景中制作一些雾化效果。通过设置雾效，可以模拟空气中烟雾缭绕等气氛，产生特殊的深景效果。

3ds Max 提供了两种雾化效果：标准雾和体积雾，标准雾还可以设置层状雾。

1. 标准雾

雾就是在日常生活中经常见到的弥漫整个空间的雾。

例如，制作路灯外景环境雾效。

1）打开案例资源包中第 2 章的模型文件"2-81 路灯源文件"，添加环境背景贴图"城市外景-背景 1"，创建目标摄影机。

2）选择目标摄影机，在其"环境范围"参数卷展栏中设置近距范围（0.0）和远距范围（5000）。

3）选择"渲染"→"环境"选项，弹出"环境和效果"对话框，如图 9-3 所示。在"大气"参数卷展栏中单击"添加"按钮,在弹出的"添加大气效果"对话框中选择"雾"效果,然后单击"确定"按钮。确认"大气"参数卷展栏中的"活动"复选框被选中,使用默认参数进行渲染,得到如图 9-4 所示的效果。

4)上面得到的标准雾浓度过大,远处的背景不清晰,可在"雾参数"参数卷展栏中把雾浓度"标准"的"远端"值设为 50,渲染得到如图 9-5 所示的效果。如果是夜晚的话,可以把"雾"的颜色改为黑灰色,模拟夜景的效果。

图 9-3 添加"雾"效果

图 9-4 默认参数的雾效

图 9-5 远端为 50 的雾效

5)可以通过图像产生雾化效果。单击"环境颜色贴图"下方的"无"按钮,使用自带的贴图(如烟雾),设置远端值为 50;渲染得到如图 9-6 所示的效果。

6)还可以指定图像作为透明贴图来产生雾化效果。单击"环境不透明度贴图"下方的"无"按钮,选择"噪波"贴图,设置远端值为 50,渲染得到如图 9-7 所示的效果。

图 9-6 烟雾环境贴图雾效

图 9-7 噪波环境不透明贴图雾效

2. 层状雾

标准雾效充满整个空间,而层状雾效只对空间中的一层起作用。层状雾效在深度和宽度方向上无限延伸,高度和厚度则可以由用户来定义。

例如,设置层状雾效。

1)继续使用上面的场景,选择"渲染"→"环境"选项,弹出"环境和效果"对话框。

2）在"大气"参数卷展栏的"效果"列表框中选择"雾"选项，选中"分层"单选按钮，渲染得到如图 9-8 所示的效果，即场景中出现白色层雾效果，有明显的分界线。

3）设置层状雾效。在"雾参数"参数卷展栏的"分层"选项组中选中"地平线噪波"复选框，使层雾和场景交界的地方更好地融合，如图 9-9 所示。

图 9-8　默认层状雾　　　　　　　　　　图 9-9　地平线噪波层状雾

4）在"分层"选项组中的"顶"和"底"编辑框中分别设置层雾的上限和下限，可以控制层雾的高度和厚度。按照图 9-10 所设的参数，渲染得到如图 9-11 所示的分层雾效。

图 9-10　分层雾效参数 1　　　　　　　图 9-11　分层雾效的渲染效果 1

5）修改顶、底值，按照图 9-12 所设的参数进行渲染，可得到如图 9-13 所示的效果。

图 9-12　分层雾效参数 2　　　　　　　图 9-13　分层雾效的渲染效果 2

3．体积雾

体积雾可以创建比较真实的云雾效果，可以设置云雾的色彩、浓度、飘动的动画等。

例如，设置体积雾效。

1）仍使用路灯场景，删除标准雾效，然后添加"体积雾"。

2）设置雾的密度为 10，渲染得到如图 9-14 所示的块状体积云雾效果。

3）设置雾的密度为 5、最大步数为 50，选择"湍流"类型的雾，渲染得到如图 9-15 所示的效果。

图 9-14　块状体积云雾效果

图 9-15　湍流体积雾效果

9.1.3　创建体积光效

体积光效是指能看到光束效果，如一束光透过窗户射入房中的效果、一束光透过树叶间隙洒在林间的效果等。使用体积光效可以得到很多特殊的照明效果，如为聚光灯设置体积光可以模拟台灯、舞台灯光的照明效果；为泛光灯设置体积光可以制作灯泡的发光效果等。

1. 聚光灯体积光效

1）打开第 8 章的灯光摄影机-花瓶案例，创建一个目标摄影机，调整好摄影机的位置和角度，把透视图切换为摄影机视图。

2）在场景中设置一盏聚光灯，并在"聚光灯参数"参数卷展栏中开启"阴影"显示，渲染效果如图 9-16 所示。

3）在聚光灯的"大气"参数卷展栏中单击"添加"按钮，在弹出的"添加大气效果"对话框中选择"体积光"

图 9-16　没有加体积光的渲染效果

效果，然后单击"确定"按钮。直接渲染体积光效过于强烈，看不到花瓶。

4）选择聚光灯，在"大气和效果"参数卷展栏中选择"体积光"，单击"设置"按钮，弹出"环境和效果"对话框。在"体积光参数"参数卷展栏中设置密度值为2，减弱体积光效，降低最大亮度，参数设置如图 9-17 所示，使光线更加柔和，渲染得到如图 9-18 所示的体积光效果。

图 9-17　体积光参数

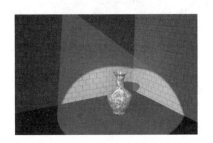

图 9-18　添加体积光的渲染效果

　　5）在"噪波"选项组中选中"启用噪波"复选框，如图 9-19 所示，设置密度值为 1.5、噪波阈值高 0.7；在"类型"选项组中选中"湍流"单选按钮，设置噪波的大小为 2，此时渲染得到充满灰尘的光束，如图 9-20 所示。

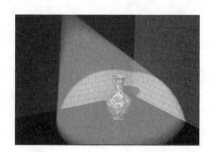

图 9-19　体积光噪波参数　　　　　　　图 9-20　湍流噪波体积光效果

2. 泛光灯体积光效

　　使用泛光灯的体积光效可以得到模拟灯泡的光晕效果。

　　1）打开案例资源包中第 9 章的模型文件"9-21 路灯体积光源文件"，场景中有一个路面和一个路灯模型。

制作路灯灯光
渲染效果

　　2）创建一个目标摄影机，并把透视图切换为摄影机视图，再创建一个泛光灯，置于高处，开启"阴影"，渲染得到如图 9-21 所示的效果。

　　3）在前视图创建一盏泛光灯，对齐到其中一个灯头中，选择该泛光灯，在"修改"选项卡的"大气和效果"参数卷展栏中单击"添加"按钮，在弹出的"添加大气或效果"对话框中选择"体积光"效果，然后单击"确定"按钮。不做任何修改，渲染得到如图 9-22 所示的效果，可见光效范围太大，密度太高，需要修改体积光参数。

图 9-21　没有体积光的效果　　　　　　图 9-22　添加体积光的效果

　　4）在泛光灯的"大气和效果"参数卷展栏中选择"体积光"选项，然后单击"设置"按钮，弹出"环境和效果"对话框，如图 9-23 所示。将体积光的密度设为 1，将最大亮度设为 50，渲染得到如图 9-24 所示的效果。

图 9-23　"环境和效果"对话框　　　图 9-24　修改体积光参数后的渲染效果

5）在泛光灯的"强度/颜色/衰减"参数卷展栏中设置远距衰减的开始、结束值为 50、160，在"环境和效果"对话框的"体积光参数"参数卷展栏的"衰减"选项组中，将开始和结束设为 20 和 40，渲染得到如图 9-25 所示的效果。

6）将设置好体积光的泛光灯复制一个，对齐到另一个灯头中，完成路灯照明的设置，渲染得到图 9-26 所示的效果。

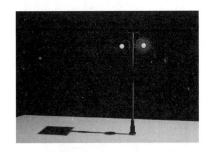

图 9-25　体积光光晕效果　　　　　图 9-26　路灯体积光效果

7）在场景中路灯的上方添加一盏聚光灯，渲染得到如图 9-27 所示的效果。

8）任意选择一盏泛光灯，在"高级效果"参数卷展栏的"投影贴图"选项组中选中"贴图"复选框，单击"无"按钮，在弹出的"材质/贴图浏览器"对话框中指定一个位图。在"环境和效果"对话框的"体积光参数"参数卷展栏中设置密度为 5，渲染效果如图 9-28 所示，产生灯泡光线向四周发散的效果。

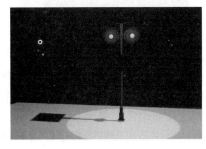

图 9-27　路灯照射效果　　　　　　图 9-28　路灯发光向四周照射的效果

9.2 渲染与输出

渲染就是对场景进行着色处理，使其具有灯光和材质的效果。3ds Max 渲染生成图像时，使用扫描线、光线跟踪和光能传递结合的渲染器。当然，随着软件的升级，也出现了很多第三方开发的渲染器或渲染软件，如 Lightscape 渲染软件、MentalRay 渲染器、FinalRender 渲染器、Brazil 渲染器、VRay 渲染器等。由于渲染涉及用各种算法计算设置的材质、灯光及环境设置的参数，特别耗时、耗资源，因此也出现了渲染农场、云渲染等。如果不是特别复杂的场景或模型，一般还是用 3ds Max 自身的渲染器进行渲染，所以这里只介绍 3ds Max 自身的渲染。

9.2.1 静态图像的渲染

模型或场景建好之后，需要按照摄影机视角进行效果图的渲染，渲染之前可以先进行渲染设置。单击工具栏中的"渲染设置"按钮或在"渲染"菜单中选择"渲染设置"选项，打开渲染设置窗口，如图 9-29 所示。在窗口中可以对输出图像文件的分辨率、大气效果、高级照明、文件输出位置等进行设置，还可以指定渲染器（单击"产品级"扫描线渲染器右侧的按钮，在弹出的"选择渲染器"对话框中选择需要的渲染器，如图 9-30 所示）；如果有安装第三方插件，会在图 9-30 所示的对话框中显示。

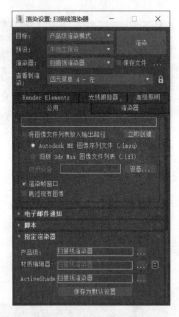

图 9-29　渲染设置窗口

图 9-30　"选择渲染器"对话框

参数设好后，单击"渲染"按钮，即开始进行渲染计算，这个过程需要等待片刻，材质、灯光及环境效果设计得越复杂，计算所需要的时间就越长。在渲染过程中会显示渲染进度对话框，可以看到渲染的帧和时间进度，渲染完成后该对话框自动关闭，打开渲染结果窗口，如图 9-31 所示。在此对话框中可以看到渲染的结果，如果对渲染结果满意，可以单击"保存"按钮，将渲染效果图保存成静态图片文件。在此对话框中还可以对图像进行简单的着色或 Alpha 通道处理，如果对图像不满意，需要调整参数或摄影机视角，再重新进行渲染。

图 9-31 渲染效果图

9.2.2 动态图像的渲染

如果是制作场景的漫游效果，就需要渲染动态图像，将摄影机制作成路径动画，在摄影机视图中预览动画效果，观察视角或浏览效果，调整到满意为止，然后就可以进行动态图像的渲染输出。

1. 添加场景事件

首先将时间轴滑块归零，通过视图安全框观察场景和模型是否都在安全框内，将透视图转变成要录制的摄影机视图，然后在"渲染"菜单中选择"视频后期处理"选项，打开如图 9-32 所示的"视频后期处理"窗口。单击"添加场景事件"按钮 ，在弹出的如图 9-33 所示的"添加场景事件"对话框中选择想要渲染的摄影机视图，再设置相应的参数，然后单击"确定"按钮，"视频后期处理"窗口中即添加了场景事件，如图 9-34 所示。

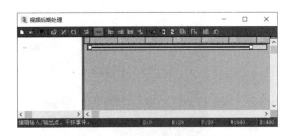

图 9-32 "视频后期处理"窗口　　　　图 9-33 "添加场景事件"对话框

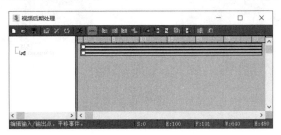

图 9-34 添加了场景事件

2．添加图像输出事件

单击"添加图像输出事件"按钮，在弹出的如图 9-35 所示的"添加图像输出事件"对话框中单击"文件"按钮。在弹出的"为视频后期处理输出选择图像文件"对话框中设置输出文件的名称、格式、存储路径等信息，然后单击"确定"按钮，"视频后期处理"窗口中即添加了图像输出事件，如图 9-36 所示。

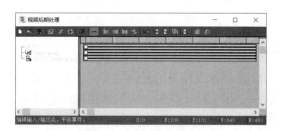

图 9-35　"添加图像输出事件"对话框　　　　　图 9-36　添加了输出事件

3．执行序列

单击"执行序列"按钮执行图像序列渲染，弹出如图 9-37 所示的"执行视频后期处理"对话框，确定渲染图像的序列范围、图像分辨率，然后单击"渲染"按钮开始逐帧渲染，这个渲染时间较长，帧序列越多时间越长，序列渲染过程可以在图 9-38 中看到，渲染结束后可单独运行渲染序列视频文件观看运行结果。

图 9-37　"执行视频后期处理"对话框　　　　　图 9-38　序列渲染过程

9.2.3　烘焙

前面介绍了制作漫游效果时需要渲染帧序列，如果场景很复杂，材质有很多特殊类型的材质，如玻璃、水、不锈钢等，灯光有光线跟踪和反射等，都需要大量计算，那么渲染时间就会很长。另一方面，如果场景是为后续的动画、游戏开发、虚拟现实开发准备的，需要将场景导入其他引擎做交互设计，那么模型带着复杂的材质和光影效果到其他引擎（如Unity3D），在做交互运行时会因为实时计算耗时、耗资源而变得卡顿，因此一般是将材质和光影烘焙回帖后再导入其他引擎，这里简单介绍一下贴图烘焙技术。

贴图烘焙技术也称纹理渲染，简单地说就是一种把 3ds Max 光照信息渲染成贴图的方式，然后把这个烘焙后的贴图再贴回到场景中去的技术。这样的话光照信息变成了贴图，不需要 CPU 再去费时地计算了，只要计算普通的贴图就可以了，所以速度加快了。

在烘焙前需要对场景进行渲染，贴图烘焙技术对于静态图像来说意义不大，主要是应用在游戏和建筑漫游动画中。这种技术不仅能把费时的光能传递计算应用到动画、游戏或虚拟漫游中去，而且也能省去光能传递时动画抖动的麻烦。

1. 烘焙前准备

1）检查模型是否有破面（可以先将模型导入 Unity3D 中看看是否有黑面、重影、破面等），如有，则做好修复。

2）检查模型及材质命名，不能出现重名或未命名。

3）当模型很多时，不同的模型可烘焙不同的尺寸，可以将模型分层管理，将不需要烘焙的归为一层，对不同分辨率的模型分别放到不同的层分别烘焙。

2. 烘焙过程

制作材质烘焙
渲染效果

1）为了快速看到烘焙效果，此处新建一个简单的场景，木纹桌面上放一把不锈钢茶壶，斜上方有一盏灯，如图 9-39 所示。因为场景简单这里就不分层了，只说明烘焙操作过程，如图 9-40 所示是烘焙前场景的渲染效果。

图 9-39　烘焙前的场景

图 9-40　烘焙前场景的渲染效果

2）选中要烘焙的所有模型（如果分层了，就选择要烘焙的层），在"渲染"菜单中选择"渲染到纹理"选项，打开如图 9-41 所示的"渲染到纹理"窗口，即贴图烘焙的基本操作参数设置界面。

在"常规设置"参数卷展栏中，首先要设置的是输出路径，即设置存放烘焙出来的贴图的输出路径；在"烘焙对象"参数卷展栏中将填充设置为 6，贴图坐标选择"使用自动展开"；然后在"输出"参数卷展栏下方单击"添加"按钮。弹出"添加纹理元素"对话框，如图 9-42所示，可以看到烘焙的多种方式，有完全贴图、高光、固有色等，选择"CompleteMap"方式，是进行完整烘焙。

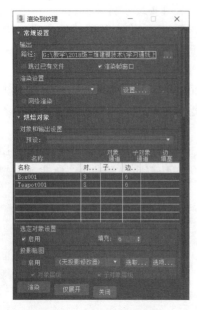

图 9-41　"渲染到纹理"窗口

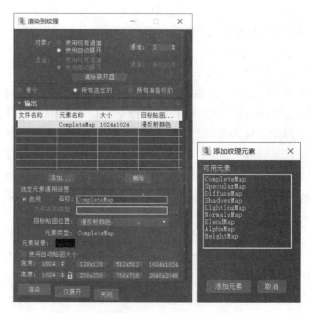

图 9-42　设置烘焙的参数

3）设置烘焙贴图的分辨率，如果近距离查看细节，分辨率一般就要选择高点的，如选择 1024×1024 或 2048×2048；如果是外景，远距离查看，可以适当降低分辨率，以节约时间；目标贴图位置一般选择漫反射贴图；在"自动贴图"参数卷展栏设置阈值角度为 60、间距为 0.01。

4）单击"渲染"按钮，进行烘焙，接下来就是等待烘焙的完成。

如图 9-43 所示是烘焙过程中形成的展 UV 贴图，图 9-44 是烘焙后回帖贴图材质的模型，此时模型不用渲染，在场景中就能看到不锈钢材质了。经过这样的烘焙后，即使场景中关掉灯光，也能使用默认灯光看到模型的材质及光影效果，在渲染时就不需要耗费大量的时间计算材质和灯光了，节省了渲染时间，在实时漫游时也不需要耗时计算，可以使漫游更加流畅。

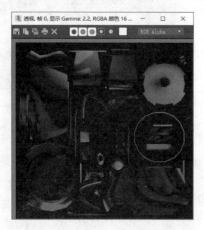

图 9-43　烘焙展 UV 贴图

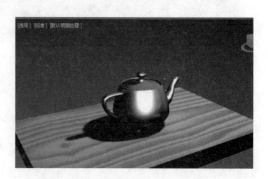

图 9-44　回帖烘焙贴图后的模型

技 巧 提 示

1）若是烘焙一次没有成功或是对烘焙结果不满意，想再次烘焙，需要先清除展开器，再清除外壳材质，然后按照上述操作重新进行渲染烘焙。

2）烘焙产生的贴图已经有了光照信息，动态渲染或导出场景时就不需要灯光了，因此不用再计算灯光。这样就会节省很多时间，渲染的速度就加快了。

贴图烘焙技术一般主要应用在光能传递、光线跟踪等比较费时的计算替换上，这项技术在游戏制作和建筑漫游动画方面的应用比较广泛。

9.2.4 文件的导入、导出

在场景及模型设计过程中，除文件的保存外，经常还要用到文件的导入、导出，以便引用外部文件、导入做好的模型，或者将设计好的场景导入其他引擎中完成交互设计等，在此对文件的导入、导出进行说明。

1）导入文件：用于将非 MAX 文件导入场景使用，可导入的文件格式有.3DS、.AI、.DWG 等。

2）合并文件：用于将 MAX 文件中的全部或部分模型导入当前场景中。

3）导出文件：将文件导出成其他兼容的文件格式，如.FBX、.3DS、.AI、.LP 等。

4）文件归档：用来将场景生成压缩文件存盘，归档的内容包括场景应用的材质贴图、贴图的位置，以及与当前场景相关的所有文件的压缩格式。

9.3 综 合 训 练

【例 9-1】此案例利用前两章添加了材质和灯光的文件，添加摄影机制作浏览效果。

操作步骤如下。

步骤 1 打开案例资源包中第 9 章的场景文件 "9-45 房间渲染输出源文件"，此案例在第 7 章添加了材质，在第 8 章添加了灯光。打开材质编辑器，选择一个材质球，漫反射选择贴图文件 Glass-20，在 "坐标" 参数卷展栏中选中 "环境" 单选按钮，选择 "渲染" 菜单中的 "环境" 选项，弹出 "环境和效果" 对话框。将此材质拖到 "环境贴图" 下方的按钮上，为场景添加环境背景，效果如图 9-45 所示。

步骤 2 在场景中添加目标摄影机，绘制一大一小两条椭圆线，将椭圆线的高度调到 1～1.5m；将时间轴长度设为 300 帧（选择 "PAL" 制式）。选择摄影机机身，选择 "动画" 菜单中的 "约束" → "路径约束" 选项，然后在场景中单击大的椭圆；使用同样的方法将摄影机的目标点约束到小的椭圆上，如图 9-46 所示，然后将透视图改为摄影机视图，调整摄影机镜头参数，此例中设为 15（可根据房间大小选择），拖动时间轴滑块可在摄影机视图看到房间转了一周。

步骤 3 选择 "渲染" 菜单中的 "视频后期处理" 选项，在打开的 "视频后期处理" 窗口中添加场景事件和输出事件，如图 9-47 所示。单击 "执行序列" 按钮，在弹出的如图 9-48 所示的 "执行视频后期处理" 对话框中选择输出大小为 800×600，单击 "渲染" 按钮，即可执行帧序列的渲染，生成动态视频文件。

图 9-45　渲染静态场景

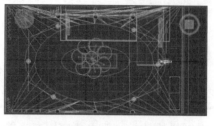

图 9-46　摄影机路径约束

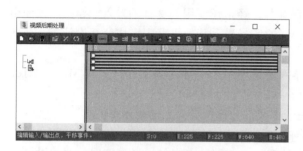

图 9-47　"视频后期处理"窗口

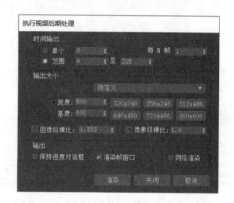

图 9-48　"执行视频后期处理"对话框

本 章 小 结

　　真实世界中的场景并不是孤立存在的，它们总是被一定的环境包围着，环境对场景氛围的设置起到了极为关键的作用。本章主要介绍了一些环境效果的创作，如背景、雾气和各种光线效果。此外还介绍了场景的渲染烘焙，掌握渲染烘焙的参数设置，对渲染高质量作品尤为重要。

思 考 与 练 习

一、思考题

　　1. 渲染动态序列图像的 3 个关键步骤是什么？
　　2. 简述烘焙的作用。

二、操作题

　　利用路灯模型，在路旁制作楼房模型，将前面制作的汽车模型合并到场景中，制作一个带有路灯的夜景的场景，并制作摄影机漫游效果。

第 10 章

三维动画基础

三维动画又称 3D 动画，利用三维动画软件在计算机中首先建立一个虚拟的世界，设计师在这个虚拟的三维世界中按照要表现的对象的形状尺寸建立模型及场景，再根据要求设定模型的运动轨迹、虚拟摄影机的运动和其他动画参数，最后按要求为模型赋予特定的材质，并打上灯光。当这一切完成后就可以让计算机自动运算，生成最后的画面。

三维动画可以用于广告、电影、电视剧的特效制作（如爆炸、烟雾、下雨、光效等）、特技（撞车、变形、虚幻场景或角色等）、广告产品展示、片头飞字等。三维动画涉及影视特效创意、前期拍摄、影视三维动画、特效后期合成、影视剧特效动画等。本章介绍 3ds Max 的动画制作方法。本章部分案例的渲染效果如图 10-1 所示。

图 10-1　部分案例的渲染效果

图 10-1（续）

10.1　三维动画概述

三维动画是近年来随着计算机软硬件技术的发展而产生的新兴技术。三维动画制作是一种艺术和技术紧密结合的工作。在制作过程中，一方面要在技术上充分实现动画创意的要求，另一方面，还要在画面色调、构图、明暗、镜头设计、节奏把握等方面进行艺术的再创造。与平面设计相比，三维动画多了时间和空间的概念，它需要借鉴平面设计的一些法则，但更多的是要按影视艺术的规律来进行创作。

随着计算机在影视领域的延伸和制作软件的增加，三维数字影像技术大大拓宽了实景拍摄的影视效果范围；其不受地点、天气、人员等因素的限制；在成本上相对于实景拍摄也节省很多。

三维动画的制作需要有计算机、影视、美术、电影、音乐等专业人员的参与，影视三维动画从影视特效到三维场景都能表现得淋漓尽致。

10.1.1　动画概述

1.　动画

从字面上理解，动画就是会动的画面。实际上，动画是利用了人眼的视觉残留特征，让若干静态的画面连续播放，使画面看起来是动的效果。

动画的发源地是 19 世纪上半叶的英国，但是却兴盛于美国。中国的动画起源于 20 世纪 20 年代。中国早期的动画叫美术片，是因为早期的动画全靠美术师根据角色的表情或动作、景物变化等一幅一幅图像绘制出来，再用摄影机连续拍摄下来，以每秒 25 帧的帧率播放，就形成了我们看到的动画片。它的基本原理与电影、电视一样，都是视觉原理。人类具有"视觉暂留"的特性，即人的眼睛看到一幅画或一个物体后，在 0.34 秒内不会消失。利用这一原理，在一幅画还没有消失前播放下一幅画，就会给人造成一种流畅的视觉变化效果。因此，电影采用了每秒 24 幅画面的速度进行拍摄和播放，电视采用了每秒 25 幅（PAL 制）或 30 幅（NTSC 制）画面的速度进行拍摄和播放。日本的动画片有时为了减少画作数量，以每秒 18 帧，甚至 12 帧的速度进行拍摄和播放，如果以每秒低于 10 幅画面的速度进行拍摄和播放，就会出现停顿现象。

随着计算机技术的发展，计算机处理图像的能力越来越强，数字技术已经为传统的艺术插上了翅膀，可以用计算机代替传统的笔墨进行数字绘画，用算法进行插值计算，形成关键帧之间的补间画面，以减少重复的绘画劳动，缩短动画的制作周期。因此，现在的动画是一种综合艺术门类，是工业社会人类寻求精神解脱的产物，它是集合了绘画、漫画、电影、数字媒体、摄影、音乐、文学、计算机技术等众多艺术门类于一身的艺术表现形式。

2. 动画的分类

动画的分类没有一定之规，可以从不同的角度进行划分。

1）从工艺技术角度进行划分：动画可以分为平面手绘动画、立体拍摄动画、虚拟生成动画、真人结合动画。

2）从传播媒介角度进行划分：动画可以分为影院动画、电视动画、广告动画、科教动画等。

3）从动画性质进行划分：动画可以分为商业动画和实验动画。

而最常见的划分方法是从制作技术和手段进行划分，可以将动画分为以手工绘画为主的传统动画，以计算机绘图为主的计算机动画。传统手绘动画如白雪公主、猫和老鼠、睡美人等传统动画片；计算机动画是指用计算机制作的动画效果，包含二维动画、三维动画和影视动画。

1）二维动画：一般指用 Flash 等软件制作的平面动画。

2）三维动画：代表作有冰河世纪、阿凡达、玩具总动员等。

3）影视动画：代表作有 2012、加勒比海盗、变形金刚等。

10.1.2　三维动画的发展

1. 国外三维动画的发展史

动画起源于英国，但却是在美国兴盛发展起来的，它的发展大体可以分为 3 个阶段，如表 10-1 所示。

表 10-1　国外动画发展的 3 个阶段

阶段	时间	代表企业	代表作
一、起步	1995～2000 年是最初的三维动画初步发展时期	皮克斯 迪士尼	1995 年，《玩具总动员》 1998 年，《虫虫危机》 1999 年，《玩具总动员 2》 2001 年，《怪兽电力公司》
二、发展	2001～2003 年是三维动画的快速发展时期	皮克斯 梦工厂	2003 年，《海底总动员》 2004 年，《超人总动员》
三、全盛	从 2004 年开始到其发展的鼎盛时期	皮克斯 梦工厂 华纳兄弟公司	梦工厂：《马达加斯加》1、2；《功夫熊猫》1、2；《怪物史瑞克》1、2、3、4 华纳兄弟：《极地快车》 福克斯：《冰河世纪》1、2 环球数码：《魔比斯环》

1）第一阶段是 1995～2000 年，此阶段是三维动画的起步及初步发展时期（1995 年皮克斯的《玩具总动员》标志着动画进入三维时代）。在这一阶段，皮克斯、迪士尼是三维动

画影片市场上的主要玩家。

2）第二阶段是 2001～2003 年，此阶段是三维动画的迅猛发展时期。在这一阶段，三维动画从"一个人的游戏"变成了皮克斯和梦工厂的"两个人的较量"：梦工场有怪物史瑞克，皮克斯就开一家怪物公司；皮克斯搞海底总动员，梦工场就发动鲨鱼黑帮。

3）从 2004 年开始，三维动画影片步入其发展的第三阶段——全盛时期。在这一阶段，三维动画演变成了"多个人的游戏"：华纳兄弟电影公司推出圣诞气氛浓厚的《极地快车》；曾经成功推出《冰河世纪》的福克斯再次携手蓝天工作室（在三维动画领域与皮克斯、梦工场的 PDI 齐名），为人们带来《冰河世纪2》。至于梦工场，则制作了《怪物史瑞克3》，并且将《怪物史瑞克4》的制作也纳入了日程之中。

2. 中国三维动画的发展史

中国的动画开始于 20 世纪 20 年代，1926 年中国第一部动画片《大闹画室》诞生，1935年我国第一部有声动画《骆驼献舞》完成，不过，真正产生影响的是 1941 年上映的中国第一部动画长片《铁扇公主》。此后到 20 世纪中期，中国的动画无论是泥偶动画、剪纸动画还是水墨动画，中国的动画片进入一个快速发展的稳定时期。在一段时间内，动画的发展踯躅不前，直到 20 世纪 80 年代初开始复兴，到了 20 世纪 90 年代进入一个缓冲期，由于国外动画片的涌入，对中国动画的发展产生了很大的冲击。从 21 世纪开始有了转变，国家为了推动动画产业的发展，在一线城市率先建设动漫产业基地，从政策上大力扶持动漫产业的发展，涌现了一批以数字动画制作为主的动漫公司，动漫产业不断扩大规模，产生了许多脍炙人口的动漫作品，各个时期的代表作如表 10-2 所示。

表 10-2　国内动画的发展阶段和代表作

阶段	时间	代表企业	代表作
一、萌芽	1922～1949 年，是萌芽和探索时期	万氏兄弟 东北电影制片厂	1922 年，广告动画《舒振东文化打字机》 1926 年，《大闹画室》 1935 年，有声动画《骆驼献舞》 1947 年，《皇帝梦》 1948 年，《瓮中捉鳖》
二、发展	1950～1965 年，是中国动画片稳定发展时期，题材、风格、技术都有突破，获得多个国内外奖项	上海电影制片厂 上海美术电影制片厂	1952 年，《小猫钓鱼》 1953 年，《小小英雄》——第一部彩色木偶片 1955 年，《神笔》、《乌鸦为什么是黑的》 1958 年，《猪八戒吃西瓜》——第一部剪纸片 1960 年，《小蝌蚪找妈妈》、《牧笛》——水墨动画
三、断层	1966～1976 年，动画进入踯躅阶段	上海美术电影制片厂	1973 年，《小号手》、《小八路》、《东海小哨兵》
四、复兴	1977～1985 年，中国动画又迎来了一个复兴时期，被称为白银时代	上海美术电影制片厂	1979 年，《哪吒闹海》 1980 年，《雪孩子》、《三个和尚》 1981 年，《猴子捞月》、《南郭先生》 1985 年，《女娲补天》、《金猴降妖》

续表

阶段	时间	代表企业	代表作
五、转折	1985~1995 年,是中国动画的转折时期,许多外国动画低价卖入中国市场,冲击国产动画的发展	上海美术电影制片厂	1986 年,《葫芦兄弟》 1987 年,《邋遢大王奇遇记》 1989 年,《舒克和贝塔》 1979~1989 年,《阿凡提》14 集 1993 年,《大头儿子小头爸爸》
六、扩大规模	1996~2002 年,是中国动画业扩大规模的时期	上海美术电影制片厂	1998 年,《海尔兄弟》、《小糊涂神》 1999 年,《宝莲灯》、《霹雳贝贝》、《蓝猫》系列 2000 年,《鸭子侦探》26 集 2001 年,《小虎斑斑》——第一部全三维动画片 2002 年,《大漠敦煌》
七、再创复兴	2003 年至今,随着国人观赏水平和经济水平的提高,中国动画产业方兴未艾	广州统一数码 上海美术电影制片厂 广东原创动力 暴雪中国 环球数码 数字光魔工业动画 深圳华强数字动漫 北京光线影业 霍尔果斯彩条屋影业	2003 年,《Q 版三国》、《哪吒传奇》 2004 年,《大耳朵图图》164 集 2005 年,《功夫兔系列》、《喜洋洋与灰太狼》 2007 年,《秦时明月》、《小鲤鱼历险记》 2009 年,《我叫 MT》 2012 年,《熊出没》 2015、2016 年,《大圣归来》 2016 年,《大鱼海棠》 2019 年,《哪吒之魔童降世》

10.1.3　三维动画的特点

三维动画与二维动画相对应,二维动画是平面的,只有上、下、左、右的运动效果。三维动画还有前后(纵深)的运动效果,所以增加了立体感和空间感。三维动画制作不受时间、空间、地点、条件、对象的限制,因此具有很大优势,归纳起来,其特点如下。

1)可以全方面地展示场景或物体(或产品),并能够对所表现的产品起到美化的作用。

2)全视角的动态画面更吸引人们的眼球。

3)可修改性较强,质量要求更易受到控制。

4)实拍成本过高的镜头可通过三维动画实现以降低成本。

5)实拍有危险性的镜头可通过三维动画完成。

6)无法重现的镜头可通过三维动画来模拟完成,可实现现实生活中不能存在的画面。

7)三维动画制作过程不受天气季节等因素的影响。

8)使用方便,可以重复使用,减少成本。

9)三维动画的制作成本与制作的复杂程度和所要求的真实程度成正比,并呈指数增长。

此外,对制作人员的技术要求较高,大型动画片制作周期相对较长。

三维动画技术虽然入门门槛较低,但要精通并熟练运用工具完成精美的设计,却需要多年不懈的努力,同时还要随着软件的发展不断学习新的技术。由于三维动画技术的复杂性,最优秀的 3D 设计师也不大可能精通三维动画的所有方面,因此在制作团队中分工是非常明细的,制作人员一般只是完成动画的某一设计环节。在制作过程中画面表现力没有摄影设备的物理限制,可以将三维动画虚拟世界中的摄影机看作是理想的电影摄影机,而制作人员相当于导演、摄影师、灯光师、美工、布景等,其最终画面效果的好坏与否取决于制作人员的水平、经验和艺术修养,以及三维动画软件和硬件的技术局限。

10.1.4　三维动画的应用领域

随着计算机三维影像技术的不断发展，三维图形技术越来越被人们看重。三维动画因为它比平面图更直观，更能给观赏者以身临其境的感觉，尤其适用于那些尚未实现或准备实施的项目，使观者提前领略实施后的精彩结果。

三维动画可以是简单的几何模型展示，如一般产品展示、艺术品展示，也可以是复杂的角色模型动作刻画；可以是静态、单个的模型展示，还可以是动态、复杂的场景漫游，如房地产的三维漫游、三维虚拟城市等。三维动画的应用领域越来越广泛，因其具有良好的精确性、真实性和无限的可操作性，目前广泛地应用于医疗、教育、军事、影视、会展、建筑规划、工业工程、游戏、广告、虚拟现实等领域。

1．教育领域

动画具有形象、直观、表现力丰富等特点，不仅可以激活读者的学习兴趣，还可以帮助读者更好地理解书本上的知识，无论是幼儿教育、中小学教育、大学教育还是职业教育，用动画的形式都可以更好地辅助教学，如图10-2所示。

2．医学医疗领域

随着三维动画的普及和兴起，三维动画已经不再是电影动画片的专属，而是应用到了更多的行业，医疗行业也紧跟趋势开始使用三维动画来展示医学方面的理论知识。医学医疗三维动画是近年兴起的用于医学研究、医疗手术、医学教育、医疗科普等方面的三维动画表现形式，如图10-3所示。医学医疗三维动画的使用大大促进了人们对医学领域的了解，不仅提高了医务工作人员的工作学习效率，还可以让普通百姓通过三维动画来了解医学知识，防御疾病的侵袭。

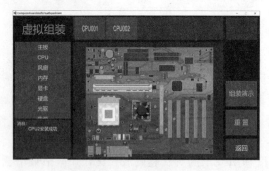

图10-2　教育教学

图10-3　医学知识科普动画

3．建筑房地产领域

随着计算机的普及，建筑领域早已突破了平面效果图布局或沙盘的时代，利用计算机制作动画与影视特效相结合，生动、形象、具体地展示了楼盘或城市独特的建筑风格及环境。三维动画作为建筑展示的重要手段，对建筑的地理位置、完善的配套、优美的环境等内容进行全方位的表示，通过建筑漫游动画、小区浏览动画、三维虚拟样板间、建筑概念动画等为房地产开发商或政府形象推广提供一种全新的数字化营销模式，如图10-4所示。

4. 城市规划

城市规划一直以来都是对全新的可视化技术需求最为迫切的领域之一，而在规划的每个阶段，通过对现状和未来的描绘来改善人们的生活环境。三维动画在城市规划领域的应用主要表现在道路、桥梁、隧道、立交桥、街景、夜景、景点、市政规划、城市规划、城市形象展示、数字化城市、园区规划、场馆建设、机场、车站、公园、广场、报亭、邮局、银行、医院、数字校园建设、学校等动画制作，如图 10-5 所示。可以通过镜头的运用，进行鸟瞰、俯视、穿梭、长距离等任意游览，帮助决策者进行城市规划布局调整。

图 10-4　三维建筑设计图　　　　　　　　图 10-5　三维城市规划

5. 园林设计

园林景观 3D 动画是将园林规划建设方案，用 3D 动画表现的一种方案演示方式。其效果真实、立体、生动，是传统效果图所无法比拟的。园林景观动画涉及景区宣传、旅游景点开发、地形地貌表现，国家公园、森林公园、自然文化遗产保护、历史文化遗产记录，园区景观规划、场馆绿化、小区绿化、楼盘景观等动画表现制作，如图 10-6 所示。

图 10-6　园林景观

6. 影视动画

影视剧不仅可以丰富人们的业余生活，还可以宣传、弘扬精神文化，缓解快节奏生活给人们带来的压力等。随着计算机技术的发展，过去传统的动画片逐渐被数字动画替代。3D巨制《阿凡达》开启了三维动画电影的先河，不仅创建了现实中没有的场景和角色，更通过动作捕捉将虚实结合，新颖的 CG 形象、美轮美奂的场景、扣人心弦的情节等形成了强大的吸金能力，即吸引了观众的眼球，又让人为之震撼。2019 年《哪吒之魔童降世》的热映（图 10-7），说明三维动画电影在中国影视业已有广泛的应用。

图 10-7   三维动画片

7. 广告及片头动画

动画广告是广告制作中经常采用的一种表现方式，动画与广告的结合，通过媒体软件创意制作的广告，可以制作一些实拍无法完成的画面效果，也可以用动画和实拍两者结合完成。三维动画制作可以作为企业进行产品宣传活动的重要手段，产品三维动画通过直观形象的动画演示让企业和客户之间的沟通更加便利，可以大幅度地提高企业产品的推广效率。

另外，影片的片头和片尾也经常使用三维动画来协助完成创意制作，如宣传片片头动画、游戏片头动画、电视剧片头动画、电影片头动画、节目片头动画、产品演示片头动画等，如图 10-8 所示。

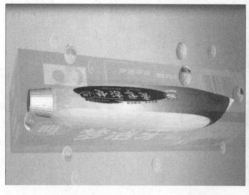

图 10-8   广告及片头动画

8. 产品演示

与传统的拍摄方法相比，产品动画具有更灵活的表现形式、更强大的说服力和更生动的效果。尤其是产品的外观、结构、功能、生产流程等，通过三维动画多角度、全方位的演示，突破了以往无法拍摄产品内部结构、单靠文字图片或图纸说明的瓶颈。特别是一些无法用肉眼观察到的原子、分子、电磁、化学反应等，都可以用产品动画直观地加以演示。因此，产品动画已迅速成为企业宣传产品、拓展市场的重要工具。

相对于传统文字说明，通过三维动画的形式对产品特点及使用方法进行形象演示，是直观的产品说明方式。在产品设计生产时，产品三维动画能够模拟出未生产的产品模型，在生产过程中可以制作生产教程进行操作培训。在展会现场播放产品三维动画，能够大幅提升参观者的兴趣，吸引观众驻足观看动画视频，产品三维动画配合企业产品实物，让更多的消费者了解产品特性和用法，从而达成产品交易，如图 10-9 所示。

9. 模拟动画

三维动画的主要作用是用来模拟，通过动画的方式展示想要达到的预期效果。

模拟动画的制作就是通过动画模拟一切过程，如制作生产加工过程模拟、生产安全防范动画演示、化学反应过程、植物生长过程、交通安全演示动画、消防安全演示动画、能源转换利用过程、水处理过程、水利生产输送过程、电力生产输送过程、矿产金属冶炼过程、施工过程等演示动画制作。通过模拟动画演示可以让人们明确产品的生产过程或学习科普知识，增强安全防范意识，因此三维模拟动画的用途非常多，如员工培训、宣传展示、汇报演示、技术研发等。化学实验模拟动画如图 10-10 所示。

图 10-9　三维汽车设计

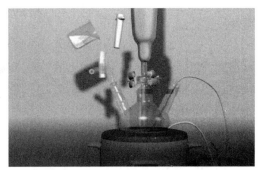

图 10-10　化学实验模拟动画

10. 游戏中的动画

游戏是人们娱乐生活的一种形式。在游戏的制作中，要将游戏角色的性格和情绪活灵活现地表现出来，需要通过动作来实现，而动作的流畅与否，会直接影响游戏的效果。这时候就要通过设计出一系列游戏动画来实现完美的游戏表达效果，可见游戏动画在整个游戏的设计及制作的过程中是非常重要的，如图 10-11 所示。

11. 虚拟现实

虚拟现实（virtual reality，VR）简称 VR 技术，是仿真技术的一个重要方向，目前已广泛应用于旅游、房地产、园林景观、产品展览展示、博物馆、医疗、教育培训、军事、科研等行业。虚拟现实的最大特点是用户可以与虚拟环境进行人机交互，将被动式观看变成更逼真的体验互动，如图 10-12 所示。

图 10-11　天龙风云游戏

图 10-12　虚拟现实中的动画模拟

10.1.5　三维动画制作软件

近年来，各种三维建模软件在国内得到广泛的应用，国内在三维软件方面的研究也日益成熟。三维模型是物体的多边形表示，通常用计算机或其他视频设备进行显示。显示的物体可以是现实世界的实体，也可以是虚构的物体。任何物理自然界存在的东西都可以用三维模型表示。目前，在市场上可以看到许多优秀建模软件，比较知名的有 3ds Max、SoftImage、Maya、UG 及 AutoCAD 等。它们的共同特点是利用一些基本的几何元素，如立方体、球体等，通过一系列几何操作，如平移、旋转、拉伸及布尔运算等来构建复杂的几何物体。利用建模软件构建三维模型主要包括几何建模、行为建模、物理建模、对象特性建模及模型切分等。其中，几何建模的创建与描述，是虚拟场景造型的重点。建模是制作动画的前提，有了模型就可以赋予模型动作，常用的三维动画制作软件有以下几个。

1）Softimage 3D——侏罗纪公园、第五元素、闪电悍将。

2）Houdini——终结者 II。

3）3ds Max——迷失太空。

4）LightWave 3D。

5）Rhino 3D。

6）World Builder。

7）World Construction Set。

8）TrueSpace。

9）Bryce 3D。

10）Poser。

11）Maya。

10.1.6　三维动画的制作流程

三维动画制作是一项很复杂的工程，现在的制作公司对制作过程划分得很详细。根据实际制作流程，一个完整的影视类三维动画的制作总体上可分为前期制作、动画片段制作、后期合成与音视频输出 3 个部分。

1．前期制作

前期制作是指在使用计算机制作前，对三维动画进行的规划与设计，主要包括文学剧本创作、分镜头剧本创作、造型设计、场景设计。这期间主要进行文学剧本撰写、分镜绘制、电子故事版制作和灵感草图绘制。

（1）文学剧本

文学剧本也称故事脚本，是指按照电影文学的写作模式创作的文字剧本。其中，场景与段落要层次分明，围绕是什么事、与谁有关、在什么地方、什么时间及为什么等内容要素展开情节描写。文学剧本必须有专人负责，创作的剧本需要符合动画形式。

文学剧本是动画片的基础，要求将文字表述视觉化，即剧本所描述的内容可以用画面来表现。动画片的文学剧本形式多样，如神话、科幻、民间故事等，要求内容健康、积极向上、思路清晰、逻辑合理。

一部好的作品一定是靠内容取胜的，技术是锦上添花。没有扣人心弦的故事情节，再好的技术也只能是一时吸引人们的眼球，因此文学剧本是动画的基础。

（2）分镜头剧本

分镜头剧本是把文字进一步视觉化的重要一步，是导演根据文学剧本进行的再创作，体现导演的创作设想和艺术风格。分镜头剧本的结构一般是图画+文字，表达的内容包括镜头的类别和运动、构图和光影、运动方式和时间、音乐与音效等。其中，每个图画代表一个镜头，文字用于说明，如镜头长度、人物台词及动作等内容。

分镜绘制包括段落结构设置、场景变化、镜头调度、动作调度、画面构图、光影效果等影像变化及镜头连接关系的各种指示。另外，有时间设定、动作描述、对白、音效、镜头转换方式等文字补充说明。画面分镜头相当于未来动画片的小样，是导演用来与全体创作组成员沟通的蓝图及达成共识的基础。

（3）灵感草图绘制

这个阶段的灵感草图包括基本角色结构造型、能显示角色性格特点的草图及场景设计草图。

造型设计包括人物造型、动物造型、器物造型等设计，设计内容包括角色的外形设计与动作设计，造型设计的要求比较严格，包括标准造型、转面图、结构图、比例图、道具服装分解图等，通过角色的典型动作设计（如几幅带有情绪的角色动作体现角色的性格和典型动作），并且附以文字说明来实现。造型可适当夸张，要突出角色特征，运动合乎规律，如图 10-13 所示。

图 10-13　电影《阿凡达》中的几种巨兽和纳美人灵感草图

场景设计是整个动画片中景物和环境的来源，比较严谨的场景设计包括平面图、结构分解图、色彩气氛图等，通常用一幅图来表达。

选题和策划是整个漫长动画创作旅程的伊始，也是整个动画产业链成功的基础。

选题可以是完全自主创新的，也可以是改编已经成功的文学、漫画作品等。

围绕选题收集素材，包括直接采集生活素材（写生、照相、摄录）和间接资料（图片、音像、文字描述），其中涵盖形象素材、场景素材和服饰道具素材。

2. 动画片段制作——中期设计与制作

此阶段主要是根据前期设计，在计算机中通过相关制作软件制作出动画片段。制作流程分为建模、材质、灯光、动画、摄影机控制、渲染等，这是三维动画的制作特色。

动画片段制作包括角色造型设计、场景设计、模型制作、绑定与动画、灯光与渲染等环节。

（1）角色造型设计

角色造型设计是集体创作实施过程与制作过程统一度量的标杆，包括标准造型及比例图、转面图、动作图、表情图，如图 10-14 所示。

图 10-14　CG 电影《功夫熊猫》造型的设计——动作图、表情图

建模是动画师根据前期的造型设计，通过三维建模软件在计算机中绘制出角色模型。这是三维动画中很繁重的一项工作，需要出场的角色和场景中出现的物体都要建模。建模的灵魂是创意，核心是构思，源泉是美术素养。通常使用的软件有 3ds Max、Maya、Zbrush、AutoCAD 等。建模常见的方式有多边形建模——把复杂的模型用一个个小三角面或四边形组接在一起表示（放大后不光滑）；样条曲线建模——用几条样条曲线共同定义一个光滑的曲面，非常适合有机物体或角色的建模和动画（图 10-15）；细分建模——结合多边形建模与样条曲线建模的优点而开发的建模方式。建模不在于精确性，而在于艺术性，如《侏罗纪公园》中的恐龙模型。

图 10-15　CG 电影《海底总动员》中"尼莫"造型设计

（2）场景设计

场景是影视动画和游戏动画不可或缺的环境背景，对角色起烘托作用，如图 10-16 所示。场景设计包括色彩气氛图、平面图、鸟瞰图、结构分解图等。

图 10-16　动画片或游戏中的场景

（3）模型制作

随着三维扫描成像技术的成熟，模型制作不仅可以使用三维建模软件直接建模，还可以利用三维扫描仪扫描黏土模型，然后通过三维成像软件融合扫描图像形成数字模型，再经过人工优化得到理想的三维模型，如图 10-17 所示。

毒狼模型图

图 10-17　使用扫描黏土模型制作角色模型

在制作模型的同时不可忽略的是模型的材质贴图，有了材质贴图可以使模型更加逼真。

材质即材料的质地，就是把模型赋予生动的表面特性，具体体现在物体的颜色、透明度、反光度、反光强度、自发光及粗糙程度等特性上。贴图是指把二维图片通过软件的计算贴到三维模型上，形成表面细节和结构。对具体的图片要贴到特定的位置，三维软件使用了贴图坐标的概念。一般有平面、柱体和球体等贴图方式，分别对应于不同的需求。模型的材质与贴图要与现实生活中的对象属性相一致。

（4）绑定与动画

模型建好后就可以为其赋予动作，可以用多种方法来制作动画，但要根据模型种类的不同及动画效果选择制作方法。对于一般的模型，可以通过关键帧设置动作；对于环境特效和一些物理现象，可以用粒子系统或控制器控制参数变化来设置环境动态特效；对于角色动作，一般通过绑定骨骼、关键帧动画或骨骼动画、动作捕捉等方式来制作动画，如图 10-18 和

图 10-19 所示。

图 10-18　动作捕捉动画

图 10-19　面部捕捉动画

（5）灯光与渲染

灯光可最大限度地模拟自然界的光线类型和人工光线类型。三维软件中的灯光一般有泛光灯（如太阳、蜡烛等四面发射光线的光源）和聚光灯（如探照灯、电筒等有照明方向的光源）。灯光起着照明场景、投射阴影及增添氛围的作用。通常采用三光源（三点照明）设置法设置场景光源，即一个主灯、一个辅灯和一个背灯。主灯是基本光源，其亮度最高，主灯决定光线的方向，角色的阴影主要由主灯产生，通常放在正面的 3/4 处，即角色正面左边或右面 45°处。辅灯的作用是柔和主灯产生的阴影，特别是面部区域，常放置在靠近摄影机的位置。背灯的作用是加强主体角色及显示其轮廓，使主体角色从背景中突显出来，背灯通常放置在背面的 3/4 处。

场景中添加灯光前后的渲染效果对比如图 10-20 所示。

图 10-20　场景中添加灯光前后的渲染效果对比

摄影机控制——依照摄影原理在三维动画软件中使用摄影机工具，实现分镜头剧本设计的镜头效果。画面的稳定、流畅是使用摄影机的第一要素。摄影机功能只有情节需要时才使用，不是任何时候都使用。摄像机的位置变化也能使画面产生动态效果。

三维动画必须渲染才能输出，造型的最终目的是得到静态或动画效果图，而这些都需要渲染才能完成。渲染是由渲染器完成的，渲染器有线扫描方式（line scan，如 3ds Max 内建的）、光线跟踪方式（ray tracing）及辐射度渲染方式（radiosity，如 Lightscape 渲染软件）等，其渲染质量依次递增，但所需时间也相应增加。通常输出为 AVI 类的视频文件。

3. 后期合成与音视频输出

三维动画的制作是以计算机为工具，综合文学、美学、动力学、电影艺术等多学科知识形成的产物。在实际操作中要求多人合作，大胆创新、不断完善，紧密结合社会现实，反映人们的需求，倡导正义与和谐。

影视类三维动画的后期合成，主要是将之前所制作的动画片段、声音等素材，按照分镜头剧本的设计，通过非线性编辑软件的编辑，最终生成动画影视文件。后期合成包括计算机渲染后期合成（图 10-21）、实拍后期合成（图 10-22）、音视频输出等。

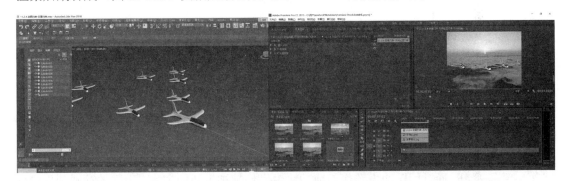

图 10-21　计算机渲染后期合成

图 10-22　实拍后期合成

动画是根据分镜头剧本与动作设计，运用已设计的造型在三维动画制作软件中制作出一个个动画片段。动作与画面的变化通过关键帧来实现，设定动画的主要画面为关键帧，关键帧之间的过渡由计算机来完成。三维软件大都将动画信息以动画曲线来表示。动画曲线的横轴是时间（帧）、竖轴是动画值，可以从动画曲线上看出动画设置的快慢急缓、上下跳跃，如 3ds Max 的动画曲线编辑器。三维动画的"动"是一门技术，其中人物说话的口型变化、喜怒哀乐的表情、走路动作等，都要符合自然规律，制作要尽可能细腻、逼真，因此动画师要专门研究各种事物的运动规律。如果需要，可参考声音的变化来制作动画，如根据讲话的声音制作讲话的口型变化，使动作与声音协调。对于人的动作变化，系统提供了骨骼工具，通过蒙皮技术，将模型与骨骼绑定，产生合乎人的运动规律的动作。

在实际项目开发中，对于大公司而言，岗位划分非常细致，设计开发严格按流程进行；但对于小公司来说，可能会身兼数职，因此开发流程可能也会简化一些。简单若一般的产品展示，复杂若动画片或影视动画特效等，制作流程不能一概而论，但总体大都包含前期策划、中期制作、后期渲染 3 个阶段，只是各个阶段的细节会因项目的复杂程度有所不同。

前期主要是完成项目策划、剧本的编写、分镜头、造型设计和场景设计等工作；中期主要根据剧本设计场景和模型、角色设定、动画预演与动画制作、材质灯光、摄影机控制等；后期完成特效制作、渲染、音效、合成等工作。

三维动画制作的简易流程如图 10-23 所示。

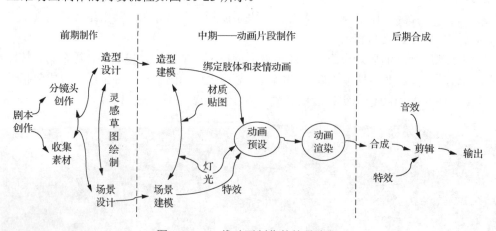

图 10-23   三维动画制作的简易流程

当前的三维动画制作都是以计算机为工具，综合文学创作、美工美学、动力学、电影艺术等多学科知识，通过团队通力合作完成的愉悦人们精神生活的产物。大型的动画制作的团队动辄上百人，制作流程的细节化分明确，此处只是一个概要的介绍。

下面的章节将由浅入深地逐步介绍各种动画的制作方法。

10.2   创建简单动画

10.2.1   动画的运动规律

动画的产生主要是基于人的视觉残留，是一系列静态画面快速替换形成的。3ds Max 也使用关键帧制作动画，用户只需创建一些关键帧，系统会自动产生中间的过渡帧，从而形成连续的动画。

在 3ds Max 中，大多数的可调节参数可以制成动画。帧体现了时间概念。在制作动画之前，先来了解动画运动的十大运动规律。

1. 压缩与伸展

当物体受到外力作用时，必然产生形体上的压缩和伸展。在动画中运用压扁和拉长的手法，夸大这种形体改变的程度，以加强动作上的张力和弹性，从而表达受力对象的质感和重量，以及角色情绪上的变化，如惊讶、喜悦、悲伤等。

压缩与伸展时应注意以下几点。

1）压缩和伸展适合表现有弹性的物体，不能使用过度，否则物体就会失去弹性，变得软弱无力。

2）在运用压缩和伸展时，虽然物体形状变了，但物体体积和运动方向不能变。

3）压缩与伸展运用到动画角色人物上，会产生意想不到的趣味效果。

2. 预期动作

动作一般分为预期动作和主要动作。预期动作是动作的准备阶段的动作，它能将主要动作变得更加有力。在动画角色做出预备动作时，观众能够以此推测出其随后将要发生的行为。

预备动作的规则是"欲左先右，欲前先后"。

3. 夸张

夸张是动画的特质，是动画表现的精髓。夸张不是无限制的夸张，而要适度、要符合运动的基本规律。

4. 重点动作和连续动作

动画的绘制，有其独特的步骤，重点动作（原画）和连续动作（中间画）需要分别绘制。首先把一个动作拆成几个重点动作，绘制成原画。

5. 跟随与重叠

跟随与重叠是一种重要的动画表现技法，它使动画角色的各个动作彼此间产生影响、融混、重叠。移动中的物体或各个部分不会一直同步移动，有些部分先行移动，有些部分随后跟进，并和先行移动的部分重叠。

跟随和重叠往往与压缩、伸展结合在一起使用，能够生动地表现动画角色的情趣和真实感。

6. 慢进与慢出

动作的平滑开始和结束是通过放慢开始和结束动作的速度、加快中间动作的速度来实现的。现实世界中的物体运动，多呈一个抛物线的加速或减速运动。

7. 圆弧动作

动画中物体的运动轨迹，往往表现为圆滑的曲线形式。因此在绘制中间画时，要以圆滑的曲线设置连接主要画面的动作，避免以锐角的曲线设置动作，否则会出现生硬、不自然的感觉。不同的运动轨迹，表达不同的角色特征。例如，机械类物体的运动轨迹，往往以直线的形式进行；而生命物体的运动轨迹，则呈现圆滑曲线的运动形式。

8. 第二动作

第二动作可以理解为主要动作的辅助动作，能丰富角色人物的情感表达。但第二动作只能以配合性的动作出现，不能过于独立或剧烈，不能喧宾夺主，影响主要动作的清晰度。

9. 时间的控制与量感

时间控制是动作真实性的灵魂，过长或过短的动作会折损动画的真实性。
量感是赋予角色生命力与说服力的关键，动作的节奏会影响量感。

10. 演出（布局）

动画片中的布局即演员的演出，是通过每一格的画面对动画角色的性格和情绪进行惟妙惟肖的刻画。一个情绪往往分拆成多个小动作来表达，每一个小动作都必须交代清楚。

10.2.2 创建简单动画——关键帧动画

关键帧动画是创建动画的基础，一般物体的位移、角度变化或放大缩小等，都可以通过设置初始和结束等关键帧状态来创建简单的状态变化动画，中间帧可以通过计算机插值计算形成过渡。其他的动画设置方法，如控制器动画、参数动画、粒子动画、骨骼动画等有时也需要关键帧设置配合来完成。

创建关键帧动画有两种方式：自动关键帧和手动关键帧。

1. 使用 Auto Key 制作动画

Auto Key 制作动画可以自动记录模型起始帧和结束帧的状态，中间帧由计算机自动插值计算得到过度帧。

下面通过制作茶壶倒水动画来讲解简单动画的创建方法。

此案例主要介绍自动关键帧的设置方法，制作步骤如下。

1）打开案例资源包中第 10 章的场景文件"10-24 茶壶倒水源文件"，场景中的桌面上有一茶壶和 4 套茶碗，如图 10-24 所示。要制作一个端起茶壶向茶碗倒水的动作，此处忽略水的流动效果（后面学完粒子动画后可以补上），只制作茶壶的动作。

2）修改时间（帧数）。制作动画前首先要计算时长和帧数，帧率可以在 PAL（25 帧/秒）和 NTSC（30 帧/秒）制式中选择。单击动画控制区的"时间配置"按钮，在弹出的"时间配置"对话框（图 10-25）中选择"PAL"制式，将时间长度设为 125（长度视动画情节长短而定），然后单击"确定"按钮。

图 10-24   茶壶倒水的原始场景

图 10-25   "时间配置"对话框

3）制作茶壶端起动画。选择茶壶，单击动画控制区的"自动"按钮，此时时间轴变成红色，活动视图也出现红色线框，表示可以开始记录动画的关键帧了。拖动时间轴滑块到第 15 帧处，在前视图或左视图中将茶壶向上移动到合适位置，如图 10-26 所示，此时时间轴的第 1 帧和第 15 帧出现了红色方块，表明记录了起始帧和结束帧茶壶位置的变化。但从顶视图观察茶壶的壶嘴和茶碗方向有偏差，如图 10-27（a）所示，继续拖动时间轴滑块到第 25 帧，在顶视图旋转茶壶至图 10-27（b）所示的位置，时间轴的第 25 帧出现了绿色方块，记录了茶壶角度的变化。

图 10-26　移动茶壶

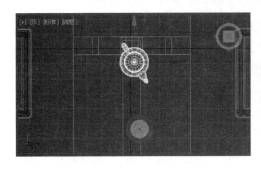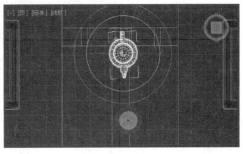

（a）　　　　　　　　　　　　　　　　（b）

图 10-27　旋转茶壶

观察增加旋转后的动画效果，茶壶是从第 0 帧开始旋转的，而不是第 15 帧（因为插值计算是从 0 开始的而不是 15）。

将时间轴滑块拖到第 35 帧，在任意平面视图将茶壶向茶碗方向移动一定的距离，再将时间轴滑块拖到第 45 帧，然后将茶壶下移一些，如图 10-28 所示。继续拖动时间轴滑块至 60 帧，在左视图旋转茶壶倒水的角度，如图 10-29 所示。

继续观察案例，加入旋转信息后，图中关键帧时间滑块的颜色发生了改变，红色代表位置信息，绿色代表旋转信息。

4）动画演示。拖动时间轴滑块或单击动画控制区的"播放动画"按钮，在活动视图中可以看到动画的演示效果。

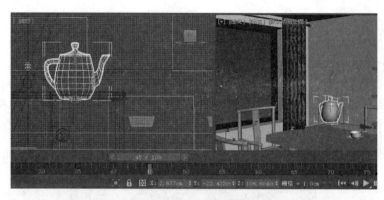

图 10-28　下移茶壶

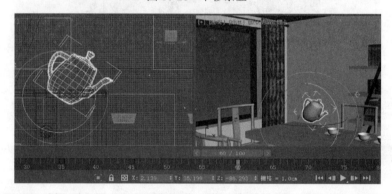

图 10-29　茶壶倒水

5）关键帧的取消和移动。在制作关键帧动画时，如果制作有误或对最后的效果不满意，可以在选择该物体的前提下，右击时间轴上的关键点，在弹出的快捷菜单中选择"删除关键点"选项，即可删除该关键帧，也可以选择某一关键点在时间轴上移动，以缩短或延长时间。

技 巧 提 示

1）制作动画时必须清楚每一个关键帧都包含了哪些信息，否则得不到希望的动画效果。

2）关键帧是基于对象的，而不是基于场景的；如果场景中有多个物体，它们的关键帧是完全独立的。

3）如果动画指定完成之后，再次修改场景（即自动关键帧处于关闭状态），物体会在新的位置产生动画，但动画过程不改变。需要注意的是，如果自动关键帧打开，则这些改变都会被记录成动画。

2. 使用 Set Key 制作动画

3ds Max 5 以后的版本增加了"设置关键点"按钮，使用自动关键点时系统会把对当前物体的变换或参数的修改记录到关键帧，而使用"设置关键点"功能时需要自己手动定义在关键帧中记录哪些内容。

前面的案例只是完成了茶壶的移动和旋转动作，如果想在茶壶端起后也端起茶碗，就需要使用"设置关键点"功能手动制作茶碗的动画。

制作茶壶倒水–茶碗接水动画，操作步骤如下（此案例主要介绍手动关键帧的设置及与自动关键帧的配合使用）。

1）继续上述操作，选择茶碗和托碟，将时间轴滑块移至第 25 帧，即从第 25 帧开始端起茶碗，也就是说第 25 帧是茶碗的起始帧，如果使用自动关键点设置茶碗的动画，会将第 0 帧记为茶碗的起始帧，因此要使用手动关键帧的设置方式。单击"设置关键点"按钮，然后单击其左侧的 ➕ 按钮，可以看到时间轴上手动设置了一个关键点，然后将时间轴滑块拖到第 35 帧，在左视图中向上移动茶碗至如图 10-30 所示的位置，然后再次单击 ➕ 按钮，记录茶碗端起的关键帧。

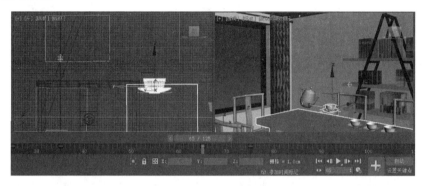

图 10-30　端起茶碗接水

2）恢复原处。继续拖动时间轴滑块至第 65 帧，单击 ➕ 按钮，让茶碗保持接水状态，然后拖动时间轴滑块至第 75 帧，在左视图向下移动茶碗茶碟至桌面，单击 ➕ 按钮，记录结束关键帧。重新选择茶壶，时间轴滑块在第 90 帧，旋转茶壶至直立状态，单击 ➕ 按钮，再将时间轴滑块拖至第 110 帧，将茶壶向左移动，单击 ➕ 按钮，继续将时间轴滑块拖至第 120 帧，将茶壶向下移动放置桌面，单击 ➕ 按钮，完成茶壶关键帧记录。

3）动画演示。此时，茶壶、茶碗和碟都恢复到放置在桌上的状态，单击"设置关键点"按钮，关闭动画设置，拖动时间轴滑块或单击动画控制区的"播放动画"按钮，在活动视图中可以看到动画的演示效果。

技 巧 提 示

比较上述两个案例，两种关键帧设置方式的起始位置是不同的。

1）自动关键点每个动作的设置都是从第 0 帧开始的，手动"设置关键点"不会在第 0 帧自动产生关键帧，每个关键帧需要由"设置关键点"左侧的按钮或键盘上的 K 键来手动设置。

2）使用手动"设置关键点"方式时，首先把时间滑块移到某一帧，再对物体进行变换，满意时标记为关键帧，不满意时可以恢复为原来的样子。

3）使用手动"设置关键点"方式记录动画可以很方便地控制关键帧所包含的信息。

3. 编辑关键帧

动画关键帧设置完成后如果不满意，还可以通过删除、移动、复制等方法修改关键帧。

1）移动：当将鼠标指针放到关键帧小方框上且变成十字形时，可以通过"移动"鼠标来移动帧。

2）复制：按住 Shift 键移动小方框即可复制帧。

注意：移动或复制帧后可以通过右击轨迹栏小方框，在弹出的快捷菜单中选择新的帧所要记录的内容。

3）删除：通过右击轨迹栏小方框，在弹出的快捷菜单中可以删除帧。

注意：可以分别删除某一帧的 X、Y、Z 轴位置信息，它们都是相对独立的。

10.3 参 数 动 画

在三维设计中，几何体都是由参数构成的，可以通过关键帧记录一些几何体参数的变化，从而得到几何体动态变化效果，一般可以使几何体发生形变或材质发生改变等。

1．面挤出动画

面挤出动画主要记录修改器的参数变化，从而使几何体形状发生改变，制作思路如下。

单击"切角圆柱体"按钮，在透视图创建一个半径为 60 的切角圆柱体，设置边数为 12、切角为 0.45、高度为 2，添加"编辑多边形"修改器，进入"多边形"层级。选择圆柱体侧边中间的面（每间隔一个选择一个面），如图 10-31 所示，然后在修改器列表中选择"面挤出"修改器，单击"自动关键点"按钮，拖动时间轴滑块至 100 帧，设置基础数量为 30、比例为 60%，则动态记录了选中的面由 0 到 30 挤出、比例由 100%到 60%缩小的变化过程，如图 10-32 所示，释放关键帧按钮，播放演示动画效果。

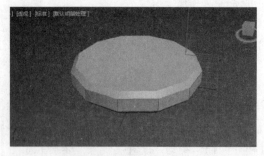

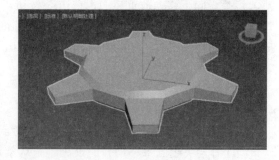

图 10-31　选择局部的面　　　　　　　图 10-32　局部面挤出动画

2．涟漪波动效果

涟漪波动效果主要记录修改器参数变化，从而使几何体形状发生改变，制作思路如下。

在透视图创建一个 30×30、分段数分别为 20 的平面，给平面添加参数化修改器中的"涟漪"修改器。设置振幅 1 为 0.5、振幅 2 为 1、波长为 5、相位为 1，单击"自动关键点"按钮，将时间轴滑块拖到 100，将相位设为 0，动态记录相位参数的变化，预览动态效果，如图 10-33 所示。

注意：平面的分段数要设置得高些，平面的动态效果才能平滑。

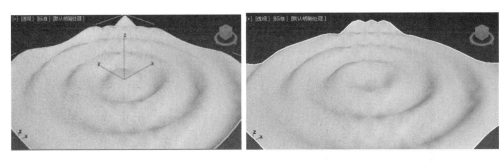

图 10-33　平面第 0 帧和第 50 帧涟漪波动的效果

3. 材质变化

材质变化主要记录模型材质参数变化，从而使几何体外观发生改变，制作思路如下。

在视图创建一个茶壶，打开材质编辑器，选择一个材质样本球，设置高光级别为 242、光泽度为 50。展开"贴图"参数卷展栏，单击"凹凸"右侧的按钮，在弹出的"材质/贴图浏览器"对话框中选择"噪波"类型贴图，设置噪波大小为 50，将材质球赋给茶壶。单击"自动关键点"按钮，将时间轴滑块拖到 50 帧，调整大小为 0.5；再将时间轴滑块拖到 100 帧，将大小设为 50。渲染第 1 帧和第 50 帧，材质变化效果如图 10-34 所示。

图 10-34　第 1 帧和第 50 帧噪波材质的变化

同样也可以记录材质颜色的变化，假如单击"自动关键点"按钮后，将第 0 帧设为黄色，第 50 帧设为蓝色，第 100 帧设为红色，则可动态记录茶壶由黄色变为蓝色再变为红色的过程，如图 10-35 所示是材质颜色变化的效果。

图 10-35　第 10 帧和第 90 帧材质颜色的变化

4. 变形文字

变形文字主要通过空间扭曲的参数变化使绑定的文字发生变形，同时也可以记录环境背景材质参数的变化，制作思路如下。

1）创建场景。选择"创建"选项卡中的"图形"命令面板，单击"文本"按钮，在"文本"列表框中输入"变形文字"，调整字体为楷体、大小为 5，在前视图中创建文字。再给文本添加"倒角"修改器，设置起始轮廓为 0，级别 1 的高度和轮廓分别为 0.1、0.1，级别 2 的高度和轮廓分别为 0.5、0，级别 3 的高度和轮廓分别为 0.11、-0.1，得到如图 10-36 所示的文字。

2）添加材质。打开材质编辑器，选择一个材质样本球，在"明暗器基本参数"参数卷展栏中选择"金属"类型，设置漫反射颜色的 RGB 为 255、255、0，高光级别为 100，光泽度为 80，选中"自发光"选项组中的"颜色"复选框。展开"贴图"参数卷展栏，单击"反射"右侧的按钮，在弹出的"材质/贴图浏览器"对话框中选择一张金属贴图，然后将材质赋给文本。

按 8 键弹出"环境和效果"对话框，单击"环境贴图"下方的按钮，通过位图选择图片"海上日出"作为环境贴图。在不关闭"环境和效果"对话框的情况下，在材质编辑器中选择第一个材质样本球，拖动"环境贴图"按钮到材质编辑器中该样本球上，将环境贴图方式改为"柱形环境"，设置 U、V 的平铺数量为 2，U 向偏移 0.1，渲染得到如图 10-37 所示的效果。

图 10-36　基本文字

图 10-37　添加材质后的文字

3）创建空间扭曲。在"创建"选项卡的"空间扭曲"命令面板中，单击"几何/可变形"中的"波浪"按钮，在视图中创建一个空间扭曲，调整大小应比文本大些，旋转波浪对象与文本方向保持一致。设置振幅 1 为 0.8、振幅 2 为 1.5、波长为 3、边数为 4、分段为 20、分割数为 10，将空间扭曲与文字中心对齐，如图 10-38 所示，然后将空间扭曲和文本绑定，效果如图 10-39 所示。

4）创建动画。包括文字的变化和背景的变化。

① 制作文字的变化。单击"自动关键点"按钮，拖动时间轴滑块到 100 帧，然后修改"波浪"参数卷展栏的相位值为 2，预览动画效果。

② 制作背景变化。打开材质编辑器，选择背景材质样本球，单击"自动关键点"按钮，拖动时间滑块到第 100 帧，设置 U 向偏移值为-0.09。预览效果，看到背景图从左向右移动了。

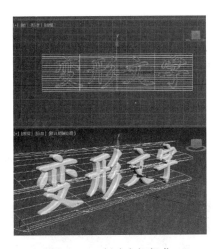

图 10-38　创建空间扭曲

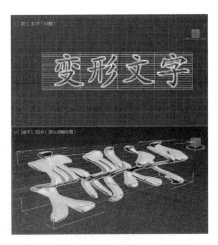

图 10-39　将文字绑定空间扭曲

　　5）录制动画。选择"渲染"菜单中的"视频后期处理"选项，在打开的"视频后期处理"窗口中添加场景事件、输出事件。然后"执行序列"命令，保存输出视频文件，预览视频文件，观看动态效果，如图 10-40 所示。

图 10-40　变形文字的动态效果

10.4　轨迹线和轨迹视图

　　关键帧动画实际是物体沿着固定路径改变位置、角度或大小，改变路径就是改变物体的运动轨迹。当物体反复做同一动作时，可以通过设置运动轨迹来设置动画效果，通过轨迹视图来改变物体的运动轨迹。

10.4.1　轨迹线

　　轨迹线可以用来观察物体的运动轨迹，动画制作中常常用轨迹线来编辑和调整关键帧。下面介绍通过"运动"命令面板来编辑物体的运动轨迹的方法。

1. 茶壶的运动轨迹

1）打开案例资源包中第 10 章的"茶壶移动轨迹"源文件，通过播放动画可以看到场景中已经定义好茶壶的关键帧动画，选择"运动"命令面板，单击"运动路径"按钮。

2）在视图中选择茶壶，然后可以看到茶壶的运动轨迹（白色方框代表关键帧），如图 10-41 所示。

3）在"运动"命令面板中单击"子对象"按钮，进入次物体层级，此时可以对轨迹线上的关键点进行编辑，可以移动关键点，也可以调节关键点的切线手柄，将直线变成曲线。如图 10-42 所示是移动关键点和调节关键点手柄将折线变成弧线的效果。

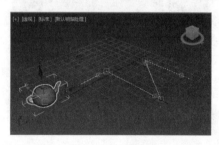
图 10-41　运动轨迹

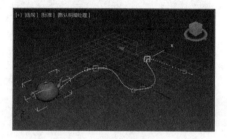
图 10-42　编辑运动轨迹

4）在"运动"命令面板的"关键点控制"参数卷展栏中，单击"添加关键点"按钮，可以在轨迹上增加关键点，关键点的位置可以随意调整。选择一个关键点，单击"删除关键点"按钮可以删除该关键点，如图 10-43 所示。

5）在"运动"命令面板的"显示"参数卷展栏中，选中"显示关键点时间"复选框，可以在轨迹上显示关键点的时间，如图 10-44 所示。

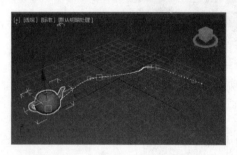
图 10-43　在轨迹线上删除关键点

图 10-44　显示关键点时间

6）在轨迹上编辑帧就如同在曲线上编辑点，切换到其他命令面板时，轨迹线隐藏。

2. 将路径绑定为物体的运动轨迹

还可以在视图中创建一条样条曲线，再把该曲线定义为物体的运动轨迹。

1）在视图中创建一条螺旋线（回旋圈数为 5）和一个球体，如图 10-45 所示。

2）选择球体，单击"运动"命令面板中的"运动路径"按钮，在参数卷展览展开"转换工具"参数卷展栏，单击"样条线转化"选项组中的"转化自"按钮，在视图中选择螺旋线，得到如图 10-46 所示的效果。

图 10-45 螺旋线和小球

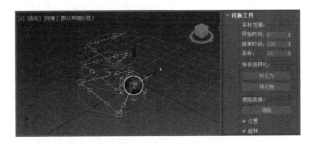

图 10-46 螺旋线转换为轨迹线

3）此时小球的运动轨迹是沿着螺旋线形成的折线，因为默认的采样点是 10，可以增加采样点使轨迹与螺旋线弧度接近，如图 10-47 所示。

4）在"运动"命令面板中单击"子对象"按钮，可以对轨迹上的关键点进行编辑，通过调节每一个关键点的切线手柄（移动），可以使小球的运动轨迹与螺旋线接近，如图 10-48 所示，使小球看起来是沿着螺旋线运动的。

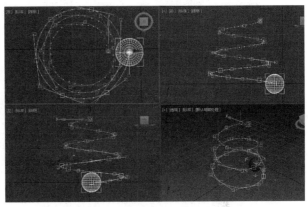

图 10-47 采样点为 20 的轨迹

图 10-48 调整关键点手柄后的轨迹

10.4.2 轨迹视图

轨迹视图可以显示场景中的所有对象和它们的参数列表，以及相应的动画关键帧，可以在这里设置动画控制器、关键帧之间的插值方式及设置关键帧的属性等。

1. 曲线编辑器窗口

轨迹视图有两种模式：曲线编辑器和摄影表，有 3 种方式可以打开轨迹视图。

1）选择菜单栏中的"图形编辑器"→"轨迹视图-曲线编辑器"或"轨迹视图-摄影表"选项。

2）选择物体，在工具栏中单击"曲线编辑器"按钮。

3）选择物体，右击，在弹出的快捷菜单中选择"曲线编辑器"选项。

如图 10-49 所示是轨迹视图的曲线编辑器窗口。

在该窗口中可以查看并编辑动画功能曲线，可以显示运动的插补方式，还可以使用切线手柄对曲线进行调整。

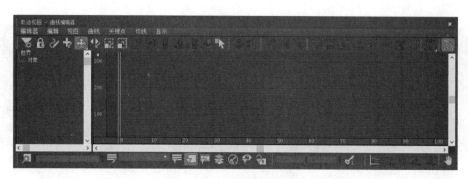

图 10-49　曲线编辑器窗口

2. 摄影表窗口

摄影表窗口布局类似于曲线编辑器窗口，如图 10-50 所示。在窗口中以电子表格的形式列出了所有关键点，每个小方块代表一个关键点，不同颜色表示存储的信息不同。

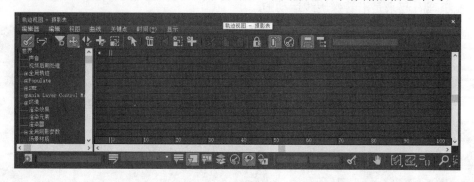

图 10-50　摄影表窗口

在任一关键点上右击，弹出的快捷菜单中显示了该点的信息，可移动或删除选中的关键点。

在编辑工具栏中单击"编辑范围"按钮，显示动画时间范围，可以直接用鼠标拖动改变动画时间范围。

3. 使用轨迹视图制作动画

前面介绍了轨迹视图的界面和主要编辑工具，下面通过案例来介绍如何使用轨迹视图来制作动画。

制作弹跳的小球
运动轨迹

例如，制作弹跳的小球。

1）在视图（0,0,10）位置创建半径为 2 的球体。

2）在动画控制区单击"自动关键点"按钮开始记录动画。

3）选择球体，移动时间滑块移动到第 5 帧，将小球移动到（0,0,0）位置，再移动时间滑块移动到第 10 帧，在状态栏中输入 Z 值为 10，完成球体下落又弹起的动画，单击"播放动画"按钮预览动画。

4）选择球体，在工具栏中单击"曲线编辑器"按钮，打开曲线编辑窗口，只显示 Z 轴功能曲线，如图 10-51 所示，此时小球匀速下落、匀速弹起。

5）实际上小球下落应该是加速运动，弹起应该是减速运动，不可能是完全匀速的，所以应该改变小球的运动速度。按住 Shift 建，分别延长第 0 帧和第 10 帧的切线手柄，缩短第 5 帧的切线手柄，形成如图 10-52 所示的曲线轨迹，观察小球下落的变化。

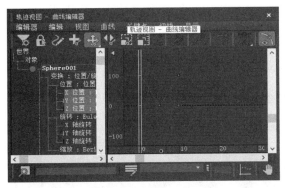

图 10-51　小球匀速下落匀速弹起的轨迹曲线

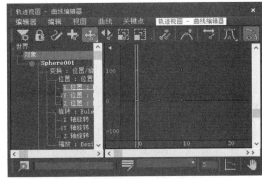

图 10-52　小球加速下落减速弹起的轨迹曲线

6）在曲线编辑器窗口选择一个关键点，下面的状态栏可显示其位置，可以输入精确位置值改变物体运动的位置。例如，弹起后的高度可能会比初始状态低，此处可以直接输入精确位置值，如图 10-53 所示。

7）在曲线编辑器中可以添加和移除关键点，也可以移动关键点，以改变小球的运动动画。单击工具栏中的"添加关键点"按钮，在轨迹线上增加一个关键点，再移动到合适位置。

8）设置循环动画效果。选择"编辑"菜单中的"控制器"→"超出范围类型"选项，弹出如图 10-54 所示的"参数曲线超出范围类型"对话框，选择"循环"类型，单击"确定"按钮，得到如图 10-55 所示的轨迹效果。

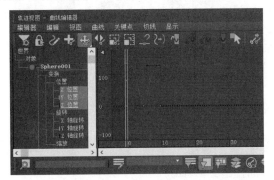

图 10-53　通过状态栏改变关键点的位置值

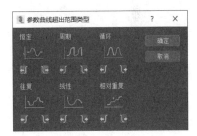

图 10-54　"参数曲线超出范围类型"对话框

图 10-55　小球循环运动的轨迹

9）单击动画控制区的"播放动画"按钮，在视图中预览小球循环往复运动的动画效果，可以看到小球在原地不停地弹跳。

10）如果想让小球边往前走边弹跳，还需要给小球增加一个水平方向的运动。选择小球，在轨迹视图-曲线编辑器窗口中选择 X 位置，显示 X 轴是一条水平的线。选择关键点 5，在状态栏输入 10；选择关键点 10，在状态栏输入 20；再选择"编辑"菜单中的"控制器"→"超出范围类型"选项，在弹出的"参数曲线超出范围类型"对话框中选择"相对重复"类型，单击"确定"按钮，则 X 轴水平曲线变成如图 10-56 所示的射线，代表小球边弹跳边沿 X 轴向前移动。

弹跳小球的总体运动轨迹如图 10-57 所示。

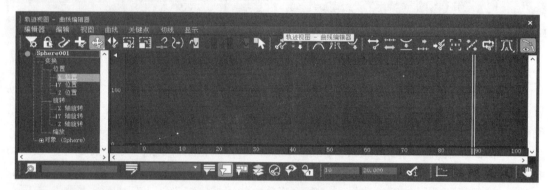

图 10-56　小球在 X 轴的运动轨迹

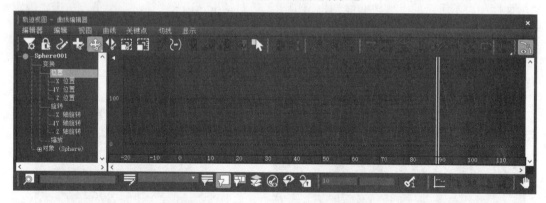

图 10-57　弹跳小球的总体运动轨迹

通过此例可以看出，在轨迹视图中修改关键点的参数值或改变关键点曲线即可改变物体的运动轨迹，制作出理想的动画效果。

10.5 综合训练

使用自动关键点设置的动画都是从第 0 帧开始的，当场景中多个物体都有动作发生时，有时是有先后顺序的，不一定都是同时发生的。这时就需要结合手动关键帧进行设置，让动作有先有后，一般的场景动画多是自动、手动混合使用来完成动画设置的。

【例 10-1】此案例主要是使用手动关键帧和自动关键帧结合的方法来设置多米诺骨牌动

画，操作步骤如下。

步骤 1　打开案例资源包中第 10 章的场景文件"10-58 多米诺骨牌源文件"，场景中的平面上有若干块骨牌和一个小球。首先选中所有的骨牌，选择"层次"选项卡，再单击参数卷展栏中的"仅影响轴"按钮，将骨牌的轴心点由每个长方体的中心向下移动到底面要倾倒一侧的中心点，如图 10-58 所示，因为要制作骨牌倾倒的效果，使骨牌角度发生改变，轴心点位置是影响骨牌旋转位置的，所以首先要移动轴心点。

制作手动关键帧
动画效果

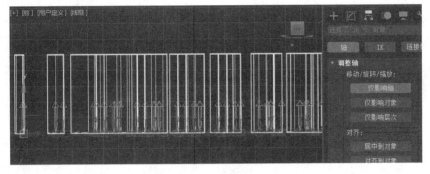

图 10-58　移动骨牌的轴心点

步骤 2　制作动画。单击动画控制区的"时间配置"按钮，将时间轴延长至 260 或更多帧（取决于骨牌块数的多少）。

① 制作小球下落的动画。先将小球调整到第一块骨牌上方稍偏外一点儿的位置，如图 10-59 所示。单击"自动关键点"按钮，拖动时间轴滑块至 10 帧，激活移动按钮，将小球沿 Z 轴垂直下移，直至接触到第一块骨牌。受到第一块骨牌的撞击，小球会向旁边弹，因此继续拖动时间轴滑块至第 25 帧，将小球再向骨牌反方向并向下移动，至小球落到平面上。小球在平面上会继续滚动，所以后续可以根据骨牌走向避开骨牌，拖动时间轴滑块至第 50 帧、100 帧、……，将小球移动至平面边缘，如图 10-60 所示，移动的过程中应不断旋转小球，以体现滚动效果。

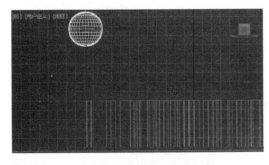

图 10-59　小球位置

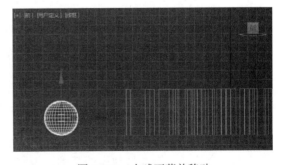

图 10-60　小球下落并移动

② 制作骨牌碰倒动画。因为骨牌初始是不变的，只有碰撞后才会倾倒，所以要使用手动关键帧的设置方法。选择第一块骨牌，将时间轴滑块拖至第 10 帧，单击"设置关键点"按钮，然后单击"Key"按钮，设置骨牌初始状态。拖动时间轴滑块至 20 帧，激活旋转按钮，旋转第一块骨牌至碰到第二块骨牌，再次单击"Key"按钮。选择第二块骨牌，单击"Key"按钮，设置其初始状态。拖动时间轴滑块至 30 帧，旋转第二块骨牌至碰到第三块骨牌，单

击"Key"按钮。此时随着第二块骨牌倒下，第一块骨牌和第二块骨牌又出现缝隙，回头再旋转第一块骨牌至碰到第二块骨牌，单击"Key"按钮。以此类推，逐一设置每一块骨牌倾倒效果，直至最后一块骨牌倒下，如图 10-61 所示。

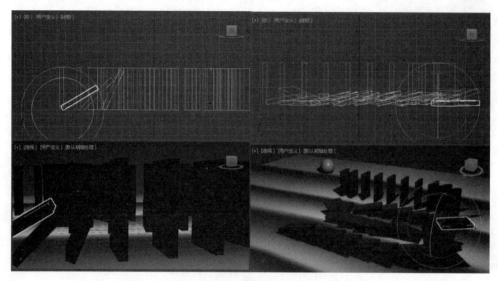

图 10-61　骨牌倾倒设置

③ 预览动画效果。单击动画控制区的"播放动画"按钮，观察动画的效果，如有问题及时调整。

注意：此案例中第 24 块骨牌倾倒后没有碰到第 25 块骨牌，所以后续骨牌没有倾倒，如果碰到则应该全部倾倒。

④ 保存动画文件。选择"渲染"菜单中的"视频后期处理"选项，在打开的"视频后期处理"窗口中添加场景事件和输出事件，设置输出文件的路径和文件名，然后单击"执行序列"按钮，在弹出的"执行视频后期处理"对话框中选择窗口分辨率，逐帧渲染动画效果。

注意：多米诺骨牌动画在制作中关键是要注意手动关键帧和自动关键帧配合使用设置动画效果。此外，多个对象设置动画效果时每个对象的动画都是独立的，应分别设置。

本 章 小 结

本章介绍了三维动画制作的基础知识和基础动画的创建方法。制作三维动画首先要了解三维动画的发展及应用领域，更重要的是要明确三维动画制作的流程和动画的运动规律。动画制作的基础是关键帧动画，可以自动设置关键帧，也可以手动设置关键帧，而自动和手动结合使用来设置动画效果更是常用的方法。关键帧不仅可以记录物体的位置、角度、大小的变化，还可以记录物体各种参数的变化，达到使物体形态或外观发生改变的动态效果。对于已经设置了动画的物体还可以通过编辑修改其运动轨迹来改变运动效果，这些都是动画制作中的基础知识，是后续章节学习的基础，因此要通过案例和练习掌握好这些基本操作。

思考与练习

一、思考题

1. 简述国内三维动画的发展状况。
2. 简述三维动画的应用领域。
3. 简述三维动画的制作流程。
4. 比较自动关键帧和手动关键帧的异同。
5. 如何设置重复的动作？

二、操作题

1. 发挥想象制作阶梯式多米诺骨牌。
2. 制作水滴落水的动画效果。
3. 制作钟摆的动画效果。

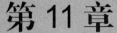

第 11 章

动 画 约 束

关键帧和参数设置动画一般是比较简单和比较直接的动画效果，复杂一些的动画效果用关键帧来设置就比较麻烦，而通过动画控制器则可以完成相对复杂的动画设置。利用动画控制器可以设置出很多应用关键帧或反向动力学解算方法很难实现的动画效果。

在 3ds Max 中，创建任何一个对象都被指定了一个默认的控制器，如果要制作特殊的效果，还可以指定其他的控制器。3ds Max 提供了很多种动画控制器，本章介绍几种常用的动画控制器。本章部分案例的渲染效果如图 11-1 所示。

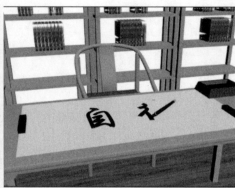

图 11-1　部分案例的渲染效果

图 11-1（续）

11.1 动画控制器

11.1.1 基本概念

在 3ds Max 中，设置动画的所有内容都是通过控制器进行处理的。控制器是处理所有动画值的存储和插值的插件。

动画控制器用来确定关键帧之间的插值计算方式。动画控制器可以存储动画的关键帧信息和程序设置，并能在关键帧之间进行插值计算产生过渡帧。当创建动画时，系统会自动为动画参数指定动画控制器。

动画控制器可分为以下几种。

1）浮点控制器：用于设置浮点值的动画。

2）Point 3 控制器：用于设置三组件值的动画，如颜色或 3D 点。

3）位置控制器：用于设置对象和选择集位置的动画。

4）旋转控制器：用于设置对象和选择集旋转的动画。

5）缩放控制器：用于设置对象和选择集缩放的动画。

6）变换控制器：用于设置对象和选择集常规变换（位置、旋转和缩放）的动画。

11.1.2 指定动画控制器

指定动画控制器通常有以下两种方法。

1. 在轨迹视图中指定控制器

在视图中选择已经制作了简单动画的物体，在工具栏中单击"曲线编辑器"按钮，打开曲线编辑器窗口，在该窗口的编辑工具栏中单击"过滤器"按钮 或选择"视图"菜单中的"过滤器"选项，如图 11-2 所示。在弹出的"过滤器"对话框中选择控制器类型，可以看到列表框中显示的动画控制器类型，如图 11-3 所示。

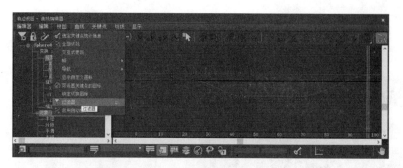

图 11-2　轨迹视图窗口

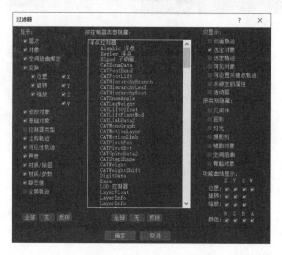

图 11-3　"过滤器"对话框

2. 在"运动"命令面板中指定控制器

选择物体，单击"运动"命令面板中的"参数"按钮，打开参数子面板，"分配控制器"参数卷展栏和轨迹视图窗口的层级列表显示的基本类似，但项目少得多，在"变换"参数卷展栏、"位置"参数卷展栏、"帧信息"参数卷展栏中显示了控制器和关键帧的信息。选择一个项目，单击"指定控制器"参数卷展栏顶部的"指定控制器"按钮，如图 11-4 所示，同样可以弹出"指定变换控制器"对话框，如图 11-5 所示。

图 11-4　"运动"命令面板指定控制器

图 11-5　"指定变换控制器"对话框

11.1.3　常用动画控制器

下面介绍一下常用的动画控制器。

1）贝塞尔控制器：使用可调节的样条曲线来对关键帧进行插值计算，它不仅可以用切线手柄控制曲线形状，还可以使用 Step 切线类型实现两个关键帧之间的突变。

2）线性控制器：在关键帧之间的时间段上均匀地分配两个关键帧之间的动画参数变化量，从而得到均匀变化的过渡帧，如创建一种颜色均匀地过渡到另一种颜色的动画效果、创建机械的运动效果等。

3）噪波控制器：用于产生随机的、不规则的动画效果。该控制器会作用于当前可编辑的时间范围内，没有关键帧，可以用来描述振动等完全随机的动画效果或和其他控制器复合使用。

4）Position XYZ 控制器：分别控制 X、Y、Z 轴向上的位置动画，还可以为其中的子项目指定动画控制器。

5）List 控制器：是特殊的控制器，它可以把多个控制器结合成一个控制器。可以给 List 控制器下不同的控制器指定不同的权重，分别产生影响，从而得到复杂的动画效果。

1. 给物体添加噪波控制器

给物体添加噪波控制器后，物体可以按不同的强度和频率发生震动。

在视图中创建一个长方体，展开"运动"命令面板的"指定控制器"参数卷展栏，选择"旋转：Euler XYZ"选项，单击"指定控制器"按钮。在弹出的"指定旋转控制器"对话框中指定"噪波旋转"控制器，单击"确定"按钮，播放观察效果，在透视图可以看到长方体在不停地震动。在如图 11-6 所示的噪波控制器对话框中修改频率和强度等参数，再播放观察效果，如图 11-7 所示是单帧的动画效果。

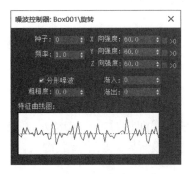

图 11-6　修改噪波控制器参数

图 11-7　第 45 帧的长方体效果

2. 给已经设置了动画效果的物体添加噪波控制器

给已经设置了动画效果的物体再添加噪波控制器，会将两个动画效果综合，即在完成原设置的动画效果的同时发生震动。

在视图中创建一个长方体，首先任意设置 0 到 100 帧的位置移动和角度变化的运动动画，然后展开"运动"命令面板的"指定控制器"参数卷展栏，选择"位置：位置 XYZ"选项，单击"指定控制器"按钮。在弹出的对话框中指定"位置列表"控制器。在"位置列表"参数卷展栏中单击"设置激活"按钮，再次单击"指定控制器"按钮，在弹出的对话框中选择

"噪波位置"选项，播放观察物体运动效果。在如图 11-8 所示的对话框中修改频率和强度，观察效果，如图 11-9 所示是单帧效果。

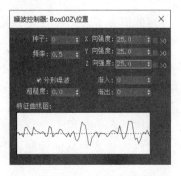

图 11-8　噪波控制器强度减半　　　　图 11-9　第 19 帧的物体震动效果

图 11-6 和图 11-8 是噪波控制器功能曲线，它在 3 个轴上随机振动，其中没有关键点可以控制。

还可以重新设置 Noise 控制器和 Position XYZ 控制器的权重来调节动画效果：在"运动"命令面板的"PositionXYZ"参数卷展栏中可以改变权重数值，播放并观察动画效果。

11.2　动　画　约　束

动画约束是一种特殊的动画控制器，是通过一个物体与其他物体的绑定关系来控制自身的位置、旋转和缩放的。创建约束动画需要一个原物体和一个目标物体，使用目标物体来对被约束的原物体施加特殊的控制作用。可以通过在一段时间内开关同目标物体的约束关系来在原物体上产生动画效果。

3ds Max 中包含附着约束、曲面约束、路径约束、位置约束、方向约束、链接约束、注视约束。

1．附着约束

附着约束是将一个对象附着在另一个对象的表面，使其跟随该对象一起运动。附着约束是一种位置约束，可以设置物体位置的动画。通过随着时间设置不同的附着关键点，可以在另一个物体不规则曲面上设置物体位置的动画。

例如，第 11 章中茶壶倒水案例中的茶碗和托碟是两个独立的物体，单独端茶碗，托碟不动，单独端托碟，茶碗不动。如果将茶碗附着在托碟上，当端起托碟时，茶碗可以一并端起，这就是附着的作用。下面通过案例说明表面附着约束的使用方法。

【例 11-1】将茶碗附着在托碟上。

操作步骤如下。

步骤 1　打开案例资源包中第 11 章的场景文件"11-10 附着约束源文件"，场景中有一个茶碗和一个托碟。选择茶碗，选择"动画"→"约束"→"附着约束"选项，移动鼠标指针到托碟并单击，则茶碗被约束到托碟表面，如图 11-10 所示。也可以直接在"运动"命令面板的参数卷展栏中选择"位置：位置 XYZ"选项，单击"指定控制器"按钮，在弹出的对话框中选择"附加"选项。展开"附着参数"参数卷展栏,单击"拾取对象"按钮,再单击托碟指定托碟约束平面。但此时茶碗没有附着在托碟的正中,需要进一步调整。

步骤 2 选择茶碗,单击"层次"命令面板中的"仅影响轴"按钮,将茶碗的轴心点移动到碗底的中心位置,如图 11-11 所示。展开"运动"命令面板中的"附着参数"参数卷展栏,如图 11-12 所示,取消选中"对齐到曲面"复选框,在"关键点信息"选项组中修改附着面的位置。也可以单击"设置位置"按钮,在视图中移动茶碗到托碟的中心位置,如图 11-13 所示。

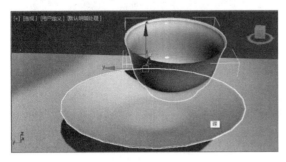

图 11-10 初始附着约束

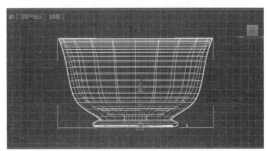

图 11-11 调整茶碗轴心点

图 11-12 "附着参数"参数卷展栏

图 11-13 调整附着约束的面

步骤 3 为托碟创建一段动画,可见茶碗附着在托碟上,并始终随着托盘的运动而运动。

技 巧 提 示

调节好两个对象的轴心点对于确定附着位置至关重要,因此附着约束前,应先调整好两个对象的轴心点,附着时便于两个对象的轴心点快速对齐。

2. 曲面约束

曲面约束用于把一个物体的运动约束到另一个物体的表面,用来做约束的表面必须是参数化的表面,如球、圆锥、圆柱、四边形片面、放样物体和 NURBS 物体。下面通过案例来说明曲面约束的使用方法。

【例 11-2】制作物体沿曲面运动的效果。

操作步骤如下。

步骤 1 打开案例资源包中第 11 章的场景文件"11-14 曲面约束源文件",场景中有一个圆柱、一个凹槽薄片、一个带有凹槽的平台,还有一个小球、两个梅花块儿。凹槽薄片和凹槽平台都是通过放样建模得到的模型，如图 11-14 所示。

  步骤 2 选择一个梅花块儿，选择"动画"→"约束"→"曲面约束"选项，移动鼠标指针到圆柱体并单击，则梅花块儿被约束到圆柱体的表面。也可以直接在"运动"命令面板的参数卷展栏中选择"位置：位置 XYZ"选项，单击"指定控制器"按钮，在弹出的对话框中选择"曲面"选项。展开"曲面控制器参数"参数卷展栏，单击"拾取曲面"按钮，在视图中单击圆柱体来指定约束平面，此时梅花块儿约束到圆柱体的起始点，如图 11-15 所示。

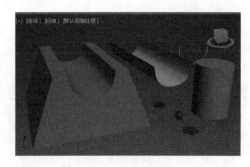 

图 11-14 场景模型   图 11-15 曲面约束

  步骤 3 进入"运动"命令面板，在参数子面板中展开"曲面控制器参数"参数卷展栏，选中"对齐到 U"复选框，将时间轴长度延长至 200 帧。

  步骤 4 单击"自动关键点"按钮，将时间轴滑块拖到结束帧，在"曲面控制器参数"参数卷展栏中设置 U 向位置为 400、V 向位置为 100，如图 11-16 所示。单击"播放动画"按钮。运行动画，会看到梅花块围绕圆柱曲面从底端绕 4 圈到达顶端，运动效果的单帧（第100 帧）截图如图 11-17 所示。

图 11-16 "曲面控制器参数"参数卷展栏   图 11-17 第 66 帧曲面运动效果

  步骤 5 使用同样的方法可以将另一梅花块儿和小球分别约束到带凹槽的平台和凹槽薄片上，同样通过关键帧记录 U 向和 V 向位置发生的变化，播放动画观察梅花快儿和小球在凹槽平台和凹槽薄片的运动效果。

  步骤 6 如果再为圆柱体创建一段动画，可见梅花块儿始终被约束在它表面跟随着圆柱体运动。

  1）被约束的面一定是曲面，除球、圆柱、圆锥外，还可以使用放样或 NURBS 建模的方法创建曲面。

2）"曲面控制器参数"参数卷展栏中的 U 向位置 100 表示围绕曲面运动一个循环（或一周），V 向位置表示从曲面的起始点到结束点（0 表示起始位置，100 表示结束位置）。

3）是否对齐或对齐到 U 或 V 表示运动物体的方向。

4）注意运动物体的轴心点，如果想让小球沿着凹槽壁运动而没有嵌入凹槽壁中，需要将小球的轴心点从中心位置移动到小球的下方最小点。

3. 路径约束

路径约束是经常使用的动画制作方法，可以让物体沿着路径运动，约束路径可以是任何类型的样条曲线，可以使用一条或多条曲线来控制物体运动，下面通过案例来说明路径约束的设置方法。

【例 11-3】使用单一路径创建路径约束动画。

操作步骤如下。

步骤 1　在视图中创建一个小球和一条螺旋线，并选择小球，如图 11-18 所示。选择"运动"命令面板中的"PositionXYZ"选项，单击"指定控制器"按钮，在弹出的对话框中选择"路径约束"选项。展开"路径参数"参数卷展栏，单击"添加路径"按钮，在视图中单击路径曲线，右击结束添加路径操作，播放并观察动画，如图 11-19 所示。

图 11-18　场景文件　　　　　　图 11-19　第 65 帧小球沿路径运动效果

步骤 2　单击"自动关键点"按钮，将时间滑块移到第 20 帧，在"路径参数"参数卷展栏的"%沿路径"文本框中输入 0；将时间滑块移到第 80 帧，在"%沿路径"文本框中输入 100，则小球在路径上的运动被限制在第 20～80 帧，观察动画效果。

步骤 3　当有方向的物体沿路径运动时，物体要保持一定的方向性。例如，汽车在路上行驶，转弯时车头要改变方向。

步骤 4　在场景中再创建一个茶壶（用茶壶代表任何有方向的物体），同样把它约束到螺旋线上，在"路径参数"参数卷展栏中选中"跟随"复选框，分别选中"X""Y""Z"单选按钮，对比播放运动效果，如图 11-20 所示。

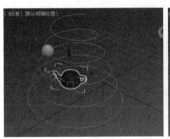
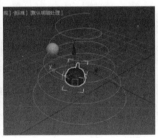
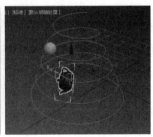

图 11-20　X、Y、Z 这 3 个轴向跟随的运动方向变化对比

步骤 5　在"路径参数"参数卷展栏中选中"翻转"复选框，观察运动效果，如图 11-21 所示。取消选中"翻转"复选框，再选中"相对"复选框，观察运动效果，如图 11-22 所示，此时茶壶会在创建位置，以螺旋线作为相对路径运动（即茶壶没有在螺旋线上运动）。

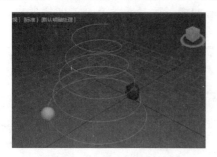 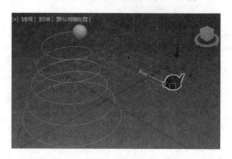

图 11-21　茶壶翻转方向运动　　　　　　图 11-22　茶壶在相对路径上运动

【例 11-4】 使用多条路径创建路径约束动画。

当一个物体约束到多条路径上时，可以按照路径约束的权重值同时在多条路径的相对位置运动，或者以先后顺序分别沿不同路径运动。

操作步骤如下。

步骤 1　在视图中创建一个茶壶、两个圆弧，如图 11-23 所示。选择茶壶，选择"动画"→"约束"→"路径约束"选项，移动鼠标指针到两个圆弧线并单击，或在"运动"命令面板的"指定控制器"参数卷展栏中选择"位置：位置 XYZ"选项，单击"指定控制器"按钮。在弹出的对话框中选择"路径约束"选项，然后单击"确定"按钮。在"路径参数"参数卷展栏中单击"添加路径"按钮，移动鼠标指针分别单击两条弧线，则两条弧线的权重值默认各 50，播放动画，可以看到小球不在任何一条弧线上，而是在两条弧线中间运动，如图 11-24 所示。

 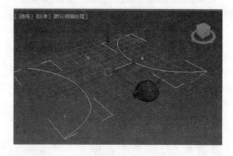

图 11-23　多路径约束场景　　　　　　图 11-24　两条路径各约束 50%的运动效果

步骤 2　两条路径的权重值是可以修改的：在"路径参数"参数卷展栏中选择一条路径，如图 11-25 所示。将其权重值设为 80，将另一条路径的权重值设为 20，得到如图 11-26 所示的运动效果。

步骤 3　还可以通过改变路径权重值，让物体按一定顺序沿路径运动。在路径列表中选择路径 001，把权重改为 0，单击"设置关键点"按钮，然后单击其左侧的➕按钮标记关键点，再把时间滑块移到第 40 帧，单击➕按钮。选择路径 002，把时间滑块移到第 60 帧，把路径 002 的权重改为 50，把路径 001 的权重改为 0，单击➕按钮。关闭"设置关键点"按钮，播放动画，可以看到小球在 0～40 帧在路径 001 上运动，从 60～100 帧在路径 002 上运动，效果如图 11-27 和图 11-28 所示。

图 11-25　"路径参数"参数卷展栏

图 11-26　多路径运动效果

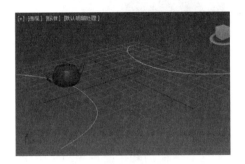

图 11-27　第 35 帧运动效果

图 11-28　第 75 帧运动效果

4. 位置约束

位置约束是使多个对象跟随一个目标对象运动。当使用多个目标对象时，每个目标对象都有一个权重值，该值定义它相对于其他目标对象影响受约束对象的程度。

【例 11-5】制作飞行阵列动画。

此案例模拟飞机列队飞行的表演效果。

操作步骤如下。

步骤 1　打开案例资源包中第 11 章的场景文件"11-29 位置约束源文件"，视图中有多个简易飞机模型（多边形建模方法创建的模型），如图 11-29 所示。每一组有 3 架飞机，最前面稍大一点的是头机，将后面每架飞机依次通过"位置约束"约束到前面的头机上。如果权重是默认值，则后面的每架飞机都约束到前面头机的位置上了；若想保持编队位置不变，则需要在命令面板的"位置约束"参数卷展栏中选中"保持初始偏移"复选框，如图 11-30 所示。

图 11-29　场景模型

图 11-30　"位置约束"参数卷展栏

步骤2 可以在参数卷展栏调整后面每一个小飞机位置约束的权重值，分别设置不同的权重值，然后通过自动关键帧设置头机的路径动画效果，那么后面小飞机会按照位置约束权重大小，随头机做不同速度的运动，效果如图11-31所示。

此动画效果可用于制作公路上不同速度行驶的汽车。

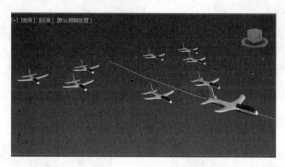

图11-31 位置约束动画

技巧提示

位置约束在跟随目标对象运动时不会保持方向的跟随，虽然头机路径约束可以设置跟随效果，即转弯时可以随路径方向改变机头方向，但后面位置约束的飞机却始终是保持初始方向前行，因此位置约束适合直线运动，或不需要区分方向的物体的位置约束运动。要想后面的飞机都能像头机一样随路径的变化而改变方向，则需要使用方向约束。

5. 方向约束

方向约束可以使一个物体跟随另一个物体或多个物体的平均方向运动。

【例11-6】 制作如图11-32所示的飞机飞行队列表演动画。

图11-32 飞机飞行表演

制作方向约束
动画效果

操作步骤如下。

步骤1 打开案例资源包中第11章的场景文件"11-33方向约束源文件"，场景中共9架飞机，3个一组，还有一条飞行演示的航线（螺旋曲线），如图11-33所示。

步骤2 将时间轴延长至300帧，选择头机，选择"动画"→"约束"→"路径约束"选项。在视图中选择绘制的螺旋路径，然后选中命令面板"路径参数"参数卷展栏中的"跟随"复选框，并调整飞机方向与路径前进方向一致，完成头机的路径约束动画。播放动画，可以看到此时头机沿路径运动，如图11-34所示。

图 11-33　方向约束场景文件

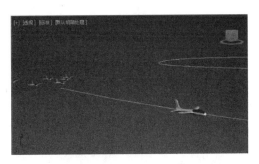

图 11-34　头机的路径动画

步骤 3　选择编队中后面的飞机，选择"运动"命令面板的"指定控制器"参数卷展栏中的"旋转：Euler XYZ"选项。单击"指定控制器"按钮，在弹出的"指定旋转控制器"对话框中选择"方向约束"选项，然后单击"确定"按钮。在"方向约束"参数卷展栏中单击"添加方向目标"按钮，移动鼠标指针到视图中单击头机。重复此操作依次完成后面飞机的方向约束。

但是方向约束只是完成了后面飞机与头机的方向保持一致，后面的飞机却没有跟随头机飞行，因此还需进一步完成位置约束。

步骤 4　选择编队中后面的飞机，选择"运动"命令面板的"指定控制器"参数卷展栏中的"位置：位置 XYZ"选项。单击"指定控制器"按钮，在弹出的"指定位置控制器"对话框中选择"位置约束"选项，然后单击"确定"按钮。在"位置约束参数"参数卷展栏中单击"添加位置目标"按钮，移动鼠标指针到视图中单击头机，在命令面板"位置约束"参数卷展栏中选中"保持初始偏移"复选框。重复此操作依次完成后面飞机的位置约束。单击"播放动画"按钮，可以看到 9 架飞机保持方向一致、队列一致跟随头机沿路径飞行，如图 11-35 所示。

步骤 5　添加环境背景，添加自由摄影机。创建一个虚拟对象，将摄影机链接到虚拟对象上，调整好摄影机方向，将透视图变成摄影机视图，观察飞行队列的视角，将虚拟对象约束到飞行路径上。然后将虚拟对象的起始位置移动到飞机队列前方一段距离，这样可以从飞行队列的前方观察飞行效果，如图 11-36 所示，调整到满意后，使用"渲染"菜单中的"视频后期处理"命令录制视频动画。

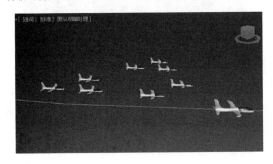

图 11-35　飞行队列表演

图 11-36　渲染的飞行效果

6. 链接约束

链接约束使物体继承了目标物体的位置、旋转和缩放等属性，通过在不同的时间把物体链接到不同的物体，可以得到特殊的动画效果。

【例 11-7】制作移动的链条。

操作步骤如下。

步骤 1 在前视图中创建一个半径为 0.1 的圆,在顶视图中创建一个圆角矩形,长、宽分别是 0.8、1.5,角半径为 0.3。选择圆角矩形,使用圆制作截面放样得到一节链条,然后复制多节,并对齐排列成一条多节链条,效果如图 11-37 所示。

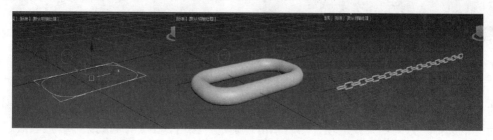

图 11-37 放样制作的链条

步骤 2 从右侧选择最后一节链条,进入"运动"命令面板,展开"指定控制器"参数卷展栏,选择"变换:位置/旋转/缩放"选项。单击"指定控制器"按钮,在弹出的"指定变换控制器"对话框中选择"链接约束"选项,然后单击"确定"按钮。在"链接参数"参数卷展栏中单击"添加链接"按钮,在视图中选择前一节链条,将两节链条链接在一起。重复此操作,依次将右面一节链条链接到前一节上,最后在最左侧添加一节圆柱,将最左侧的一节链条链接到圆柱上,使整根链条都有了链接关系,如图 11-38 所示。

步骤 3 现在发现移动圆柱体时,整根链条都随着移动,而选择中间某一节链条移动时,只有该节链条及右侧的链条随着移动,如图 11-39 所示,左侧的则不动(因为是从右向左依次做链接的),说明链接关系是单向的,只有子继承父的链接关系,即子一级链接到父一级上,父级可以带动子级,子级不能带动父级。

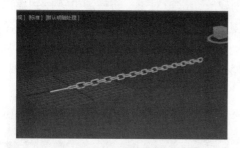

图 11-38 有了链接关系的链条

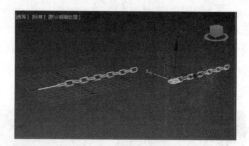

图 11-39 链接的父子关系

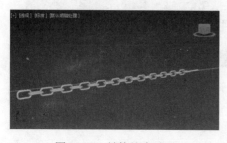

图 11-40 链接约束动画

步骤 4 把时间周延长到 200 帧,按照自己的想象任意为圆柱设置动画效果(如路径运动),单击"播放动画"按钮,在视图中可以看到链条随着圆柱体的运动而运动,如图 11-40 所示。

注意:链接动画多用于角色中骨骼的链接,以便制作出身体或四肢的连带运动效果,还可以用于火车的行驶等。如果想让每一节都能产生跟随效果,可以通过绑定路径变形动画实现,后面综合案例中有讲解,此处暂不介绍。

7. 注视约束

注视约束可以使原物体随着目标物体位置的改变而转动，但自身的位置不改变，从而产生注视效果。

例如，仰头看飞机飞行，可以站在原地位置不变，但目光会随着飞机移动而改变，即视角改变。

【例 11-8】制作注视动画。

操作步骤如下。

步骤1 在视图中创建一条螺旋线和一个球体，并使球体路径约束沿螺旋线运动，如图 11-41 所示。

步骤2 在视图中创建一个茶壶，选择茶壶，选择"动画"→"约束"→"注视约束"选项，在球体上单击，完成茶壶注视小球运动的动画效果。或在"运动"命令面板中选择"旋转：Euler XYZ"选项。单击"指定约束器"按钮，在弹出的"指定旋转控制器"对话框中选择"注视约束"选项，然后单击"确定"按钮。在"注视约束"参数卷展栏中单击"添加注视目标"按钮，单击球体，完成注视约束效果。然后单击"播放动画"按钮，看到茶壶随小球的运动而旋转，如图 11-42 所示。

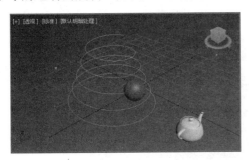

图 11-41 小球路径约束

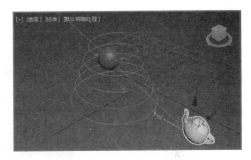

图 11-42 注视约束

注意：茶壶到小球之间有一条射线，代表的是注视视线，在"注视约束"参数卷展栏中可以修改"视线长度"参数，可以是绝对长度，也可以是相对长度，如果长度改为 0.0，则不显示视线。通常情况下只要看到注视角度的变化，不需要看到视线，如图 11-43 所示。

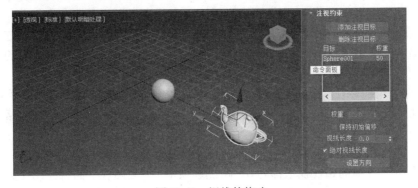

图 11-43 视线的修改

> **技 巧 提 示**
>
> 　　约束动画常常需要借助目标物体来实现，而实际作品中往往不想看到目标物体，这时可以借助"辅助物体"作为约束的目标物体，选择"创建"选项卡中的"辅助对象"命令面板，"标准"辅助对象中的"虚拟对象""点"是最常使用的辅助对象。

11.3　综 合 训 练

　　动画约束是制作动画效果常用的方法，下面通过几个案例来说明动画约束的综合运用。

　　【例 11-9】 制作书写文字动画。

　　此案例是想制作出文字随着毛笔书写的过程从无到有生成文字的动画效果，操作步骤如下。

制作书写文字
动画效果

　　步骤 1　打开案例资源包中第 11 章的场景文件"11-44 书写文字动画源文件"。场景中的模型主要有桌子，桌子上铺着宣纸，旁边有毛笔，如图 11-44 所示，其他次要模型可以省略，读者也可以自行添加。

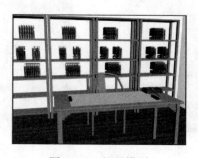

图 11-44　场景模型

　　步骤 2　动画制作分两部分：一部分是毛笔的书写过程，另一部分是文字的生成过程。

　　① 毛笔的书写过程：主要是毛笔沿着文字路径做书写路径动画。

　　a. 单击"图形"命令面板中的"文本"按钮，字体选择华文行楷，大小设为 20～30（依旧宣纸大小和文字多少调整），字间距自行设置，在"文本"列表框中输入文字，此处输入"自律"两个字。在顶视图宣纸合适位置单击，出现二维文字，调整到宣纸上方，然后使用平滑曲线沿着文字笔画绘制出毛笔书写的运笔路径，如图 11-45 所示，每个字的笔画尽量连接起来，便于制作动画。

　　b. 制作毛笔的路径动画。选择毛笔，将其轴心点调到笔尖位置，将笔调至 45°倾斜状态，将时间轴长度设为 220。按照多路径动画的约束方法，使用沿文字绘制的路径作为毛笔书写的路径，进行路径约束。如果是多个字，要靠动态调节权重的值来设置毛笔运笔的顺序，如通过手动"设置关键点"的方式，将 0～100 帧设为毛笔沿第一个字运笔书写，即第一个字权重值设 50，其他的路径权重都为 0。路径选项中"%沿路径"的百分比在第 100 帧设为 100；在第 120 帧将第一个字的路径权重设为 0，将第 2 个字的路径权重设为 50。路径选项中"%沿路径"的百分比在第 120 帧设为 0，在第 220 帧设为 100，如果有多个字则依次调节，效果如图 11-46 所示。

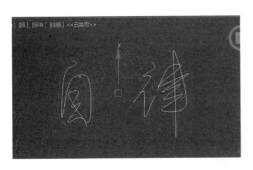

图 11-45 绘制文字路径

图 11-46 毛笔书写文字动画效果

② 文字的生成过程动画。可以使用切角长方体作为文字模型。

因为毛笔书写时路经是连笔的，有多余的路径，所以文字生成还需要重新按照文字笔画绘制路径。一个文字可以有多条路径，连笔多余的省掉，否则生成文字时会有多余的笔画，将原来毛笔的运笔路径隐藏，文字生成路径，如图 11-47 所示。

在前视图创建 6 个切角长方体（文字由几笔组成就创建几个长方体，高度足够、分段数足够，高度不合适的话，后续可以再调节），并添加"编辑多边形"修改器以减少面数，参数如图 11-48 所示。

图 11-47 文字生成路径

图 11-48 切角长方体的参数

选择一个切角长方体，添加"路径变形 WSM"修改器，在参数卷展栏中单击"拾取路径"按钮，然后在视图中选择文字第一笔的笔画路径，再单击"转到路径"按钮，长方体即绑定到路径上。此时可在修改器堆栈列表中选择切角长方体，根据路径长度调整其高度值和高度分段数，使长方体和文字路径吻合，后面的文字笔画都使用此方法制作，效果如图 11-49所示。

图 11-49 切角长方体绑定路径

文字的生成动画是靠路径绑定参数的"拉伸"值动态设置的。单击"自动关键点"按钮，从文字第一笔开始，随着毛笔运笔速度，通过自动关键点设置切角长方体拉伸值从 0 到 1 的动态效果，每一笔都要与毛笔的运笔位置一致，效果如图 11-50 所示。

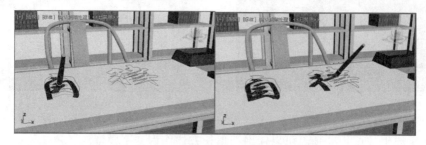

图 11-50　第 80 帧和第 160 帧的动画效果

注意：毛笔的路径动画和文字的生成动画设好后，还要仔细观察二者的吻合度，要保证毛笔在路径上行走与文字生成同步，如果不同步，可以通过关键帧进行调节，直至二者同步。

步骤 3　最后使用"渲染"菜单中的"视频后期处理"命令录制视频动画，在"视频后期处理"窗口中添加场景事件和输出事件，确定好视频文件的存储路径和文件名，选择好窗口分辨率，然后单击"执行序列"按钮进行渲染。

> **技 巧 提 示**
>
> 1）毛笔运笔路径必须连贯，否则写起来不顺畅。
> 2）动画设置前要将毛笔的方向及轴心点调整好。
> 3）切角长方体长度分段数要足够多，才能保证文字的平滑度。
> 4）文字生成拉伸的速度与毛笔运笔书写的速度匹配，两者的速度靠关键帧手动调整。
> 5）如果想让毛笔写字过程更真实，也可以在毛笔路径动画过程中调节毛笔倾斜的角度，即笔画从上到下写时，毛笔的倾斜角度可以逐渐加大，使写字看起来更自然。

【例 11-10】制作硬币旋转动画。

此案例要完成硬币从直立旋转、速度逐渐减慢、到最后倒下的全过程，操作步骤如下。

步骤 1　打开案例资源包中第 11 章的场景文件"11-51 旋转的硬币源文件"，场景中有一书桌，桌上有一枚硬币（为了效果明显，此硬币比正常硬币大 3 倍），如图 11-51 所示。

步骤 2　制作路径。创建一条螺旋线放在桌面下方作为路径，半径为 0、30，高度初始为 0，圈数为 15，如图 11-52 所示。

图 11-51　场景文件

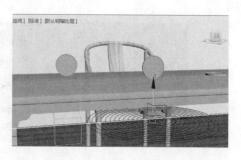

图 11-52　路径和虚拟对象

步骤 3　进入"创建"选项卡的"辅助对象"命令面板，创建一个虚拟对象，放在桌面下方，保存场景，如图 11-52 所示。

步骤 4　动画设置。硬币在原地旋转位置不变，只是角度改变，显然不能让硬币直接做路径动画，而是注视虚拟对象沿螺旋线路径运动，因此动画分两部分。

① 将时间轴延长至 225 帧，为虚拟对象赋予路径动画，让虚拟对象沿螺旋线运动，并将虚拟对象运动结束帧移至 210 帧。

② 为硬币赋予注视动画，让硬币注视虚拟对象运动，注视视线设为 0，硬币旋转效果如图 11-53 所示。

③ 因为轴心点在硬币中心（此案例不能把轴心点移到硬币边沿，如果把硬币轴心点移到硬币下边沿制作注视动画，当硬币倒下时转动不自然），硬币在旋转过程中随着倒下会悬离桌面，因此还需使用关键帧调整硬币的位置。单击"自动关键点"按钮，拖动时间轴滑块，在视图中观察硬币旋转的效果，发现悬离桌面时立即移动硬币归到桌面，到 140 帧以后硬币会越转越慢。此时调节螺旋线的高度为 8，到 180 帧将螺旋线高度设为 12，到 210 帧将螺旋线高度设为 18，这样硬币最后即能完全倒下，效果如图 11-54 所示。

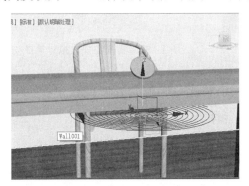

图 11-53　第 60 帧硬币旋转效果

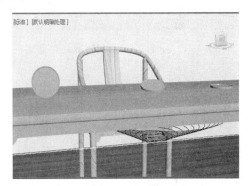

图 11-54　第 200 帧硬币旋转效果

步骤 5　使用"渲染"菜单中的"视频后期处理"命令录制视频动画。

【例 11-11】制作猫眼钟动画效果。

此案例的钟表模型可以根据想象自己创作，表盘的动画要体现出分针和秒针的动画，关键是猫眼要随时间摆动。如果觉得按秒计算动得太快，也可以按分计算，即 1 分钟眼睛左右摆动一次。操作步骤如下。

制作猫眼钟动画效果

步骤 1　打开案例资源包中第 11 章的场景文件"11-55 猫眼钟源文件"，场景中有如图 11-55 所示的猫眼钟模型，动画分两部分，一部分是时钟分针和秒针的转动，在此只设置 1 分钟的动画，1 分钟分针转动 1 格，秒针转动一圈，按每秒 25 帧计算，共设 1500 帧，即将时间轴长度改为 1500 帧。

步骤 2　设置表针动画。单击"层级"选项卡中的"仅影响轴"按钮，将分针、秒针模型的轴心点移动到表盘中心位置，关闭"仅影响轴"。单击"自动关键点"按钮，将时

图 11-55　猫眼钟模型

间轴滑块拖到 1500 帧，分别旋转分针转动一小格、秒针转动一圈，完成 1 分钟动画。

步骤 3   设置猫眼转动动画。单击"图形"命令面板中的"椭圆"按钮，在视图中的猫眼水平前方位置绘制一个椭圆，长度为 10，宽度为 350。再单击"创建"选项卡"辅助对象"命令面板中的"虚拟对象"按钮，在视图中创建一个虚拟对象，然后使用"路径约束"的方法使虚拟对象沿椭圆运动，如图 11-56 所示。选择猫眼，依次使用"注视约束"的方法，使两只猫眼注视虚拟对象运动，产生猫眼左右摆动的效果，如图 11-57 所示。

步骤 4   使用"渲染"菜单中的"视频后期处理"命令录制视频动画。

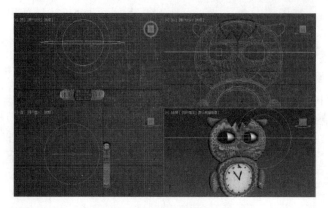

图 11-56　虚拟对象路径运动

图 11-57　猫眼注视虚拟对象摆动

本 章 小 结

使用动画控制器可以更好地控制关键点之间的变化，得到更为复杂的动画效果。本章主要讲述了几个常用动画约束控制器的使用方法，通过这几个常用动画控制器的应用，重点掌握几个案例中路径约束、位置约束、方向约束和注视约束的动画制作方法，并学会举一反三，运用动画约束结合关键帧设置，制作出各种复杂的动画效果。

思 考 与 练 习

一、思考题

1．约束控制器可以叠加使用吗？

2．当同一场景中不同物体的运动效果不匹配时如何调整？

二、操作题

1．制作蝴蝶花丛飞舞动画。要求：场景中有树木花草，可以十字贴图，也可以创建模型，一群蝴蝶围绕花草翩翩飞舞，如图 11-58 所示。

图 11-58　蝴蝶花丛飞舞

2．制作老式摆钟效果。老式摆钟上有表盘，下有钟摆，表盘至少要制作出分针和秒针的动画效果，根据秒针走动效果，制作钟摆摆动效果。

第 12 章

粒子动画

▶ 知识目标

1）了解粒子发射器的作用。

2）了解空间扭曲工具的作用。

3）了解各种粒子发射器的不同功效。

▶ 能力目标

1）能够根据想要创建的特效选择合适的粒子发射器并创建。

2）掌握不同的粒子特效的参数设置方法。

3）掌握空间扭曲工具配合粒子系统制作粒子特效的方法。

▶ 课程引入

　　生活中有很多自然现象（如流水、下雨、下雪、烟雾飘动等）是由无数的颗粒运动构成的，如何快速有效地控制这么多颗粒按照一定的规律运动呢？显然单纯使用关键帧和控制器来完成太烦琐，需要使用脚本程序来设定运动效果，这就是粒子系统。

　　粒子系统就是为了模拟现实中的水、火、烟雾等特效，由各种三维软件开发的制作模块。其原理是将无数的单个粒子组合，使其呈现出固定形态，然后由控制器、脚本来控制其整体或单个粒子的运动，模拟出真实自然的水、火、雨、雪、烟雾等效果。本章介绍几种常用的粒子特效。本章部分案例的渲染效果如图 12-1 所示。

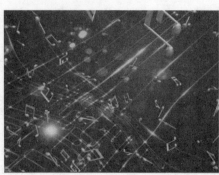

图 12-1　部分案例的渲染效果

图 12-1（续）

<h1 style="text-align:center">12.1 粒 子 系 统</h1>

粒子系统实际是一个发射装置，可以沿一定方向发射设定数量的粒子。

粒子系统可以用来模仿自然现象、物理现象，如模拟雨、雪、流水、灰尘及烟云、火花、爆炸、暴风雨或瀑布等。

为了增加物理现象的真实性，粒子系统通过空间扭曲控制粒子的行为，结合空间扭曲能对粒子流造成引力、阻挡、风力等仿真影响。

12.1.1 粒子系统的创建

在"创建"选项卡的"几何体"命令面板的"标准基本体"下拉列表选择"粒子系统"选项，如图 12-2 所示。进入粒子系统后，显示 7 种不同类型的粒子发射器，如图 12-3 所示。每一种发射器适合做不同类型的粒子效果。

图 12-2 "标准基本体"下拉列表　　　　　图 12-3 粒子对象的类型

选择一个发射器，在任意一个视图中单击并拖动鼠标即可创建一个粒子发射器。粒子发射有方向性，根据需求调整好发射方向和发射器的大小，各种效果靠参数和材质来调节。如图 12-4 所示是"喷射"发射器在某一帧的视图效果。下面通过几个案例介绍粒子特效的制作方法。

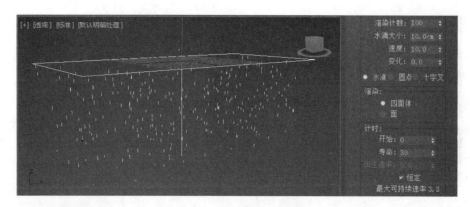

图 12-4　"喷射"粒子发射器

12.1.2　常用的粒子特效

1. 粒子流源

粒子流源是一个中心有标记的长方体发射装置（默认情况），如图 12-5 所示，它可以使用控制来改变形状。它的功能非常强大，可以通过事件来控制粒子的各种变化效果，其控制器的参数设置如图 12-6 所示，下面通过案例来说明粒子流源的使用方法。

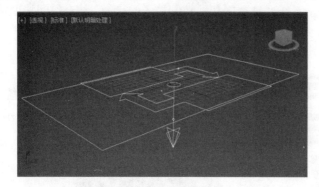

图 12-5　粒子流源发射装置

图 12-6　粒子流源参数

【例 12-1】制作扑面而来的音符。

此案例制作音符从屏幕内向屏幕外发射的效果，操作步骤如下。

步骤 1　新建文件，在"标准基本体"下拉列表中选择"粒子系统"选项，单击"粒子流源"按钮，在前视图创建"粒子流源"发射器，如图 12-7 所示。

制作飞舞的音符
动画效果

步骤 2　在"设置"参数卷展栏中单击"粒子视图"按钮，打开"粒子视图"窗口。在"事件"中选择"出生"选项，在对话框右侧的参数卷展栏中可以设置粒子的数量和发射的起止时间。此例中设置发射开始和发射停止分别为-20、90，数量为 280，如图 12-8 所示。

步骤 3　在"事件"中选择"速度"选项，在右侧的参数卷展栏中设置变化和散度均为 1，在"方向"选项组中的"沿图标箭头"下拉列表中可以选择粒子发射的方向，本例选择图标箭头朝外，如果想制作其他效果可以在此选择，如图 12-9 所示。

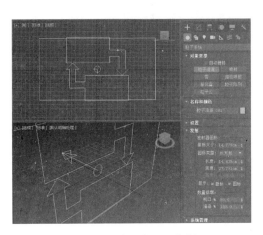

图 12-7　"粒子流源"发射器

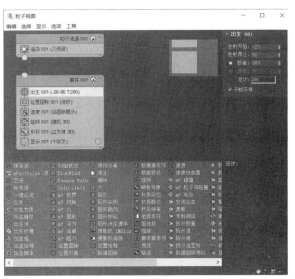

图 12-8　设置粒子发射时间

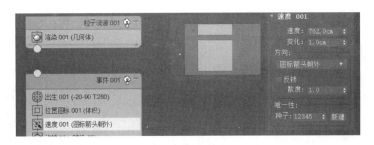

图 12-9　设置粒子速度和方向

步骤 4　在"事件"中选择"形状"选项，在右侧的参数卷展栏中设置形状和大小，选择"3D"选项，在"立方体"下拉列表中可以选择粒子的形状，这里预设了 20 种不同的形状，如图 12-10 所示。想显示什么形状即可选择什么形状，如数字、字母、心形等各种形状，此例中选择"音符"形状，然后选中"生成贴图坐标"复选框，如图 12-11 所示。

图 12-10　粒子的形状

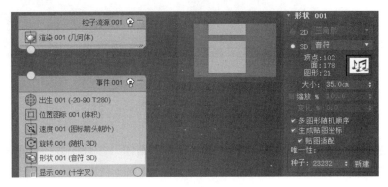

图 12-11　选择"音符"形状

步骤 5　在"事件"中选择"显示"选项，在右侧的参数卷展栏中的"类型"选项组的"十字叉"下拉列表中选择"几何体"选项，在视图中即可看到音符形状，如图 12-12 所示。

步骤6   此时选择透视图窗口,单击工具栏中的"渲染"按钮,即可看到渲染效果,如图 12-13 所示,窗口中有若干飞舞的音符。

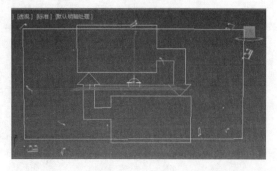

图 12-12   音符形状

图 12-13   飞舞的音符

步骤7   在"粒子视图"对话框下方的操作符列表中选择"材质动态"事件,并将其拖动到事件显示中,如图 12-14 所示。

图 12-14   选择"材质动态"事件

步骤8   设置材质变化。打开材质编辑器,选择一个材质样本球,在"明暗器基本参数"参数卷展栏中选择"金属"类型,设置环境光和漫反射颜色的 RGB 均为 255、188、0,高光级别设为 72,光泽度设为 55。展开"贴图"参数卷展栏,单击"反射"右侧的按钮,在弹出的"材质/贴图浏览器"对话框中,选择"位图"选项,然后单击"确定"按钮。在弹出的"选择位图图像文件"对话框中找到本章事先准备的环境贴图"lake01"图片,单击"打开"按钮即可将图片设为环境贴图反射在材质球上,如图 12-15 所示。

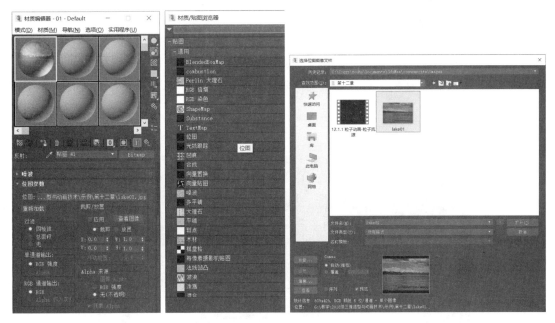

图 12-15 选择环境贴图

步骤 9 在"粒子视图"窗口中选择"材质动态"事件,右侧出现"材质动态"参数卷展栏,将材质编辑器中设置好的材质球拖动到"无"按钮上,使用"实例"方式复制,如图 12-16 所示。

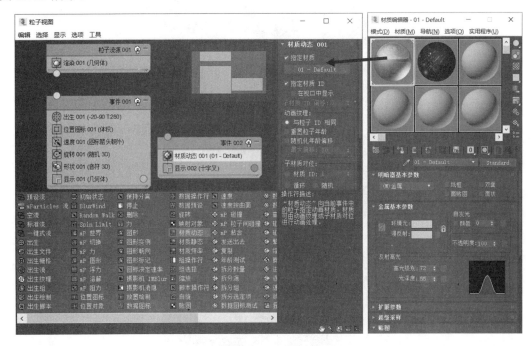

图 12-16 复制材质

步骤 10 将"材质动态"事件拖动到"粒子流源"下的关联事件组中,如图 12-17 所示。

步骤 11 选择"渲染"菜单中的"环境"选项,在弹出的"环境和效果"对话框中使用本章贴图"背景 01"作为环境背景,并将环境背景贴图拖到材质编辑器中的一个空白样本球上，可以制作一个背景变化的动态效果。

步骤 12　在动画控制区单击"自动关键点"按钮，然后单击材质编辑器"位图参数"参数卷展栏中的"查看图像"按钮，如图 12-18 所示。在弹出的对话框中缩小裁剪区域，然后拖动时间轴滑块到第 100 帧，改变裁剪区域，如图 12-19 所示，调整好后关闭"自动关键点"按钮。

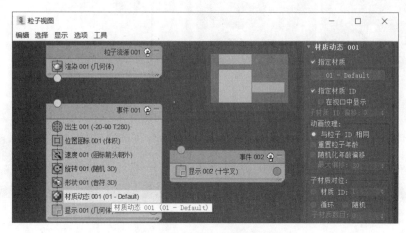

图 12-17　设置关联事件组

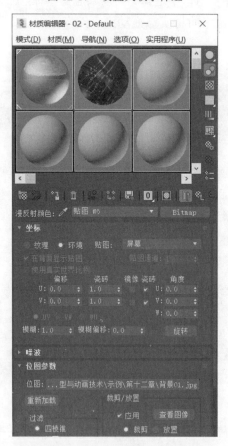

图 12-18　单击"查看图像"按钮

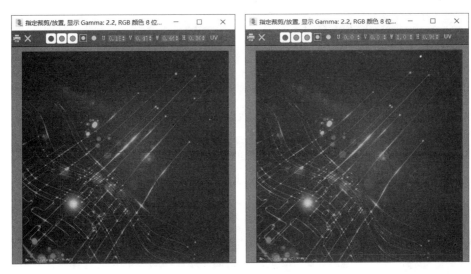

图 12-19　修改裁剪区域

步骤 13　选择"创建"选项卡的选择"摄影机"命令面板，单击"目标摄影机"按钮，在左视图创建摄影机，如图 12-20 所示，然后将透视图改为摄影机视图。

步骤 14　选择"渲染"菜单中的"视频后期处理"选项，在打开的"视频后期处理"窗口中添加场景事件和输出事件，设置输出视频文件的路径和文件名，然后单击"执行序列"按钮，生成动画的视频文件，单帧的视频效果如图 12-21 所示。

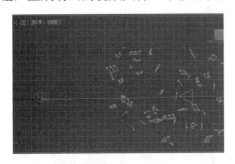

图 12-20　添加摄影机

图 12-21　第 50 帧的动画效果

粒子流源可以制作很多特殊效果，像片头的特效等一些不规律的特殊效果，各种形状和粒子发射方向可以自行实验观看效果，在此不一一列举。

2. 喷射系统

喷射系统可以用粒子模拟雨、流水、喷泉等水滴效果。粒子从发射器发射出垂直的粒子流，沿着固定的方向发射，当然可以用重力改变粒子流的方向。下面通过案例来说明喷射系统的使用。

【例 12-2】制作下雨。

此案例利用喷射系统制作下雨的场景，操作步骤如下。

步骤 1　在顶视图创建粒子系统中的"喷射"，在顶视图创建可保证发射方向向下，调整发射器的位置，大小视场景需要而定，此例设宽度为 800、长度为 500，如图 12-22 所示。

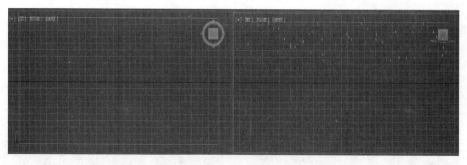

图 12-22 创建"喷射"系统

图 12-23 设置粒子参数

步骤 2 设置粒子参数，视口计数、渲染数量、水滴大小、速度、形状、寿命等参数如图 12-23 所示。

步骤 3 设置雨滴材质。打开材质编辑器，选择一个材质样本球，设置漫反射颜色 RGB 为 232、238、247、高光反射颜色 RGB 为 229、229、229，选中"自发光"选项组中的"颜色"复选框，并设置颜色为白色、高光级别为 88、光泽度为 76、不透明度为 50、如图 12-24 所示。展开"贴图"参数卷展栏，设置反射数量为 66，贴图类型为光线跟踪，展开光线跟踪贴图，设置背景贴图为反射/折射，如图 12-25 所示，将材质赋给发射器。

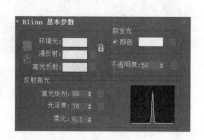

图 12-24 设置材质参数

图 12-25 设置反射贴图

步骤 4 设置环境背景。选择"渲染"菜单中的"环境"选项，在弹出的"环境和效果"对话框的"背景"选项组中，单击"环境贴图"下方的按钮，在弹出的"材质/贴图浏览器"对话框中，通过"位图"找到案例资源包中第 12 章 map 文件夹下的"背景 06.jpg"图片。然后将贴图复制到材质编辑器中一个新材质样本球上，在"坐标"参数卷展栏中选中"环境"单选按钮，在"球形环境"下拉列表中选择"屏幕"选项，渲染可看到单帧效果，如图 12-26 所示。

步骤 5 选择"渲染"菜单中的"视频后期处理"选项，在打开的"视频后期处理"窗口中添加场景事件和输出事件，命名输出视频文件的路径和文件名，然后单击"执行序列"按钮，生成动画的视频文件。

图 12-26　下雨效果

3. 雪系统

雪系统可以模拟降雪或飘洒的纸屑效果。雪系统与喷射系统类似，但是多了雪花粒子翻滚的参数，下面通过案例来查看雨雪效果的不同。

【例 12-3】制作大雪纷飞效果。

此案例利用雪粒子发射器制作雪花下落的过程，操作步骤如下。

步骤 1　添加视图背景。新建文件，先为场景添加一个环境背景贴图。打开材质编辑器，选择一个材质样本球，漫反射贴图选择案例资源包中第 12 章 map 文件夹下的"背景 09"作为背景贴图，在"坐标"参数卷展栏中选中"环境"单选按钮，贴图选择"屏幕"方式，然后将材质样本球复制到"环境和效果"对话框的"环境贴图"下方的按钮上，渲染效果如图 12-27 所示。

图 12-27　添加环境背景贴图

步骤 2　显示视图背景。单击透视图左上角的"标准"，在弹出的下拉列表中选择"视口全局设置"选项，在弹出的"视口配置"对话框中选择"背景"选项卡。选中"使用环境背景"单选按钮，如图 12-28 所示，然后单击"确定"按钮，则透视图中显示背景贴图。

步骤 3　创建雪系统。在命令面板中单击"粒子系统"中的"雪"按钮，在顶视图创建雪发射器，设置雪粒子的数量、大小、速度、计时等参数，如图 12-29 所示，粒子形状选择"雪花"，渲染时显示"六角形"，然后"隐藏"发射器。

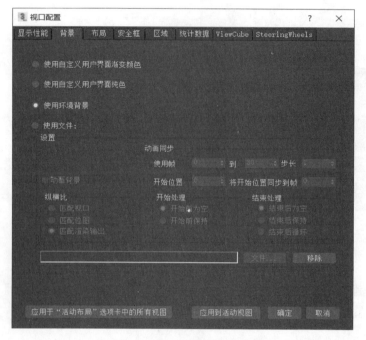

图 12-28 "视口配置"对话框

图 12-29 设置雪粒子的参数

步骤 4 设置雪的材质。打开材质编辑器,选择一个材质样本球,设置漫反射为白色,选中"自发光"选项组中的"颜色"复选框,并设置颜色为白色。单击"不透明度"贴图按钮,在弹出的"材质/贴图浏览器"对话框中选择"渐变"类型。在"渐变参数"参数卷展栏中设置渐变类型为"径向",将材质样本球赋给雪粒子,渲染效果如图 12-30 所示。

图 12-30 设置雪的材质

步骤 5 选择"渲染"菜单中的"视频后期处理"选项,在打开的"视频后期处理"窗口中添加场景事件和输出事件,命名输出视频文件的路径和文件名,然后单击"执行序列"按钮,生成动画的视频文件。

4. 超级喷射系统

超级喷射系统是增强的喷射粒子系统,它可以发射可控制的粒子流,是更高级的粒子系统,其命令面板中的参数更多,可以模拟喷泉、礼花、烟雾等效果。

【例 12-4】制作上升的气泡。

此案例制作气泡漂浮上升的效果，操作步骤如下。

步骤 1 创建文件，在透视图场景中创建一个"超级喷射"发射器，然后设置粒子的参数。首先设置基本参数，设置轴偏离为 4、扩散为 12、平面偏离为 180、图标大小为 50，如图 12-31 所示。

步骤 2 在"粒子生成"参数卷展栏中设置使用速率为 3、速度为 1.5、发射开始为 -10、发射停止为 100、显示时限为 90、寿命为 90、粒子大小为 4、增长耗时为 30，如图 12-32（a）所示。在"粒子类型"参数卷展栏中选中"标准粒子"单选按钮，类型选择"球体"，如图 12-32（b）所示。在"旋转和碰撞"参数卷展栏中设置自旋时间为 60、变化为 33、相位为 180、变化为 100，如图 12-33 所示。在"气泡运动"参数卷展栏中设置气泡运动幅度为 1.6、周期为 8、变化为 40、相位为 180，如图 12-34 所示。

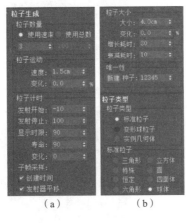

图 12-31 设置粒子 的基本参数　　图 12-32 设置粒子大小和类型　　图 12-33 设置旋 转和碰撞参数　　图 12-34 设置粒 子运动参数

注意：这里可以看出，"超级喷射"和"喷射"相比，不仅粒子类型多了，变化的参数也多了，还增加了旋转和碰撞、气泡运动、粒子繁殖等参数，因此变化效果更多样。

步骤 3 设置气泡材质。打开材质编辑器，选择一个材质样本球，解锁"环境光"和"漫反射"，将环境光设为蓝色（RGB 为 0、9、22），将漫反射颜色设为深灰色（RGB 为 20、36、56），将高光反射设为灰色（RGB 为 201、204、209），设置高光级别为 100、光泽度为 55、自发光为 30、不透明度为 70，如图 12-35 所示。

步骤 4 在"扩展参数"参数卷展栏中设置过滤贴图为"噪波"，设置噪波大小为 20，设置噪波阈值高 0.66、低 0.40，设置相位为 3.4，如图 12-36 所示，单击"转到父对象"按钮，设置数量为 100。

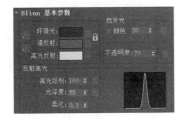

图 12-35 设置基本参数　　　　　　图 12-36 设置噪波参数

步骤5　展开"贴图"参数卷展栏，选中"光泽度"复选框，数量设为50；选中"自发光"复选框，数量设为50；选中"不透明度"复选框，数量设为50；选中"反射"复选框，数量设为30；"反射"贴图设为噪波，瓷砖均设为4，模糊设为2.0，噪波大小设为20，设置噪波阈值高0.5、低0.35，相位设为1.0，如图12-37所示，将此材质赋给粒子发射器。

步骤6　添加摄影机灯光。在左视图创建一盏泛光灯和一个目标摄影机，位置如图12-38所示，渲染效果如图12-39所示。

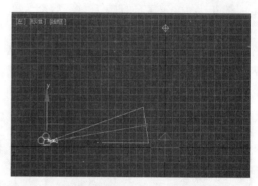

图12-38　创建泛光灯和目标摄影机

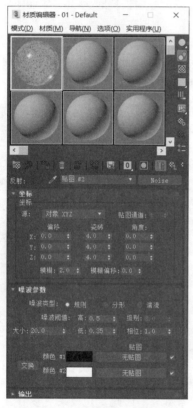

图12-37　设置贴图参数

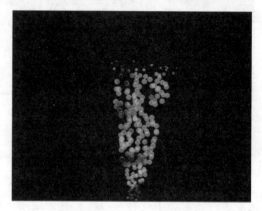

图12-39　渲染效果

步骤7　选择"渲染"菜单中的"视频后期处理"选项，在打开的"视频后期处理"窗口中添加场景事件和输出事件，命名输出视频文件的路径和文件名，然后单击"执行序列"按钮，生成动画的视频文件。

5. 暴风雪

暴风雪是增强的雪粒子系统，功能比雪粒子更为复杂。它从一个平面向外发射粒子流，不仅可以制作下雪效果，还可以表现火花四溅、气泡上升、开水沸腾、漫天飞花、烟雾袅袅等特殊效果。下面通过案例来说明其效果。

【例12-5】制作飘落的花瓣雨。

此案例制作花瓣纷纷飘落的场景，操作步骤如下。

步骤1　创建场景文件，在顶视图创建一个平面，长、宽分别为10、20，分段数为4。打开材质编辑器，漫反射贴图设为案例资源包中第12章map文

制作飘落的花瓣
雨效果

件夹下的"樱花花瓣 01.PNG"文件，然后将漫反射贴图拖到"不透明度"贴图按钮上。在"位图参数"参数卷展栏中选中"单通道输出"选项组中的"Alpha"单选按钮，如图 12-40 所示。返回父对象，再将漫反射贴图拖到"自发光"贴图按钮上，选中"双面"复选框，让花瓣平面两面都能看到贴图，最后将材质样本球赋给场景中的平面，如图 12-41 所示。

图 12-40　设置位图参数

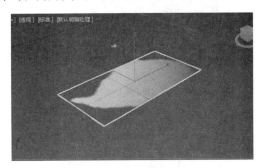

图 12-41　将材质赋给平面

步骤 2　调节花瓣形状。右击花瓣平面，在弹出的快捷菜单中将花瓣平面转换为可编辑多边形，在"细分曲面"参数卷展栏中选中"使用 NURBS 细分"复选框。进入"顶点"层级，调整顶点，如图 12-42 所示，得到花瓣形状。这是快速创建模型的方法，当然也可以使用 BOX 加 FFD 修改器变形得到模型，再添加渐变材质制作一个花瓣的模型。

步骤 3　创建暴风雪粒子。在粒子命令面板中单击"暴风雪"按钮，在顶视图创建暴风雪发射器，发射器的宽度和长度分别为 500、300，设置"粒子生成"参数，如图 12-43 所示。粒子类型选择"实例几何体"选项，在"实例参数"选项组中单击"拾取对象"按钮，在视图中选择花瓣平面，则将花瓣作为粒子发射，然后在"材质贴图和来源"选项组中选择材质来源为"实例几何体"，如图 12-44 所示。单击"材质来源"按钮，发射出的粒子即以花瓣模型及材质发射，渲染效果如图 12-45 所示。

步骤 4　制作背景。在"环境和效果"对话框中设置环境背景，选择案例资源包中第 12 章 map 文件夹下的"樱花树 01.jpg"作为背景贴图，再将背景贴图复制到材质编辑器中一个空的材质样本球上，在"坐标"参数卷展栏选中"环境"单选按钮，贴图类型选择"屏幕"类型，如图 12-46 所示。

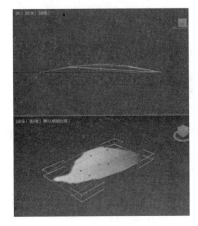

图 12-42　调整顶点

图 12-43　设置"粒子生成"参数

图 12-44　设置粒子材质来源

图 12-45　渲染效果

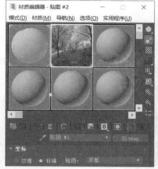

图 12-46　设置背景

步骤 5　选择"渲染"菜单中的"视频后期处理"选项，在打开的"视频后期处理"窗口中添加场景事件和输出事件，命名输出视频文件的路径和文件名，然后单击"执行序列"按钮，生成动画的视频文件，如图 12-47 所示是单帧渲染效果。

图 12-47　花瓣飘落动画

6. 粒子阵列

粒子阵列是一个基于对象的发射器，可以将粒子分布在几何对象上，可以发射粒子，也可以创建复杂的对象爆炸效果。下面通过案例来说明其效果。

【例 12-6】制作气球爆炸效果。

此案例制作气球破裂爆炸成碎片的效果，操作步骤如下。

步骤 1　打开案例资源包中第 12 章的场景文件"12-48 气球爆炸源文件"，场景中有几个气球模型，材质选择不同的颜色，设置自发光为 50、不透明度为 70、高光级别为 80、光泽度为 30，效果如图 12-48 所示。

步骤 2　打开粒子系统，单击"粒子阵列"按钮，在顶视图中创建粒子阵列，在命令面板的"基本参数"参数卷展栏中单击"拾取对象"按钮，选择场景中的气球，在"视口显示"选项组中选中"网格"单选按钮，如图 12-49 所示。

步骤 3　展开"粒子生成"参数卷展栏，设置粒子运动的速度为 15、变化为 90；设置粒子计时的发射开始为 10、寿命为 100，如图 12-50 所示。

步骤 4　展开"粒子类型"参数卷展栏，选择粒子类型为"对象碎片"。在"对象碎片控制"选项组中选中"碎片数目"单选按钮,设置最小值为 150,如图 12-51 所示。在"材质贴图和来源"选项组中,选中"拾取的发射器"单选按钮,然后单击"材质来源"按钮,此时碎片取自气球材质。

图 12-48 场景文件

图 12-49 设置基本参数

图 12-50 设置粒子运动和计时

图 12-51 设置粒子类型

步骤 5 展开"旋转和碰撞"参数卷展栏,设置自旋时间为 5、变化为 60%,气球爆炸效果如图 12-52 所示。

注意:此时气球虽然发生了爆炸效果,但原气球还在,需要将气球隐藏。

步骤 6 在视图中选择气球,在工具栏中单击"曲线编辑器"按钮,在打开的"轨迹视图-曲线编辑器"窗口中选择"对象"下的气球,在"编辑"菜单的"可见性轨迹"选项中选择"添加"选项,添加可见轨迹,如图 12-53 所示。

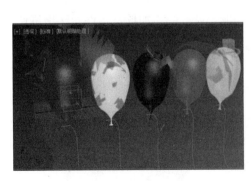

图 12-52 气球爆炸效果

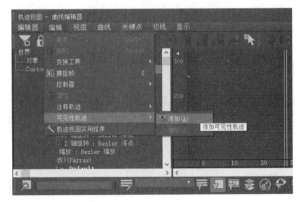

图 12-53 添加可见性轨迹

步骤 7 在"轨迹视图-曲线编辑器"窗口中选择可见性轨迹,单击"添加关键点"按钮,在可见轨迹的第 9 帧和第 10 帧处添加关键点,如图 12-54 所示。在场景中将时间轴滑块移至第 10 帧处,然后在窗口状态栏的第二个文本框中输入 0,如图 12-55 所示,即将第

10 帧后的气球隐藏了。

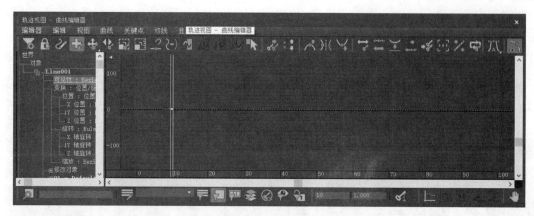

图 12-54　添加关键点

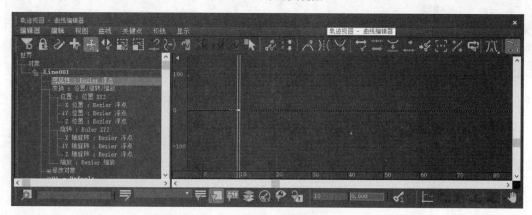

图 12-55　设置气球隐藏

图 12-56　爆炸的气球

步骤 8　此时预览动画效果，发现在第 10 帧气球爆炸后都成碎片了，爆炸后的气球效果如图 12-56 所示。选择"渲染"菜单中的"视频后期处理"选项，在打开的"视频后期处理"窗口中添加场景事件和输出事件，命名输出视频文件的路径和文件名，然后单击"执行序列"按钮，生成动画的视频文件。

7. 粒子云

粒子云可以创建有大量粒子聚集的场景，可以指定一群粒子充满一个容器，可以模拟一群鸟、夜晚的星空等。可以使用基本几何体限制粒子，也可以使用场景中的任何三维对象来限制粒子。下面通过案例来说明其效果。

【例 12-7】制作飞翔的海鸥效果。

此案例制作海面上出现一群飞翔的海鸥的场景，操作步骤如下。

步骤 1　创建场景文件。新建文件，在视图中创建一个圆柱体，半径为 1，高度为 350，分段数为 50。再在前视图创建一个平面，长为 5、宽为 8、长宽分段数为 4。打开材质编辑

器，选择一个材质样本球，设置不透明度为0，将材质样本球赋给圆柱体；再选择一个材质
样本球，漫反射贴图选择案例资源包中第 12 章 map 文件夹下的"海鸥.png"图片，并将漫
反射贴图拖到"不透明度"贴图的贴图按钮上，在"位图"参数卷展栏中选中"单通道输出"
选项组中的"Alpha"复选框。返回父对象，选中"双面"复选框，然后将材质样本球赋给
平面。在视图中右击平面，在弹出的快捷菜单中将平面转换为可编辑多边形，进入"顶点"
层级，移动顶点，如图 12-57 所示，在视图中看到海鸥效果。

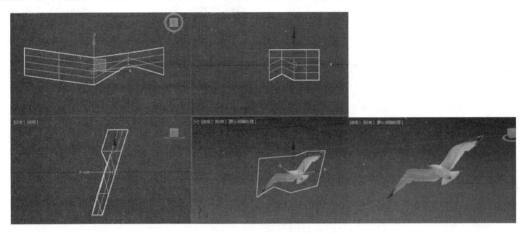

图 12-57　创建场景文件

步骤 2　在视图中使用二维线绘制一条曲线作为路径，通过在顶视图和前视图调节顶
点，使曲线为如图 12-58 所示的效果。

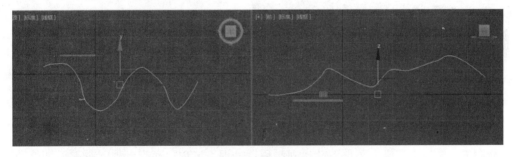

图 12-58　绘制曲线

步骤 3　打开粒子系统，单击"粒子云"按钮，在视图中单击并拖动鼠标创建粒子云，
图标大小如图 12-59 所示。在"基本参数"参数卷展栏中单击"拾取对象"按钮，在视图中
选择圆柱体，把圆柱体作为粒子发射对象。展开"粒子类型"参数卷展栏，粒子类型选择"实
例几何体"选项，在"实例参数"选项组中单击"拾取对象"按钮，在视图中选择海鸥平面；
在"材质贴图和来源"选项组中选中"实例几何体"单选按钮，然后单击"材质来源"按钮，
如图 12-60 所示。接下来在"粒子生成"参数卷展栏中设置粒子计时，发射开始设为-20，
发射停止设为110，粒子大小可以根据视图预览效果进行调整，如图 12-61 所示。再展开"旋
转和碰撞"参数卷展栏，设置相位为50，如图 12-62 所示。

图 12-59　设置粒子大小　　图 12-60　设置材质来源　　图 12-61　设置粒子计时　　图 12-62　设置旋转相位

步骤 4　选择圆柱体，添加"路径变形（WSM）"修改器，在命令面板单击"拾取路径"按钮，单击视图中的曲线，再单击命令面板中的"转到路径"按钮，如图 12-63 所示，让圆柱体带着海鸥作为发射的粒子沿着路径生长，圆柱实际上就相当于粒子容器。单击动画控制区的"自动关键点"按钮，在第 0 帧将拉伸值设为 0，拖动时间轴滑块至 100 帧，将拉伸值设为 1，完成圆柱的生长动画，再用"lake01.png"作为环境背景，在视图中即可看到一群海鸥出现在海面的效果，如图 12-64 所示。

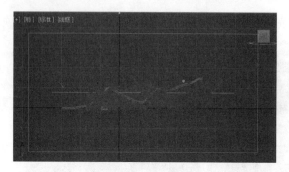

图 12-63　生长动画　　　　　　　　　　图 12-64　海鸥飞翔的效果

步骤 5　选择"渲染"菜单中的"视频后期处理"选项，在打开的"视频后期处理"窗口中添加场景事件和输出事件，命名输出视频文件的路径和文件名，然后单击"执行序列"按钮，生成动画的视频文件。

12.2 空间扭曲工具

空间扭曲是一种不可渲染的对象，可以用它们独特的方式影响其他对象的形状和运动。空间扭曲包括重力、风力等用于模拟自然界特殊效果的对象，空间扭曲通常是和粒子系统结合起来使用的。空间扭曲的功能和修改器有些相似，只是修改器改变的是对象的属性，空间扭曲改变的是场景空间的属性。

空间扭曲包括力、导向器、几何/可变形、基于修改器、粒子和动力学 5 种类型，如

图 12-65 所示。力可以制作推力、重力、阻力、马达（螺旋推力）、旋涡、风力等力的作用效果；导向器用于为粒子导向或影响动力学系统，可以改变粒子的运动方向；几何/可变形可以动态地改变几何体的外形，常用于辅助制作波浪、涟漪等效果；基于修改器主要是辅助参数修改器改变几何体外形；粒子和动力学的向量场是一种特殊类型的空间扭曲，成员使用它来围绕不规则对象（如曲面和凹面）移动，也可以使用"粒子流""力"操作符将其应用于粒子运动。

图 12-65　空间扭曲的种类

空间扭曲对象在视图中以网格框架的形式显示，与几何体或其他模型一样可以进行移动、旋转、缩放等基本操作。空间扭曲对象必须绑定到具体模型对象上，才会对其绑定的对象起作用。空间扭曲通过工具栏中的"绑定到空间扭曲"工具，绑定到具体的模型对象上，如图 12-66 所示。将波浪空间扭曲工具绑定到平面上，平面即呈现波浪效果，绑定的空间扭曲名称显示在模型的修改器堆栈列表中。模型进行任何变换操作后，仍受绑定的空间扭曲的影响。

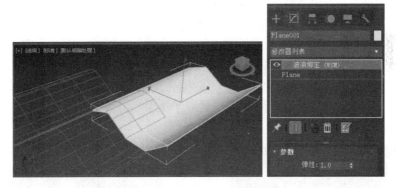

图 12-66　绑定空间扭曲到对象上

鉴于空间扭曲工具的种类较多，在此不便于一一介绍，下面通过几个典型的案例，讲解空间扭曲和粒子系统结合使用完成模拟自然现象的动画效果，希望读者通过案例的学习，学会举一反三，能更好地掌握空间扭曲工具的使用。

12.3　综 合 训 练

为更广泛地了解粒子系统，本节通过几个具体案例说明粒子系统在实际生活中的应用，结合空间扭曲工具，制作出更符合自然规律的动画效果。

【例 12-8】制作音乐喷泉。

此案例要制作一个音乐控制的喷泉喷水效果，操作步骤如下。

步骤 1　打开案例资源包中第 12 章的场景文件"12-67 音乐喷泉源文件"，场景中有环境背景贴图（广场 02.jpg）、喷泉及水池模型，在喷泉模型上端口处创建一个管状体，命名为"水喷射器"，如图 12-67 所示。

制作音乐喷泉
动画效果

图 12-67　喷泉场景模型

步骤 2　打开粒子系统，在喷泉上方水管口的位置创建粒子阵列。选择"水喷射器"模型，添加"编辑网格"修改器，进入"多边形"层级，选择上层的一圈面，然后单击"粒子阵列"按钮，在命令面板的"基本参数"参数卷展栏中选中"使用选定子对象"复选框，单击"拾取对象"按钮，选择水喷射器模型，这时粒子会向一个方向发射，如图 12-68 所示，而不是四面发射。接着设置参数如下：在"粒子生成"参数卷展栏中设置使用速率为 80，速度为 25.4，散度为 15，发射开始为-10，发射停止为 100，寿命为 100；在"粒子大小"参数卷展栏中设置大小为 4、变化为 25；在"粒子类型"参数卷展栏中选择"标准粒子"下的"面"类型，如图 12-69 所示。

图 12-68　粒子朝一个方向发射

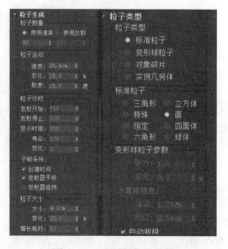

图 12-69　设置粒子参数

步骤 3 设置喷泉水材质。选择一个材质样本球，选中"面贴图"复选框，设置漫反射颜色的 RGB 为 150、200、210。单击"漫反射"右侧的按钮，在弹出的"材质/贴图浏览器"对话框中选择"遮罩"选项，遮罩贴图选择"渐变"，渐变类型为"径向"。返回父级别，高光级别设为 120，光泽度设为 50，将材质赋给"粒子阵列"发射器，然后右击粒子阵列发射器，在弹出的快捷菜单中选择"对象属性"选项，弹出"对象属性"对话框。在"运动模糊"选项组中选中"图像"单选按钮，如图 12-70 所示，单击"确定"按钮。回到材质编辑器，在"扩展参数"参数卷展栏中设置类型为"相加"，如图 12-71 所示；展开"贴图"卷数卷展栏，不透明度贴图选择"渐变"，渐变类型选择"径向"，如图 12-72 所示。

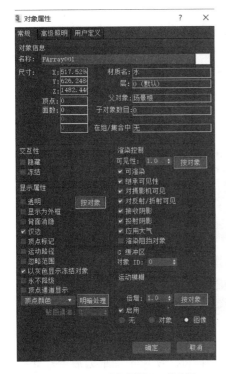

图 12-70 "对象属性"对话框

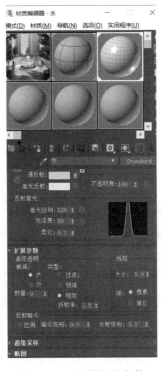

图 12-71 设置扩展参数

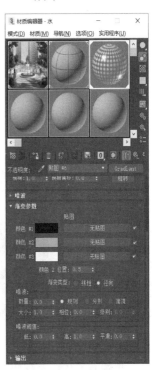

图 12-72 设置渐变类型

步骤 4 创建空间扭曲。此时喷泉的水是一直向上喷的，需要重力作用于水，使水向下回落。首先选择"空间扭曲"命令面板中的"力"选项，单击"重力"按钮，在视图创建一个重力，方向向下，然后单击工具栏中的"绑定到空间扭曲"按钮，将重力绑定到粒子阵列，这时可以看到粒子发射上升后就回落了，如图 12-73 所示。上升的高度由重力强度确定，想让水向上喷得高一些，强度就设小一点，此例的重力强度设为 0.3。

从图 12-73 可以看到，回落的粒子会穿过水池继续下落，这不符合常理，应该落到水池里流动，因此需要导向器来改变粒子下落后的方向。选择"空间扭曲"命令面板中的"导向器"选项，单击"全导向器"按钮，在顶视图创建一个导向器，如图 12-74 所示，从导向器的箭头可以看出，导向器可以将水粒子倒入水槽后反弹。单击"拾取对象"按钮，在视图拾取水槽，使用水槽作为改变粒子方向的容器；然后单击工具栏中的"绑定到空间扭曲"按钮，绑定粒子阵列，即引导水粒子到水槽，设置反弹为 0.2、变化为 40、混乱度为 40、摩擦为 1，如图 12-75 所示。

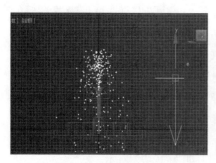  

图 12-73　粒子回落　　　　　　图 12-74　创建导向器　　　　图 12-75　设置粒子
反弹

步骤 5　制作水池中水的效果。按照两层水池的大小制作两个管状体，分别放在两个水池中作为水面模型，复制喷泉水材质到另一个材质样本球上，取消选中"面贴图"复选框，然后将此水材质赋给刚制作的水面模型。如果想看近景的话，可以制作水面的波纹效果，利用"空间扭曲"命令面板中的"涟漪"按钮绑定到水面，再通过关键帧设置空间扭曲的动态变化效果，远景的话可以忽略，得到如图 12-76 所示的喷泉效果。

图 12-76　喷泉效果

步骤 6　我们发现重力强度的改变可以改变喷泉喷水的高低，所以选择重力后，打开曲线编辑器窗口，展开"对象"选项，选择"强度"选项，在"编辑"菜单中选择"控制器"→"指定"选项，如图 12-77 所示，弹出"指定浮点控制器"对话框，如图 12-78 所示。选择"音频浮点"控制器，单击"确定"按钮，弹出"音频控制器"对话框，如图 12-79 所示。单击"选择声音"按钮，选择事先准备好的音频文件（WAV 格式），然后调整最小值为0.5、最大值为 5、阈值为 0.05，单击"播放动画"按钮预览喷泉效果。

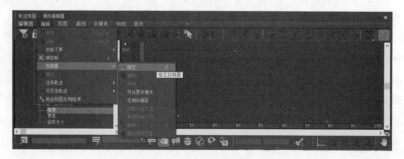

图 12-77　选择指定控制器

图 12-78 "指定浮点控制器"对话框

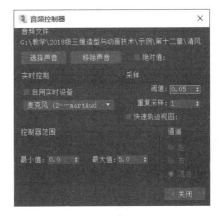

图 12-79 "音频控制器"对话框

技 巧 提 示

1）如果想在播放时听到音乐声音，先关闭曲线编辑器窗口，然后在时间轴左侧打开简易编辑器，选择声音双击，弹出"专业声音"对话框，单击"添加"按钮，还选择此声音文件，然后选中"允许先后拖动"和"播放一次"复选框，单击"关闭"按钮，然后预览效果即可听到音乐声音。

2）如果有多个喷泉，要想每个喷泉喷水的高度不同，可以给每个喷泉绑定不同的重力，每个重力都添加同一首音乐，但是最大值、最小值和阈值设置不同的值，即可看到喷泉喷射的高度不同。

步骤 7　选择"渲染"菜单中的"视频后期处理"选项，在打开的"视频后期处理"窗口中添加场景事件和输出事件，命名输出视频文件的路径和文件名，然后单击"执行序列"按钮，生成动画的视频文件。

案例总结：此案例不仅用到了粒子系统，让粒子从模型子对象发出，还用到了空间扭曲中的重力、导向器和波浪或涟漪等工具辅助制作动画效果，此外还用到了音频控制器，通过音频控制强度，且可以播放出声音，通过此案例要学会多种工具配合使用。

【例 12-9】 制作烟花绽放的效果。

此案例通过粒子系统制作烟花燃放时喷射的礼花效果，重点是粒子要呈现火焰和光的特效。烟花的动画分两部分，一部分是导火索燃烧效果，一部分是烟花喷射效果。操作步骤如下。

步骤 1　打开案例资源包中第 12 章的场景文件"12-80烟花绽放源文件"，场景中有半径为 2 和 0.3、高度为 15 的管状体作为烟花主体，一个半径为 0.2、高度为 3 的圆柱体作为导火索，对齐到烟花主体顶部中心位置，材质使用准备好的贴图，也可自行设置，如图 12-80 所示。

步骤 2　先制作导火索燃烧的效果。沿着导火索绘制一

图 12-80 场景文件

条二维曲线，将导火索路径绑定到曲线上，时间轴延长至 150 帧，单击关键帧"过滤器"按钮，选中"对象参数"和"修改器"复选框，单击"自动关键点"按钮，第 0 帧设定路径绑定的"拉伸"值为 1.0，拖动时间轴滑块到第 20 帧，将"拉伸"值设为 0.0，形成导火索燃烧逐渐消失的动画效果。

在导火索燃烧时要发出火花，所以此时还需要用一个超级喷射发出火花粒子。

① 复制一条路径 line002，进入"顶点"层级，选择末端顶点，设置为"首顶点"。

图 12-81　超级喷射与导火索的速度一致

② 选择粒子系统，创建超级喷射，将喷射方向调整为水平方向，与导火索方向一致。

③ 选择"运动"选项卡，为超级喷射指定"路径约束"，将超级喷射约束到路径 line002，把结束帧从 150 拖动到 20，做成 0～20 帧的路径动画，通过拖动关键帧，修改"%沿路径"值，并选中"跟随"复选框，使超级喷射与导火索燃烧的速度一致，如图 12-81 所示。

④ 设置超级喷射参数。进入修改器面板，展开"基本参数"参数卷展栏，设置轴扩散为 15、平面扩散为 100、粒子百分比为 30、粒子数量使用总数为 150、速度为 10、发射停止为 20、显示时限为 21、寿命为 10、大小为 5、变化为 30、增长耗时为 5、衰减耗时为 10、粒子类型为球体，如图 12-82 所示。

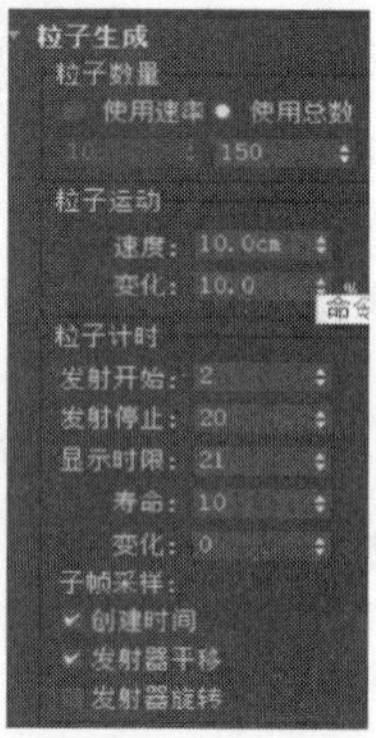

⑤ 设置喷射火花材质。选择一个样本球，明暗类型设为"金属"，选中"自发光"选项组中的"颜色"复选框，在"扩展参数"参数卷展栏中设置衰减类型为外、数量为 100、过滤颜色为白色。展开"贴图"参数卷展栏，单击"漫反射颜色"右侧的按钮，在弹出的"材质/贴图浏览器"对话框中选择"粒子年龄"，颜色 1 设为黄色（RGB 为 255、255、0），颜色 2 设为橘红色（RGB 为 250、80、50），颜色 3 设为红色（RGB 为 255、0、0），然后将材质样本球赋给超级喷射发射器。

步骤 3　制作烟花喷射效果。再次创建一个超级喷射，放置在烟花顶部，当导火索燃烧完时烟花开始喷射。设置烟花超级喷

图 12-82　设置超级喷射参数

射的参数如下：在"基本参数"参数卷展栏中设置轴扩散为 40、平面偏离为 110、平面扩散为 150，视口显示选择"网格"，如图 12-83 所示；在"粒子生成"参数卷展栏中选择"使用总数"，设粒子数量为 800、速度为 10、发射开始为 40、发射停止为 150、显示时限为 150、寿命为 90、粒子大小 0.5，如图 12-84 所示；粒子类型选择"标准粒子"下的"球体"，如图 12-85 所示；在"旋转和碰撞"参数卷展栏中选择"运动方向/运动模糊"，将运动方向拉伸 600，如图 12-86 所示。

此时烟花是直向上喷射的，需要重力牵引使烟花落下。

步骤 4　创建空间扭曲。单击"空间扭曲"命令面板"力"中的"重力"按钮，并单击工具栏中的"绑定到空间扭曲"按钮，将重力和粒子绑定，设置重力强度为 0.2。

步骤 5　设置烟花材质。选一个材质样本球，设置高光级别为 30、光泽度为 15，选中"自发光"选项组中的"颜色"复选框，并设置颜色 RGB 为 156、156、156，如图 12-87 所示。漫反射贴图选择"渐变坡度"，渐变类型为径向，插入几个点，如图 12-88 所示，然后将材质样本球赋给超级喷射粒子。

图 12-83　设置烟花超级
喷射的参数 1　　图 12-84　设置烟花超级
喷射的参数 2　　图 12-85　设置烟花超级
喷射的参数 3　　图 12-86　设置烟花超级
喷射的参数 4

图 12-87　设置颜色

图 12-88　设置渐变坡度参数

步骤 6　设置烟花升空效果。单击动画控制区的"设置关键点"按钮，将时间轴滑块拖到第 20 帧，单击➕按钮，设置烟花的初始位置。拖动时间轴滑块到第 40 帧，在视图中移动烟花和第 2 个超级喷射模型到空中合适的位置，单击➕按钮，设置烟花的结束位置。

步骤 7　制作烟花爆炸效果。第 40 帧烟花爆炸，看到礼花落下。单击"空间扭曲"命令面板"几何/可变形"中的"爆炸"按钮，在视图中创建一个爆炸空间扭曲，单击工具栏中的"绑定到空间扭曲"按钮将其绑定到烟花模型上。设置爆炸参数：强度为 1、自旋为 5、最小值为 1、最大值为 10、重力为 0.5、混乱度为 10、起爆时间为 40，如图 12-89 所示。

步骤 8　制作烟花的光效。

① 添加光晕效果：选择第 2 个超级喷射，右击，在"对象属性"对话框中将对象 ID 设为 1。

② 选择"渲染"菜单中的"效果"选项，在弹出的"环境和效果"对话框中添加"镜头效果"，选择"光晕"选项，单击＞按钮，如图 12-90 所示。展开"光晕元素"参数卷展栏，选择"选项"选项卡，选中"对象 ID"复选框，其值为 1，如图 12-91 所示。

③ 调整光晕参数。在"光晕元素"的"参数"选项卡中设置大小为 0.1、强度为 50、使用源色为 50，径向颜色的 RGB 分别为 235、60、25 和 242、242、242，如图 12-92 所示。

图 12-89 设置爆炸参数

图 12-90 添加光晕效果

图 12-91 设置对象 ID

图 12-92 调整光晕参数

步骤 9 输出动画。在场景中的正上方添加泛光灯，在正前方添加摄影机，为了跟随礼花升空看到全程效果，也可以制作摄影机的路径动画，如图 12-93 所示；第 120 帧预览的动画效果如图 12-94 所示。选择"渲染"菜单中的"视频后期处理"选项，在打开的"视频后期处理"窗口中添加场景事件和输出事件，命名输出视频文件的路径和文件名，然后单击"执行序列"按钮，生成动画的视频文件。

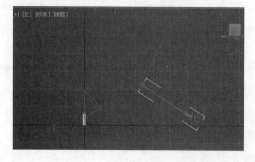

图 12-93 摄影机的路径动画

图 12-94 第 120 帧预览的动画效果

案例总结： 此案例不同时段的动画效果分别使用了粒子发射器发射不同效果的粒子，还用到了路径变形绑定动画、路径约束动画、空间扭曲中的爆炸效果，按照自然发生顺序编排动画，不同效果使用不同的方式进行设置，这就是各种动画效果的综合运用。

【例 12-10】 制作炊烟袅袅的效果。

此案例利用粒子系统制作烟雾效果，操作步骤如下。

制作炊烟袅袅
动画效果

步骤1 打开案例资源包中第 12 章的场景文件"2-95 炊烟袅袅动画源文件"，场景中有一幢房屋，背景贴图是"清晨.jpg"，先用平面制作地面，添加草地贴图；再添加泛光灯，启用"阴影"，在"环境和效果"对话框中设置曝光控制为"线性曝光控制"，渲染效果如图 12-95 所示。

步骤2 打开粒子系统，单击"超级喷射"按钮，在视图中创建超级喷射并放到房屋烟囱口处制作烟雾效果，设置基本参数的轴扩散为20、平面扩散为180、图标大小为4，视口显示选择"网格"，粒子数百分比为100%，如图 12-96 所示。在"粒子生成"参数卷展栏中设置使用速率为 6、粒子运动速度为 6、粒子运动变化为 6。在"粒子计时"参数卷展栏中设置发射开始为-5、发射停止为 100、显示时限为 100、寿命为 35、变化为 8，如图 12-97 所示。在"粒子大小"选项组中设置大小为 10、变化为 20，在"粒子类型"参数卷展栏中选择"标准粒子"中的"面"，如图 12-98 所示。

图 12-95　场景文件　　　　图 12-96　设置粒子基本参数　　　图 12-97　设置粒子数量

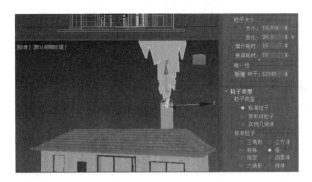

图 12-98　设置粒子类型

步骤3 设置炊烟材质。选择一个材质样本球，展开"贴图"参数卷展栏，单击"不透明度"右侧的按钮，在弹出的"材质/贴图浏览器"对话框中选择"遮罩"选项。在"遮罩参数"参数卷展栏中单击"贴图"右侧的按钮，在弹出的"材质/贴图浏览器"对话框中选择"渐变"选项，在"渐变参数"参数卷展栏中设置渐变类型为"径向"。返回上一级别，单击"遮罩"右侧的按钮，在弹出的"材质/贴图浏览器"对话框中选择"粒子年龄"选项，然后将材质样本球赋给粒子，此时烟是直着向上发射的，效果如图12-99所示。

步骤4   如果有风，那么烟会被风吹动。添加空间扭曲中的"风"，确定好方向，绑定到超级喷射，然后选择"风"，选择"修改"选项卡，设置风力强度为0.1，效果如图12-100所示。风力强度越大，烟被吹得越厉害，所以风力强度根据场景需要而定。

图 12-99   设置炊烟材质

图 12-100   有风时的炊烟效果

步骤5   选择"渲染"菜单中的"视频后期处理"选项，在打开的"视频后期处理"窗口中添加场景事件和输出事件，命名输出视频文件的路径和文件名，然后单击"执行序列"按钮，生成动画的视频文件。

案例总结：此案例仍然使用超级喷射，可见超级喷射应用是非常多的，不同的效果选择不同的粒子类型。要想粒子特效逼真，材质也起到关键性作用，光效、烟雾等很多特效需要材质设置来配合，才能得到理想的效果；此外还要配合空间扭曲工具的使用，如重力、导向器、风等都是常用的工具。

本 章 小 结

粒子系统在3ds Max中是相对独立的造型系统，使用粒子系统可以模拟很多自然景观，如雨、雪、风、烟、流水等特殊效果，结合关键帧动画设置可以更好地控制关键点之间的变化。通过本章的学习，读者将能够举一反三，了解和掌握复杂动画的制作方法。

思考与练习

一、思考题

1. 哪些粒子发射器可以基于三维对象进行粒子特效处理？
2. 空间扭曲中的爆炸和粒子系统中的爆炸有何不同？

二、操作题

    1．完善茶壶倒水动画（在原来的动画中添加水的效果）。

    2．制作夜晚星光闪烁的效果。

    3．尝试制作山涧溪流或瀑布效果。

第 13 章

动力学动画

▶ 知识目标

1）了解什么是正向动力学。

2）了解什么是反向动力学。

3）了解动力学动画的特点。

▶ 能力目标

1）学会建立对象的链接。

2）掌握正向和反向链接动画的设置方法。

3）掌握刚体动画的设置方法。

4）掌握软体动画的设置方法。

▶ 课程引入

　　动力学是理论力学的分支学科，研究作用于物体的力与物体运动的关系。动力学的研究以牛顿运动定律为基础，自然界很多物体的运动是基于牛顿运动定律的。

　　例如，前面通过关键帧制作了多米诺骨牌动画，每一块骨牌逐一设置关键帧很麻烦，如果利用动力学动画原理、刚体自由下落和刚体碰撞反弹来制作骨牌倾倒动画则很简单，主要利用了动力学刚体的特性。除刚体外还有软体，像布料或表面是柔软的一类物体，碰撞后或受风等力的作用会发生变形；这样的动画使用关键帧设置既麻烦又不容易做得很逼真，因此本章讲述使用动力学方法制作这一类动画。本章部分案例的渲染效果如图 13-1 所示。

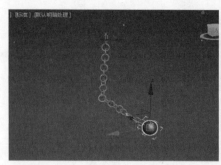

图 13-1　部分案例的渲染效果

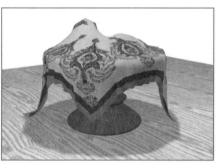

图 13-1（续）

13.1　动　力　学

动力学可以完成手动调节动画很难完成的或无法完成的动画，基于动力学的原理，通过计算机的快速计算来完成现实世界中真实物理系统的动画效果。通过动力学可以建立正、反向链接关系，可以制作刚体的碰撞、毛发或布料等柔软物体的跟随角色运动的效果等。

动力学包括两种类型：正向动力学（forward kinematics，FK）和反向动力学（inverse kinematics，IK）。

13.1.1　正向动力学

正向动力学是指完全遵循父子关系的层级，用父层级带动子层级的运动。最典型的是具有层次的骨骼结构，如当我们举起手臂的时候，手肘跟着运动，手腕跟着手肘运动，手掌手指跟着手腕运动，这就是一个典型的具有层次的骨骼运动，也就说，当父骨骼运动时，所有的子骨骼也随之运动。

正向动力学的优点是计算简单、运算速度快；缺点是需要指定每个关节的角度和位置，而由于骨架的各个节点之间有内在的关联性，直接指定各关节的值很容易产生不自然、不协调的动作。

在一套正向动力学系统中，一般的规则是，层级中的一个父节点驱动任意子节点运动。例如，如果移动前臂（父层级），手腕（子层级）就会随之运动；但是，如果移动手腕，前臂还将停留在原处。

正向动力学方法是制作动画物体（如一个行走的角色）的一种简单、直观的方法，因为动画制作者只需要考虑肢体相对应父节点的运动，而不是相对于整个空间的运动。同时应该注意的是，在使用正向动力学方法制作动画时要给每一个为特定姿势而旋转的关节设置旋转关键帧。不过，当角色手臂需要抓住场景中的某些物体时，如楼梯的扶手，正向动力学就不是最好的使用方法了，此时需要用到反向动力学方法。

【例 13-1】制作绕动的链球。

一条链子一端是手环、一端是球，球和链子依次链接到手环上，则握住手环可以带动链条和球一起运动，这就是正向动力学。

操作步骤如下。

步骤 1　打开案例资源包中第 13 章的场景文件"13-2 绕动的链球源文件"，场景中有一个手环、若干圆环构成的链条和一个球体，物体摆放如图 13-2 所示。

步骤 2   制作正向链接。要想让球体随着链条绕动，球体与链条之间要有链接关系，链条与手环之间也要有链接关系，所以需要为场景中的物体先建立链接关系。选择图中链条最左边的一节圆环，单击工具栏中的"选择并链接"按钮，按住鼠标左键并拖动到手环模型上，然后释放鼠标左键，即将圆环链接到手环上了；再选择左边的第二节圆环，单击工具栏中的"选择并链接"按钮，按住鼠标左键并拖动到第一节圆环模型上，然后释放鼠标左键，即将第二节圆环链接到第一节圆环上；重复此操作直到将最后一节圆环链接到前面一节圆环上，最后选择球体，同样单击工具栏中的"选择并链接"按钮，按住鼠标左键并拖动到最后一节圆环模型上，然后释放鼠标左键，即将球体链接到链条上，如图 13-3 所示，这样整个链条和球体就有了单向链接关系。手环是"父"物体，链条是手环的"子"物体，球体是链条的"子"物体，因此，球体会在手环的牵引下，随链条一起运动。

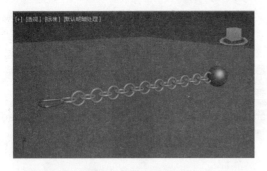 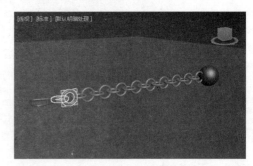

图 13-2   源文件中的链球场景   图 13-3   制作正向链接

步骤 3   显示链接关系。若想看到物体之间是否建立了链接关系，可以打开图解视图窗口进行查看，单击工具栏中的"图解视图"按钮，打开图解视图窗口，如图 13-4 所示。在窗口中可以看到有链接关系的物体有箭头指向，箭头表示父子关系，这样可以看到哪些物体做了链接，哪些物体没有做链接。

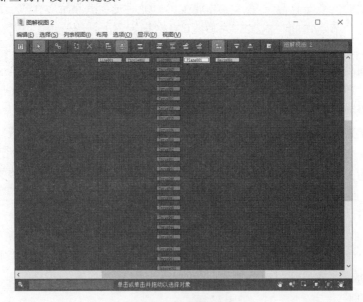

图 13-4   图解视图窗口

步骤 4 设置动画效果。在视图中创建如图 13-5 所示参数的螺旋线,然后将螺旋线移动并向上提升至(0,0,50)位置。单击动画控制区的"时间配置"按钮,在弹出的"时间配置"对话框中设置帧速率为"PAL",长度设为 225,将时间轴刻度延长。然后选择手环,选择"动画"菜单中的"约束"→"路径约束"选项,然后在视图中单击螺旋线,为手环制作路径动画。在命令面板选中"跟随"和"允许翻转"复选框,单击动画控制区的"播放动画"按钮,在视图中可以看到小球随着手环绕着螺旋线运动的效果,如图 13-6 所示是第 0 帧、第 60 帧和第 115 帧的运动效果。

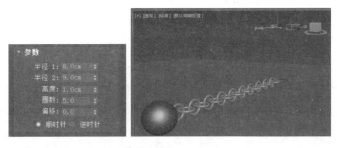

图 13-5 创建螺旋线

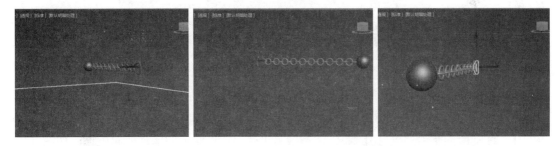

图 13-6 第 0 帧、第 60 帧和第 150 帧的运动效果

13.1.2 反向动力学

反向动力学与正向动力学相反,通过反向处理链接关系来生成动画。这是一种子节点驱动父节点运动的动画制作方法,即通过先确定子节点的位置,然后反向推导出其所在链上父节点的位置,从而确定整条链的动画。

例如,做俯卧撑,手掌支撑地面,上臂和前臂运动,但手掌不动;又如,扶着楼梯扶手上楼梯,可能会手抓着楼梯扶手上了两级台阶,手臂会随着身体而动,但是手还在原处,此时手臂和手腕就采用反向动力学解算,直接将关节链移到目标位置,常用于抓取、撑地、投掷等。一般情况下,使用一条反向动力学链需要更多的元素进行操作。

【例 13-2】制作反向绕动的链球。

一条链子一端是手环、一端是球,球和链子依次链接到手环上,则握住手环可以带动链条和球一起运动。但是如果手环停止运动了,球随惯性还会运动,此时应该是球带动部分链条绕动,要想让球带动链条运动就需要反向动力学。

操作步骤如下。

步骤 1 继续使用上一案例"13-2 绕动的链球源文件",如图 13-7 所示,场景中有一个做好链接关系的链球,其中球链接到链条上,链条依次链接,最后链接到手环上,为了看得明显,链条的环做得比实际大些。

步骤 2   制作链球旋转动画。单击"时间配置"按钮，在弹出的"时间配置"对话框中选择"PAL"帧速率，将时间轴长度设为 225 帧。然后创建半径分别为 50 和 51、高度为 1、圈数为 5 的螺旋线，向上提升至 150 的高度。然后选择链球的手环，选择"运动"选项卡，在"指定控制器"参数卷展栏中选择"位置：位置 XYZ"选项，然后单击"指定控制器"按钮，在弹出的"指定位置控制器"对话框中选择"路径约束"选项，然后单击"确定"按钮。在"路径参数"参数卷展栏中，单击"添加路径"按钮，在视图中单击螺旋线，将手环约束到螺旋线上，并在命令面板的"路径参数"参数卷展栏中选中"跟随"和"允许翻转"复选框，将时间轴结束关键帧移动到 100 帧，形成 1～100 帧链球沿螺旋线旋转的动画。由于球和链都依次链接到手环上了，球和链条在正向动力学作用下，随着手环一起做路径动画，也可以使用关键帧自行制作手环的任意动画，链条和球都会随手环一起运动，如图 13-8 所示。

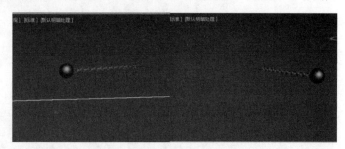

图 13-7   链球场景   图 13-8   第 50 帧和第 75 帧的状态

步骤 3   制作反向动力学动画。当手环停止运动时，球由于惯性还会继续绕动，此时需要用自动或手动关键帧来协助设置动画效果。单击"自动关键点"按钮，选择全部球体、链和手环，拖动时间轴滑块到 101 帧，单击 ➕ 按钮，手动设定反向运动的起始帧，如图 13-9所示的位置；然后单击"层次"选项卡中的"IK"按钮，再单击"交互式 IK"按钮，如图 13-10 所示。

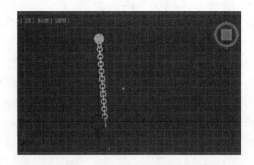

图 13-9   设置反向运动的起始帧   图 13-10   单击"交互式 IK"按钮

步骤 4   拖动时间轴滑块到 120 帧，选择球体，然后在视图中顺时针移动球体到如图 13-11（a）所示的位置，单击 ➕ 按钮；再次拖动时间轴滑块到 140 帧，然后在视图中顺时针移动球体到如图 13-11（b）所示的位置，单击 ➕ 按钮；此时看到链条会随着球体移动，但手环还在原位置。重复上述操作分别设置第 160、180、200、220 帧的关键点，并且在移动小球绕手环转动的同时，由于重力小球会逐渐下落，所以同时在前视图或左视图向下移动小球，如图 13-12 所示。

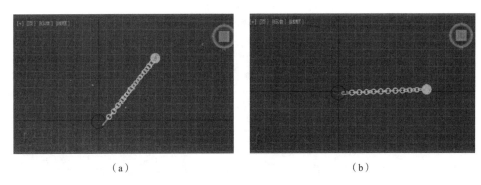

（a）   （b）

图 13-11　第 120 帧和第 140 帧小球的位置

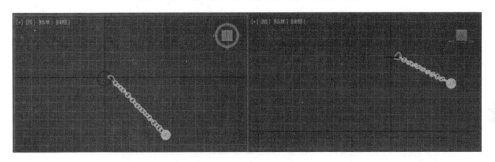

图 13-12　第 160 帧小球的位置

如图 13-13 所示，依次移动并设置小球的关键帧，直至最后停下来。

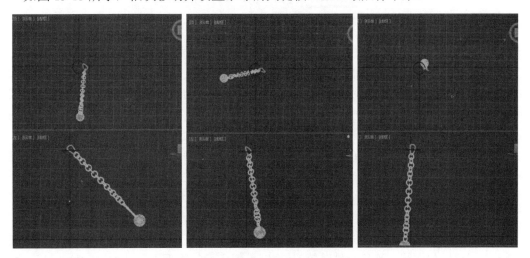

图 13-13　第 180 帧、200 帧和 220 帧的效果

由上述操作可知，在反向动力学情况下，小球运动会牵动链条改变，且这个改变可以使链条松散地跟随运动，小球可以带动全部链条改变位置，也可以带动部分链条移动。

步骤 5　选择链条上的某一节，选中命令面板"对象参数"参数卷展栏中的"终结点"复选框，如图 13-14 所示。然后选择小球并移动小球，则小球的移动只影响到这一节链条，后面的链条都不会改变，如图 13-15 所示。

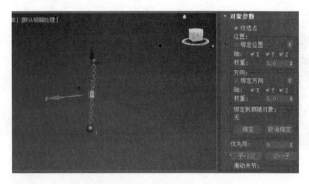 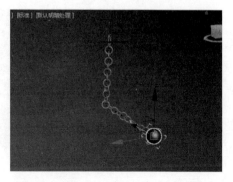

图 13-14　选中"终结点"复选框　　　　图 13-15　只影响一节链条的小球移动

案例总结：

1）正向动力学是根据父节点来计算每个子节点的位置，也就是说每一个子节点的位置、方向都是由父节点支配的。其优点是软件开发容易、计算简单、速度快、容易理解，初期的计算机动画都是正向链接关系；缺点是工作效率低。

2）反向动力学正好相反，反向动力学是依据子节点的最终位置、角度等，来反向求出整个链接系统的形态。它的优点是工作效率高，减少了需要手动调节的节点数目；缺点是计算需要消耗较多的计算机资源，在链条节点增多的情况下尤其明显。

13.2　刚 体 动 画

在任何力的作用下，体积和形状都不发生改变的物体称为刚体。但这只是一种理想状态，在受外力的作用下，物体的形态或多或少都会发生一些改变，绝对的刚体是不存在的，只是物体受外力改变的程度非常微小，可以忽略不计。因此在物理学中，理想的刚体是一个固体的、尺寸值是有限的、形变情况可以被忽略的物体。不论是否受力，在刚体内任意两点的距离都不会改变。在运动中，刚体上任意一条直线在各个时刻的位置都保持平行。

在 3ds Max 中，刚体分为动力学刚体、运动学刚体和静态刚体 3 种，通过 MassFX 工具栏设置动力学动画效果。

13.2.1　MassFX 工具栏

MassFX 力学反馈系统是 3ds Max 中提供的动力学插件，可以模拟一些复杂的、真实的场景动画效果（如布料、液体、铁链等），也能模拟实际的物理现象（如风、马达等），可以利用这些功能制作富有动态特性的场景。

MassFX 工具栏用于快速访问动力学常用的命令。

如图 13-16 所示，在"动画"菜单中选择"MassFX"选项，在级联菜单中会看到刚体、布料等动力学工具。也可以右击工具栏的空白处，在弹出的快捷菜单中选择"MassFX 工具栏"选项，如图 13-17 所示。此时会在工具栏中出现动力学工具按钮，或者可以将其拖动出来成为浮动工具栏，如图 13-18 所示，此工具栏可以设置刚体、布料、刚体约束等，还可以播放模拟动画。

图 13-16　选择"MassFX"选项　　　　　图 13-17　快捷菜单

图 13-18　MassFX 工具栏

3ds Max 的 MassFX 工具栏提供了用于为项目添加真实物理模拟的工具集，下面举例说明 MassFX 工具栏的使用。

1）打开案例资源包中第 13 章的场景文件"13-19 桌布源文件"，场景中有一个圆桌模型，如图 13-19 所示。在场景中创建一个如图 13-20 所示平面的参数，并将平面放置于圆桌的上方，如图 13-21 所示。

图 13-19　MassFX 工具-桌布场景　　　　　图 13-20　平面参数设置

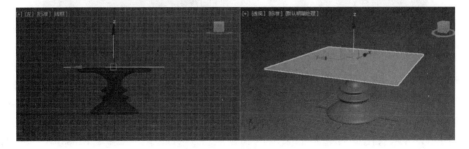

图 13-21　创建平面并放在圆桌的上方

2）选择圆桌，长按 MassFX 浮动工具栏中的刚体按钮，在弹出的下拉列表中选择"将选定项设置为静态刚体"选项。因为圆桌没有运动，只是桌布的承接载体，在圆桌的修改器列表中即出现 MassFX 刚体修改器，如图 13-22 所示。

图 13-22   选择"将选定项设置为静态刚体"选项

3）选择平面，长按 MassFX 浮动工具栏中的布料按钮，在弹出的下拉列表中选择"将选定对象设置为 mCloth 对象"选项，如图 13-23 所示，为平面添加布料效果。单击 MassFX 浮动工具栏中的"开始模拟"按钮，在视图中看到平面超出圆桌面的部分开始下垂，如图 13-24 所示。此时感觉布料比较硬，只有 4 个角下垂，需要进一步调节布料的参数。

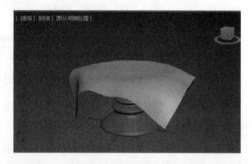

图 13-23   选择"将选定对象设置为 mCloth 对象"选项　　　图 13-24   超出圆桌面的部分开始下垂

4）选择平面，在命令面板中可以看到布料的默认参数，若想看到比较柔软的布料，可以调节"纺织品物理特性"参数，如图 13-25 所示。首先将重力比设为 10，会看到布料 4 边下垂明显一些了，在视图中看到平面超出圆桌面的部分开始下垂。

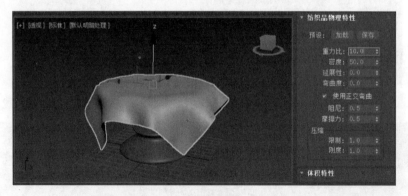

图 13-25   "纺织品物理特性"参数卷展栏

5）继续调节布料参数，将密度设为 30，将延展性设为 0.01，将弯曲度设为 0.01，如图 13-26 所示，可以看出此时布料的柔软性和延展性更明显了，这就是 MassFX 工具的作用。

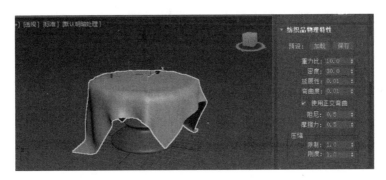

图 13-26 调节布料参数

如果要使用 MassFX 插件将模拟添加到将渲染的场景中，可以烘焙效果到动画关键帧。这可以加速工作流、锁定结果，并根据需要调整生成的动画。如果之后需要调整模拟，可以取消烘焙动画，恢复场景的原始动态性质。

13.2.2 刚体的类型

MassFX 工具集中的刚体用以模拟形状不发生变化的对象，每个刚体对象可以是下列 3 种类型之一。

1）动力学刚体：是指动态对象的运动完全由模拟控制，它们受重力、力空间扭曲和被模拟中其他对象（包括布料对象）的撞击而产生的力的作用。动力学主要研究作用于物体的力与物体运动的关系，动力学的研究以牛顿运动定律为基础；物体只要添加了动力学刚体，不受时间限制，会因自然受力的作用而产生运动。

2）运动学刚体：运动学对象可以影响模拟中的动态对象，但不会受动态对象的影响。在模拟过程中，运动学对象可以随时切换为动力学状态。运动学从几何角度研究物体位置随时间的变化规律，以研究质点和刚体这两个简化模型的运动为基础，并进一步研究变形体（弹性体、流体等）的运动。物体添加运动学刚体后受时间控制产生运动，即可以约定在某段时间内产生运动。

3）静态刚体：静态对象与运动学对象相似，但不能对其设置动画。

需要特别指出的是，静态刚体可以是凹面的，这一点与动力学和运动学对象不同。

13.2.3 MassFX 的其他功能

1）MassFX 可视化工具：显示各种模拟因素，如对象速度和接触点，此功能对于模拟的调试非常有用。

2）运动学实体：可以在动画的任意位置切换为动力学实体。在运动学阶段，其行为与设置的动画一样，可以影响动态实体，但不会响应这些实体。

3）MassFX 资源管理器：是一种特殊版本的场景资源管理器，专用于处理 MassFX 模拟。

4）约束：可以使对象限制对方的运动，如装有铰链的门一样。

下面通过几个案例介绍刚体动画的应用。

【例 13-3】制作多米诺骨牌。

第 10 章中已经介绍了使用关键帧的方法制作多米诺骨牌动画，通过关键帧设置动画需要每一块骨牌都进行关键帧调节，比较烦琐，如果骨牌数量很

制作多米诺骨牌
动画效果

多的话，就不适合使用关键帧进行设置。下面使用刚体的形式制作动画，对比一下两种动画设计，看看刚体动画的作用。

操作步骤如下。

步骤 1   创建场景。打开案例资源包中第 13 章的场景文件"13-27 刚体动画-多米诺骨牌源文件"，场景中的地面上有 S 形排列好的若干块骨牌和一个小球。创建一个 BOX，为其添加"编辑多边形"修改器，通过移动点，将其修改成如图 13-27 所示的形状，然后将小球移至 BOX 上平面（因为 BOX 上表面有一定的倾斜，小球会沿斜面滑落）。选择所有骨牌，单击"层"选项卡中的"仅影响轴"按钮，将骨牌的轴心点移至牌片下方倾倒一侧的边沿处，如图 13-28 所示。

步骤 2   建立刚体。选择地面和刚刚创建的 BOX，在 MassFX 浮动工具栏长按刚体按钮，在弹出的下拉列表中选择"将选定项设置为静态刚体"选项。因为地面和后建的 BOX 是不动的，再选择全部骨牌设为动力学刚体，同样将小球也设为动力学刚体。此时单击 MassFX 浮动工具栏中的"开始模拟"按钮，会看到场景中的小球滑落，碰到第一块骨牌，然后骨牌依次碰撞，逐渐依次倒下了，如图 13-29 所示。

图 13-27   创建 BOX

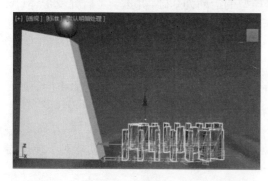

图 13-28   移动轴心点

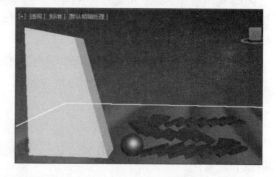

图 13-29   建立刚体

步骤 3   设置参数。从动画预览情况看，小球碰到第一块骨牌后几乎就停下了，正常情况下小球还应该继续滚动，逐渐受摩擦阻力影响而停止，这时可以调整小球质量、摩擦力等参数。选择小球，在命令面板的"物理材质"参数卷展栏中的"预设值"下拉列表中可以选择小球的材质类型。注意，选择了材质类型，密度、质量等参数就只能使用默认的值，如果不选择预设材质类型，可以自己设置密度、质量等参数，也可以加载已创建好的材质类型，或者自己创建一种材质类型并保存起来，如图 13-30 所示。然后可以调节质量、摩擦力等参数，若想让小球继续滚动，可减小摩擦力，如将小球的静、动摩擦力设为 0.1，将反弹力设为 0.2，如图 13-31 所示，将地面的静、动摩擦力和反弹力都设为 0.2，如图 13-32 所示，预览观察运动效果。

图 13-30 选择预设材质　图 13-31 设置小球静、动摩擦力　图 13-32 设置地面静、动摩擦力和
　　　　　　　　　　　　　　　　　和反弹力　　　　　　　　　反弹力都为 0.2

步骤 4 烘焙生成动画帧。前面看到的都是动画预览情况，便于不满意时调试。当调试到动画效果满意时，可以通过烘焙生成动画帧。选择所有骨牌，单击命令面板"刚体属性"参数卷展栏中的"烘焙"按钮，可以看到时间轴刻度上出现了关键帧标记；再选择小球，使用同样的操作方法完成烘焙关键帧，如图 13-33 所示。这时，单击动画控制区的"播放动画"按钮，即可在视图中看到动画效果。如果动画效果还不满意，可以在命令面板中单击"撤销烘焙"按钮，取消烘焙操作，重新调试直至满意为止，再重新烘焙。烘焙后可以通过"视频后期处理"命令录制动画视频。

图 13-33 烘焙关键帧

技 巧 提 示

1）第 10 章讲解的多米诺骨牌动画是通过设置帧动画来完成的，比较烦琐，而利用刚体动画实现则简单得多，不用调节每一块骨牌倾倒的角度，而是调整对象的质量、摩擦力、弹力的数值，来得到理想的动画效果。

2）如果骨牌数量多，时间轴长度不够的话，可根据预览时长来延长时间轴刻度。

3）区分好哪些是静态刚体，哪些是动力学刚体。

4）案例中物理材质参数不是固定不变的，应随着场景中模型的大小反复调试而定。

【例 13-4】制作不倒翁。

不倒翁晃动不倒，虽然可以使用关键帧设置动画，但前后左右晃动的关键帧都需要设置，还要兼顾平衡，比较麻烦。此案例使用刚体来模拟不倒翁晃动的效果，比较自然，且会随着环境的变化而变化。

操作步骤如下。

步骤1   打开案例资源包中第13章的场景文件"13-34刚体动画-不倒翁源文件",场景中的地面上方150处有一木板,木板上有一个不倒翁,如图13-34所示。

步骤2   建立刚体。首先为地面和木板设置静态刚体,选择不倒翁,此时不倒翁是成组的,发现成组的对象不能添加刚体修改器,因此需要解组。选择不倒翁,在"组"菜单中选择"解组"选项,然后继续给不倒翁添加刚体修改器,此时可以看到不倒翁的各个部分都添加了刚体修改器。单击"开始模拟"按钮,会发现不倒翁散了,如图13-35所示。因为模型是由多个部分组成的,因此需要将模型变成一个整体,但是不能成组。将模型恢复初始状态,使用链接、附加或其他约束等方法将模型组成一个整体,此例中头和身体是附加的整体,耳朵、眼睛、鼻子、上肢链接到身体上,单击"开始模拟"按钮,会发现不倒翁在木板上弹动,如图13-36所示。

步骤3   调节刚体参数。首先选择木板,调节物理材质参数,减小反弹力,加大摩擦力,如图13-37所示。再选择不倒翁,调节物理材质参数,减小反弹力,加大摩擦力,如图13-38所示。此时单击"开始模拟"按钮,在视图中可以看到不倒翁向一侧倾斜,说明不倒翁的平衡性不好,一方面可以调节模型各部分的位置使模型平衡,另一方面还可以调节MassFX Rigid Body的质心和初始速度。

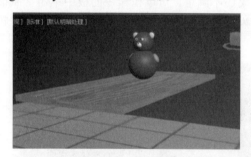

图13-34   刚体动画-不倒翁场景

图13-35   不倒翁散了

图13-36   不倒翁在木板上弹动

图13-37   调节物理材质参数1   图13-38   调节物理材质参数2

步骤4   选择不倒翁,在修改器堆栈中展开"MassFX Rigid Body",选择"初始速度"选项,将图13-39中黄色箭头旋转到如图13-40所示的位置,单击"开始模拟"按钮,在视图中看到不倒翁晃动比之前好多了,但是还会向一侧倾斜;在修改器堆栈中选择"质心"选项,向倾斜的另一侧稍微移动一些,如图13-41所示,直到不倒翁基本正常晃动,如图13-42所示。

步骤 5　改变环境。如果将木板倾斜，模拟预览动画则看到不倒翁从木板上翻滚下来，然后在地面上晃动，如图 13-43 所示。

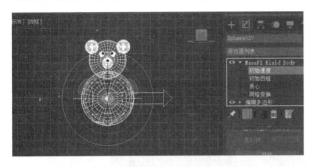

图 13-39　选择"初始速度"选项

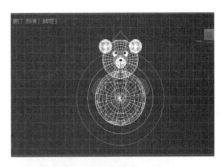

图 13-40　移动箭头的位置

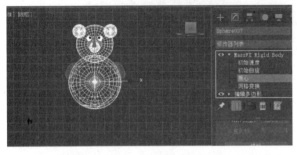

图 13-41　选择"质心"选项

图 13-42　不倒翁正常晃动

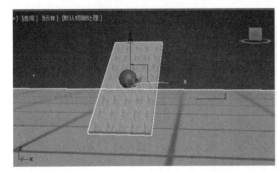
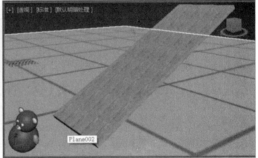

图 13-43　将木板倾斜

步骤 6　烘焙生成动画帧。当调试到动画效果满意时，可以通过烘焙生成动画帧。选择不倒翁，单击命令面板"刚体属性"参数卷展栏中的"烘焙"按钮，可以看到时间轴刻度上出现了关键帧标记。这时，单击动画控制区的"播放动画"按钮，即可在视图中看到动画效果。如果动画效果还不满意，可以在命令面板中单击"撤销烘焙"按钮，取消烘焙操作，重新调试直至满意为止，再重新烘焙。烘焙后可以通过"视频后期处理"命令录制动画视频。

技巧提示

1）此案例中的不倒翁不能成组，可以附加，也可以链接。

2）注意不倒翁的平衡，只有平衡了才能只晃不倒，如果往一侧倾倒就说明不平衡了。

3）通过调节"MassFX Rigid Body"子物体级别的"初始速度"和"质心"选项，可以调节平衡。

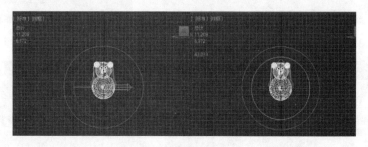

图 13-44　MassFX 刚体修改器

知识点释疑：此案例中不倒翁自旋时修改了初始速度方向和质心，这是 MassFX 刚体修改器堆栈提供的可影响模拟效果的可视化设置，如图 13-44 所示。当子对象层级处于激活状态时，可以通过变换相应的 Gizmo 更改模拟的开始和进行方式。

1. 初始速度

此子对象层级显示刚体的初始速度方向，可以使用旋转工具更改方向，如图 13-45 所示，当对象运动时需要保持对象的方向，可以更改此方向。

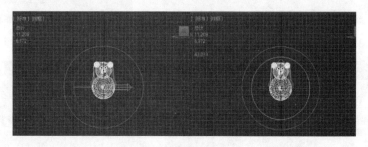

图 13-45　更改方向

2. 初始自旋

此子对象层级显示刚体的初始自旋轴和方向，可以使用旋转工具更改轴，如图 13-46 所示，可以根据场景动画需要改变自旋轴的方向。

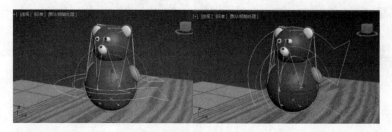

图 13-46　更改自旋轴的方向

3. 质心

此子对象层级显示刚体的质心位置，可以使用移动工具更改位置，如图 13-47 所示。如果质心在球体的中心，球体可以翻滚；如果质心在球体的边沿，则球体围绕质心晃动；如果质心移动到球体外部，则球体既会翻滚又会晃动。质心位置不同，运动效果也不同。

图 13-47　更改质心的位置

4. 网格变换

此子对象层级可以调整刚体物理图形的位置和旋转。该物理图形将在视图中以白色线框显示。使用移动和旋转工具可以调整物理图形相对于刚体的位置，如图 13-48 所示，网格控制该物体受刚体控制的范围。

图 13-48　调整物理图形的位置

值得注意的是，以上变换要视场景动画需要进行调整，没有固定的限制。

13.3 软体动画

刚体对象可以模拟自然界中运动后外形不变的对象，但实际中有很多对象在运动过程中形态会发生改变，这就是软体。

软体表示三维对象的可变形态，像表面柔软的几何体、角色的肌肉皮肤、布料等，随着外力的变化，对象的形态会发生改变，通过柔体修改器或 mCloth 修改器可以设置软体动画。

要使一个对象的外形发生改变，首先要创建一个网格或样条模型作为对象的基础形态，然后为其添加一个特殊的修改器，即可为该对象设定物理特性。

下面通过案例介绍几种软体类型及动画设置。

【例 13-5】制作飘动的彩旗。

此案例利用 mCloth 修改器制作红旗在风中飘动的效果，操作步骤如下。

制作红旗飘飘
动画效果

步骤 1　打开案例资源包中第 13 章的场景文件"13-49 飘动的彩旗源文件"，场景中用雪山作为背景，一个旗杆上挂着一面红旗，旗杆是金属材质，红旗材质是双面的红色。因为要做红旗被风吹动的效果，因此红旗这个平面的分段数要足够，才能表现出布料的柔软度。此案例的长宽分段数设为 20，分段数的多少要视平面的大小而定，场景如图 13-49 所示。

步骤 2　选择旗杆和旗套，设置为静态刚体，选择红旗的平面，长按 MassFX 浮动工具栏中的布料按钮，在弹出的下拉列表中选择"将选定对象设置为 mCloth 对象"选项，此时单击"开始模拟"按钮，会看到红旗滑下来了，如图 13-50 所示，说明需要将红旗与旗杆接触一侧固定住，其他部分可以被风吹动。

图 13-49　飘动的彩旗场景

图 13-50　红旗滑落

步骤 3　选择红旗平面，在修改器堆栈中展开"mCloth"，进入"顶点"层级，在前视图使用鼠标框选的方式选择与套在旗杆上的旗套相连的一列或两列顶点，如图 13-51 所示。单击命令面板"组"参数卷展栏中的"设定组"按钮，在弹出的"设定组"对话框中命名，将这一列顶点设为一组，单击命令面板"约束"选项组中的"节点"按钮，然后在视图中单击旗杆上的白色旗套，即将红旗平面约束到旗套上，如图 13-52 所示。此时单击"开始模拟"按钮，则会看到红旗一侧固定在旗杆上，其他部分垂下来了，呈现出布料柔软的状态，如图 13-53 所示。如果没有风吹动，这是正常状态，但是布料被延展了，单击"将模型实体重置为其原始状态"按钮，恢复红旗的位置。

步骤 4　制作风吹动效果。进入"创建"选项卡的"空间扭曲"命令面板，单击"风"按钮，在前视图拖动鼠标创建风，然后调整其位置，如图 13-54 所示。然后选择红旗平面，在命令面板"力"参数卷展栏中单击"添加"按钮，在视图中选择风，如图 13-55 所示，模拟效果如图 13-56 所示。

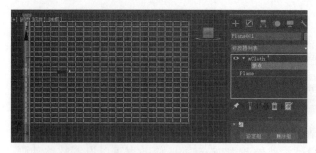

图 13-51　选择顶点

图 13-52　将红旗平面约束到旗套上

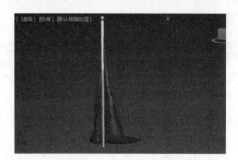

图 13-53　布料被延展

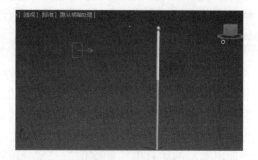

图 13-54　创建风

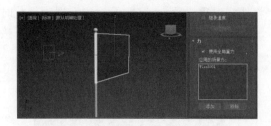

图 13-55　添加风

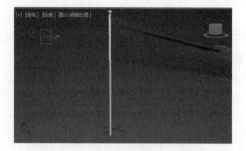

图 13-56　风吹动效果

步骤 5　此时风吹动了红旗，但是布料被拉长了很多，如图 13-56 所示，还需要调节参数。首先设置风力参数，如图 13-57 所示，如果风很大，也可以设置湍流、频率等参数；然后设置布料的物理特性，如图 13-58 所示，调节了重力比、阻尼、摩擦力等参数；单击"开始模拟"按钮，效果如图 13-59 所示。

图 13-57　设置风力参数　　　　　图 13-58　设置布料的物理特性

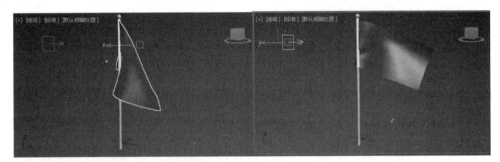

图 13-59　调整后的风吹动效果

步骤 6　烘焙生成动画帧。当调试到动画效果满意时，可通过烘焙生成动画帧。单击"时间配置"按钮，在弹出的"时间配置"对话框中选择"PAL"帧速率，将时间轴刻度延长至225 帧。选择红旗，单击命令面板"刚体属性"参数卷展栏中的"烘焙"按钮，可以看到时间轴刻度上出现了关键帧标记，这时，单击动画控制区的"播放动画"按钮，即可在视图中看到动画效果。如果动画效果还不满意，可以在命令面板单击"撤销烘焙"按钮，取消烘焙操作，重新调试直至满意为止，再重新烘焙。烘焙后可以通过"视频后期处理"命令录制动画视频，如图 13-60 所示。

图 13-60　动画效果

技 巧 提 示

1）此案例中若想让红旗飘动柔顺，要注意设置平面的分段数，分段数多少视平面大小而定。

2）风力的大小视场景需要而定，参数不是固定不变的。

3）红旗纺织品物理特性参数也不是固定不变的，可根据需要进行调整。

4）反复模拟，直到动画效果满意后再进行烘焙。

【例 13-6】模拟布料。

前面介绍 MassFX 时已经说过布料效果，为了更真实地体现布料的柔软性，现在桌上放置一些物品，如茶壶、茶碗、水果等，看看桌布会是什么效果。

操作步骤如下。

模拟布料效果

步骤 1　打开案例资源包中第 13 章的场景文件"13-61 模拟布料源文件"，场景中有一个圆桌，桌上有茶壶、茶碗和一盘水果，如图 13-61 所示。在顶视图创建一个 180×180 的平面，长和宽的分段数设为 30，且将平面提升至桌面上方，设置贴图材质，如图 13-62 所示。

图 13-61　源文件中的场景　　　　　　　图 13-62　创建平面

步骤 2　选中场景中的桌子及桌上的物品，设置为静态刚体；选中桌布设置为 mCloth。单击"开始模拟"按钮，会看到桌布下落到桌面上，如图 13-63 所示。由于桌面上有东西，因此桌布会呈现凹凸效果，但不是很明显，若要充分显示桌布的柔软效果，还需要调节参数。

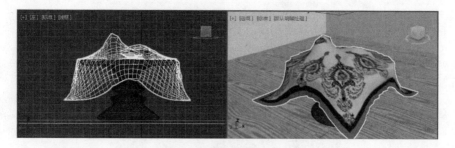

图 13-63　桌布落到桌面上

步骤 3　选中场景中的桌布，修改命令面板中的纺织品物理特性，重力比设为 5，密度设为 100，弯曲度设为 0.5，阻尼和摩擦力都设为 0.8，效果如图 13-64 所示。与图 13-63 对比，可以看出布料增加了柔软度，能看出桌布覆盖下物体的弧度，有凹凸不平的效果，另外下垂的四角也有一定的弯曲度，圆桌四周也自然下垂。

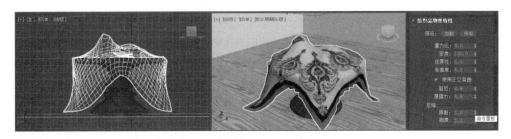

图 13-64　调整参数后的效果

步骤 4　烘焙生成动画帧。当调试到动画效果满意时，可通过烘焙生成动画帧。选择桌布，单击命令面板"mCloth 模拟"参数卷展栏中的"烘焙"按钮，可以看到时间轴刻度上出现了关键帧标记。这时，单击动画控制区的"播放动画"按钮，即可在视图中看到动画效果。如果动画效果还不满意，可以在命令面板中单击"撤销烘焙"按钮，取消烘焙操作，重新调试直至满意为止，再重新烘焙。烘焙后可以通过"视频后期处理"命令录制动画视频，渲染效果如图 13-65 所示。

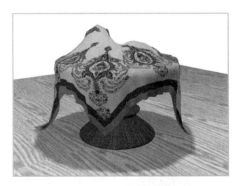

图 13-65　渲染效果

技 巧 提 示

1）此案例中的苹果、茶碗等物体不能使用组合命令，可以用附加或链接的方式将苹果、茶碗等物体合为一个整体。

2）桌布平面分段数多少视桌面大小而定。

3）桌布纺织品物理特性参数也不是固定不变的，可根据需要进行调整。

4）此案例的设置方法可以模拟床单、沙发布、毛巾等纺织品。

【例 13-7】制作柔软的皮球。

此案例模拟外表柔软的球，受外力影响球的形状会改变，操作步骤如下。

步骤 1　打开案例资源包中第 13 章的场景文件"13-66 柔软的皮球源文件"，场景中有一书桌，桌上有一个皮球，材质设为棋盘格，主要是为了变形时看得清楚一些，也可以设为其他材质，如图 13-66 所示。

步骤 2　选择书桌设为静态刚体，选择球体，在命令面板中展开修改器列表，先添加"FFD 4×4×4"自由变形修改器，再添加"柔体"修改器。

步骤 3　柔体本身没有重力的作用，需要借助外力球体才会下落。将球体向上提升离开桌面一定的距离，在"空间扭曲"命令面板中单击"重力"按钮，在场景中创建一个重力，再选择球体，在"柔体"命令面板中的"力和导向器"参数卷展栏中单击"力"下方的"添加"按钮，在视图中选择重力，如图 13-67 所示。为柔体添加了重力，球体才会下落，但是单击动画控制区的"播放动画"按钮，球体只微微颤动，此时就需要调节参数了。

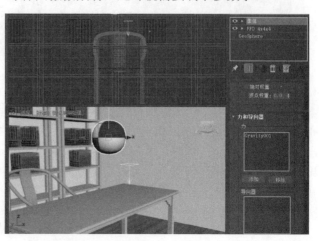

图 13-66   源文件中的场景   图 13-67   添加重力

步骤 4   首先选择重力，将重力强度设为 15，然后选择球体，在"柔体"命令面板中的"参数"参数卷展栏中，将柔软度设为 3。单击"简单软体"参数卷展栏中的"创建简单软体"按钮，然后拖动时间轴滑块或单击动画控制区的"播放动画"按钮，会看到小球下落到桌面上，球体外形发生了改变，如图 13-68 所示。如果想让球体外形变化大些，还可以加大倾斜和拉伸的参数，模拟效果如图 13-69 所示。

图 13-68   球体外形发生改变   图 13-69   加大外形变形力度

步骤 5   渲染纹理生成动画视频。当调试到动画效果满意后，可以通过"视频后期处理"命令录制动画视频。

┌───── **技 巧 提 示** ─────

1）此案例中的球体要选择几何球体，球体四边形面变形不如几何球体三角形面变形效果柔软。

2）此案例中柔体的设置方法可以模拟水滴、食物等任何外表柔软的物体。

3）若想球体等几何体变形，一定要添加 FDD 自由变形修改器。

13.4 综合训练

【例 13-8】制作水中浮动的小球效果。此案例制作小球由空中或倾斜水槽落水后,在水中漂浮及水波荡漾的动画效果。

操作步骤如下。

步骤 1 打开案例资源包中第 13 章的场景文件"13-70 小球水中浮动源文件",场景中有一个水池、水槽和一个小球,水槽中有水,模型材质已赋,如图 13-70 所示。

步骤 2 选择场景中的水池和水槽,设为静态刚体,选择小球设为动力学刚体。因为要让小球落入水中,所以在命令面板中水池的静态刚体"物理材质"参数卷展栏中设置预设值为"混凝土",在"物理图形"参数卷展栏中设置图形

图 13-70 综合案例源文件中的场景

类型为"原始的";在水槽的静态刚体"物理材质"参数卷展栏中设置预设值为"钢",在"物理图形"参数卷展栏中设置图形类型为"原始的",如图 13-71 所示;否则小球在水池上方即碰撞刚体反弹,不能落入水中。

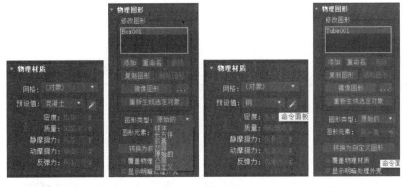

图 13-71 设置参数

步骤 3 在 MassFX 浮动工具栏中单击"开始模拟"按钮,即可看到小球落入水中,但能穿透水池,因此还需要调整参数。因为水池和水槽都选择了预设值,参数是默认的,如果不选择预设值就需要自己设定参数。选择场景中的小球,初始速度的方向调整为如图 13-72 所示的方向,"物理材质"参数设置如图 13-73 所示。

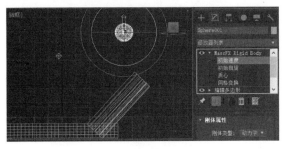

图 13-72 设置初始速度的方向

图 13-73 设置"物理材质"参数

步骤 4　选择场景中的水池中的水，为水面设置动画效果。添加一个"涟漪"（或波浪、置换）空间扭曲，将水面和空间扭曲绑定，然后从 15 帧（小球落入水面的帧）开始通过关键帧动画记录波长或相位的参数值变化，这个参数值要结合小球滚动来调节。第 15 帧时涟漪的参数值如图 13-74 所示，第 100 帧时涟漪的参数值如图 13-75 所示。

 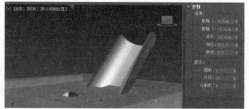

图 13-74　第 15 帧时涟漪的参数值　　　　　图 13-75　第 100 帧时涟漪的参数值

步骤 5　模拟场景直到效果满意，烘焙生成动画帧，然后使用"视频后期处理"命令生成动画视频。

> **技 巧 提 示**
>
> 　　1）此案例中小球的参数要反复调试，如果水池和水槽不使用预设值，也需要自行调试参数直到满意为止，参数不是固定不变的。
>
> 　　2）注意水的材质和水的运动效果，如果是室外，水的材质颜色要深、要有反射；如果是室内，水的材质要清、颜色要浅。
>
> 　　3）此案例中水的浮力效果不明显，若想制作出更逼真的浮力效果，可以使用插件 RealFLow 来完成。

本 章 小 结

　　动力学动画是 3ds Max 中模拟自然界物体运动真实动画效果的独立系统，使用 MassFX 中的刚体、布料等可以制作固体的碰撞效果和布料随造型运动而变化的柔软效果等。刚体和布料工具使用不难，难的是不同效果的参数调节。此外，在正向动力学和反向动力学的作用下，还可以完成多个具有链接关系的物体的正反向运动效果。本章通过几个典型的案例介绍了工具的使用及参数的设置，读者将能领会案例中涉及的参数的含义，举一反三，制作出理想的效果。

思 考 与 练 习

一、思考题

　　1．简述正向动力学和反向动力学的含义。

　　2．动力学刚体和运动学刚体有什么区别？

3．mCloth 和柔体修改器都接受力的作用，如风、重力等，同一物体在两种修改器中受力的作用效果有什么不同？

二、操作题

1．制作多层级多米诺骨牌动画。

2．制作飘动的窗帘。

3．制作升旗的动画效果（包括升旗的过程及旗随风飘扬的效果）。

第14章

骨骼动画

▶ **知识目标**

1）了解骨骼的链接关系。

2）了解角色蒙皮的作用。

3）了解 Biped 的作用。

▶ **能力目标**

1）学会建立骨骼链接。

2）掌握骨骼动画的制作流程。

3）掌握蒙皮后调节封套的作用范围。

4）掌握 Biped 骨骼动画的制作方法。

▶ **课程引入**

　　前面讲解了关键帧动画、约束器动画和粒子动画，大部分是基于场景特效或场景中某物体的位移、旋转、缩放、变形的动画，可以在关键帧之间进行插值计算得到连续的动态效果。而场景中往往有角色模型，如果要对角色模型赋予动画，使用关键帧进行制作既麻烦，又很不自然，因此就有了骨骼动画，骨骼动画是模型动画的一种。

　　在骨骼动画中，模型具有相互链接的"骨骼"组成的骨架结构，就像人体或动物一样，皮肤和肌肉包裹着骨骼，通过骨骼的位置和角度变化，带动包裹着骨骼的模型产生动画。随着 3ds Max 功能的不断升级，不仅有自己创建的有链接关系的骨骼，还有了人形骨骼（Biped）的预设效果，通过 Biped 可以很方便地制作角色的行走、跑跳等动画效果。本章主要讲解骨骼的链接关系和 Biped 动画设置。本章部分案例的渲染效果如图 14-1 所示。

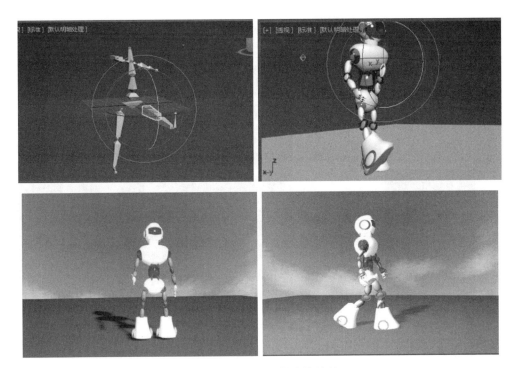

图 14-1　部分案例的渲染效果

[14.1] 骨骼的链接

前面介绍的大部分是针对单个物体的动画，而实际运动要复杂得多，往往要同时考虑多个物体的运动，如复杂的机械运动、人物和动物的角色动画等。角色动画中的骨骼运动遵循动力学原理，定位和骨骼动画包括两种类型的动力学，即正向动力学和反向动力学。不管是正向还是反向，骨骼间是存在链接关系的，因此先来了解骨骼的链接。

角色动画是最复杂的，不仅是单纯的位置移动或角度改变，同时会伴随角色形体发生一些改变。以人为例，当做曲肘动作时，前臂和上臂的肌肉形体会发生改变，如果有外衣的话，衣服也会产生褶皱；而且人体的骨骼是有连带关系的，抬上臂时，前臂和手都会同时抬起，但是，仅动手指的话，上臂和前臂可能不会受到影响，这说明骨骼的这种连带关系是单向的，这就是对象的链接关系。

链接关系的建立操作很简单，关键是要确定好谁链接谁，即谁是"父"，谁是"子"。单击工具栏中的"选择并链接"按钮 🔗，可以把两个物体链接成父子关系，其中原物体成为子物体，链接指向的目标物体成为父物体。

14.1.1　创建骨骼

选择"创建"选项卡中的"系统"命令面板，如图 14-2 所示。单击"骨骼"按钮，可以在视图中创建骨骼，且可以创建连续的、有链接关系的骨骼。例如，在前视图适当位置单击，然后拖动鼠标并移动一段距离再单击即可创建出一段骨骼，若连续拖动鼠标并单击，即可创建连续的若干节骨骼，直到右击结束创建骨骼操作。这样创建的多节骨骼是有父子链接关系的，先创建的是"父"，后拖动出来的是"子"，如图 14-3 所示。

图 14-2　"系统"命令面板

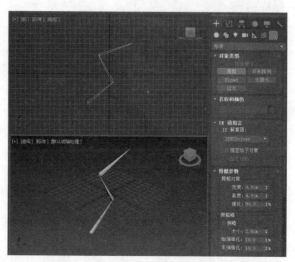

图 14-3　创建骨骼

14.1.2　编辑骨骼

创建好的骨骼可以在命令面板中进行编辑，可以修改骨骼的大小和锥化程度等，还可以给骨骼添加侧鳍、前鳍、后鳍。在视图中选择一段要修改的骨骼，选择"修改"选项卡，如图 14-4 所示，可以修改宽度、高度和锥化值，即可改变此节骨骼的形状和大小，如果使用缩放工具，也可以沿某个轴向缩放骨骼的大小或整体调整骨骼的大小。

每节骨骼的大小要视模型而定，一般是按照建好的模型来创建骨骼，如果是动物，则可根据需要添加侧鳍、前鳍或后鳍，便于制作各种动作效果，如图 14-5 所示。

图 14-4　"骨骼参数"参数卷展栏

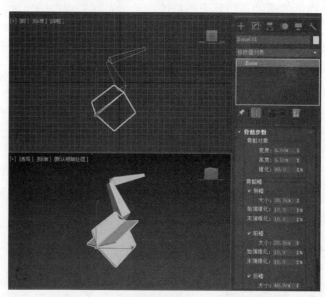

图 14-5　添加侧鳍、前鳍或后鳍后的图形

14.1.3 骨骼链接

创建角色骨骼时，需要分别创建躯干和肢体，分别调整好骨骼的位置、大小等参数后，再对骨骼进行链接操作。可以通过工具栏中的"选择并链接"按钮，把骨骼链接成父子关系。

链接骨骼时要根据人物或动物身体骨骼的运动规律来进行链接，即要确定好谁是"父"对象，谁是"子"对象，这样才能保证后续调节动画时动作能按正向动力学或反向动力学完成。

【例 14-1】制作人形骨骼。

操作步骤如下。

制作骨骼链接
动画效果

步骤1 创建骨骼。使用上述创建骨骼的操作方法在前视图或左视图创建如图 14-6 所示的骨骼，共有 5 段具有链接关系的骨骼，类似于一个人体脊柱和四肢骨骼形态。

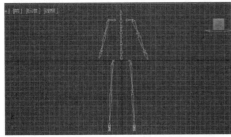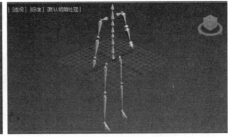

图 14-6 创建人形骨骼

步骤2 编辑骨骼。根据人体骨骼分布的特点和形态，调整骨骼的大小，每一段多节骨骼都要从父级别开始逐渐向子级别一节一节地调整骨骼的大小、锥化百分比等参数，如图 14-7 所示。调节骨骼大小时也可以使用缩放工具进行调整，但注意选择一节骨骼进行缩放时，会连带子对象一起进行缩放。

步骤3 链接骨骼。每一节骨骼调整好后，需要将四肢链接到椎骨上，使骨骼成为一个整体。例如，选择一侧上肢最靠近脖子椎骨的一节骨骼，单击工具栏中的"选择并链接"按钮，按住鼠标左键并拖动鼠标到要链接的椎骨处，然后释放鼠标左键，即可将上肢链接到椎骨上，如图 14-8 所示。依次使用此方法将其他四肢都链接到椎骨相应的位置上。链接后，选择一节椎骨，移动或旋转一定角度，可以看到椎骨会带动四肢一起改变，如图 14-9 所示。

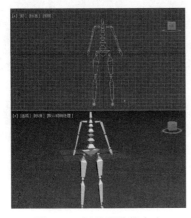

图 14-7 调节骨骼的大小

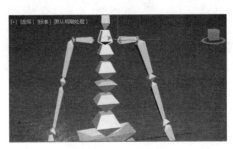

图 14-8 链接骨骼

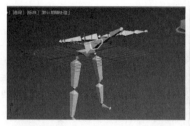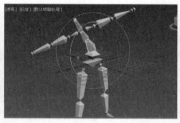

图 14-9　椎骨带动四肢一起移动

技巧提示

1）制作骨骼动画一般是先建模型，然后按照模型大小和各部分比例来创建和修改骨骼，最后通过蒙皮使角色和骨骼建立联系。

2）在进行骨骼链接时，首先要明确角色骨骼的结构及父子关系，即谁能带动谁运动，以便确定谁链接谁。不管是移动、缩放还是旋转，父物体会影响到子物体，而子物体一般不影响父物体，子物体可以小范围单独做运动，若想子物体影响父物体则需应用反向动力学。

3）还可以限制一个物体自身运动和他对子物体的影响，14.1.4 节会讲解。

4）使用动画约束控制器来创建动画效果实际上包含了特殊的链接关系。

5）可以给物体指定多层链接关系。

【例 14-2】制作抬腿踢球动作。

正向运动学使用从上到下的方法，首先定位和旋转父物体，然后沿链接关系逐级定位和旋转每一个子物体。

此案例制作一个抬腿踢球的动作，操作步骤如下。

步骤 1　打开案例资源包中第 14 章的场景文件"14-10 抬腿踢球动作源文件"，视图中有一个人体模型和一个足球，按照人体模型绘制骨骼，调整每一节骨骼的位置和大小，再将四肢链接到脊柱上，确定好骨骼初始静立位置，如图 14-10 所示。

步骤 2　抬腿踢球要靠大腿抬起带动小腿和脚，因此制作大腿骨骼时要想好父子关系，从上往下建立骨骼，使大腿成为父物体。单击"自动关键点"按钮，把时间滑块移动到第 25 帧，旋转大腿向后抬高，带动小腿和脚都抬高，如图 14-11 所示，完成抬大腿的关键帧设置。

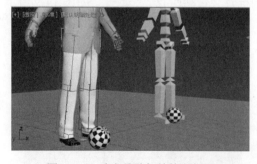

图 14-10　确定骨骼初始静立位置

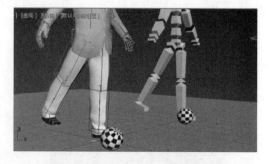

图 14-11　大腿带动小腿和脚运动

步骤 3　在大腿向后抬高的过程中脚面要绷直，因此还要将脚面处的骨骼旋转一定角度，如图 14-12 所示，完成绷脚的关键帧设置。

步骤 4 把时间滑块移动到第 50 帧，旋转大腿骨骼带动小腿和脚使其与球碰撞，完成踢球动作，如图 14-13 所示。

图 14-12 旋转脚面处的骨骼

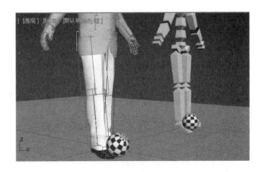
图 14-13 制作踢球动作

步骤 5 球被踢后会滚动，但前 50 帧是静止的。单击"设置关键点"按钮，选择足球，在第 50 帧单击➕按钮，手动设置起始帧；然后把时间滑块移动到第 90 帧，将球向前方移动一定的距离，再次单次➕按钮，设置足球移动结束帧，同时将足球旋转一定的角度，表示足球被踢后转动前行，如图 14-14 所示。

步骤 6 足球踢走后，腿和脚要复原。选择大腿骨，单击"自动关键点"按钮，将时间轴滑块拖到 80 帧，在前视图或左视图旋转角度与开始站立时一致；再选择脚骨，旋转角度将绷脚放平，恢复初始站立状态，如图 14-15 所示。

图 14-14 设置足球翻滚

图 14-15 复原腿和脚

上述操作只制作了腿和脚的动作，实际上当后抬大腿时，身体会有一些侧倾，上肢也会有一些摆臂的动作，这是一个全身动的动作。身体侧倾时应选中脊骨最下端一节，这是根节点，它会带动全身改变位置和角度，可以自己尝试进行身体侧身和上肢摆臂的动作设置，如图 14-16 所示。

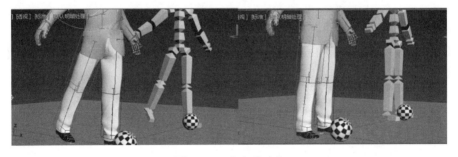
图 14-16 全身的动作

技 巧 提 示

1）层级链接是从父物体到子物体的。

2）轴心点位置定义了物体之间链接关系的变换位置。

3）子物体继承父物体的变换属性。

14.1.4　骨骼运动限定

选择一个链接的骨骼，单击"层次"选项卡中的"链接信息"按钮。其下方有"锁定"和"继承"两个参数卷展栏，"锁定"用于限制物体自身的变换，可以锁定骨骼只能沿着某个轴向变化；"继承"用于设定子物体对父物体的继承关系，可以让子物体只继承某个轴向的变化，如图 14-17 所示。

图 14-17　"锁定"和"继承"参数卷展栏

14.2　创建角色动画

14.2.1　骨骼动画简介

动画片中的角色动画可以是人物动画、动物动画或其他物体的运动，但无论是人物还是动物，他的动作都是由骨骼和肌肉运动带动角色运动完成的，因此制作角色动画实际上可以理解为制作骨骼、肌肉动画。

人体的运动极为复杂，但是人体的所有运动都可以分为肌肉的运动和骨骼的运动两大类：肌肉的运动在 3ds Max 中使用"变形"编辑器来模拟；骨骼的运动则使用 3ds Max 的骨骼系统来模拟。骨骼系统是链接层次的一种特殊情况，它有具体的结构。我们可以创建一个骨骼系统，然后使用"蒙皮"编辑器将其他对象链接在骨骼系统上。这样只要单纯地控制骨骼系统的运动就可以模拟人体的行走、跑跳、打斗等形体运动。

传统的动画一般是对一个物体对象进行位移、旋转、缩放、变形，然后把关键帧的信息记录下来，在播放的时候按照关键帧时间对物体进行位移、旋转、缩放、变形，并在关键帧之间做插值运算。

骨骼动画的特点是做动画的物体对象本身不记录位移、旋转、缩放、变形信息，而是通过第三方的"骨骼"物体记录动画信息，然后物体对象本身只记录受到骨骼物体影响的权重；在播放的时候，通过骨骼物体的关键帧和物体对象记录的权重，让动画显示出来。

14.2.2　骨骼动画的优点

相对于传统动画，骨骼动画虽然多了骨骼物体和权重两个记录，但骨骼动画的资源容量和运行效率并不比传统的动画低，它的优点如下。

1）骨骼动画是影响到顶点级别的动画，而且可以多个骨骼根据权重影响同一个顶点，可以让动画做得更丰富。

2）骨骼动画做到了对象和动画分离，我们只需要记录物体对于骨骼的蒙皮权重，就可以单独去制作骨骼的动画，在保证蒙皮信息和骨骼信息一致的情况下，还可以多个物体之间共享动画。

3）三维角色动画的骨骼动画可以让动作的连带关系和协调性更加真实，且比通过关键帧设置更加便捷。

14.2.3　骨骼动画的制作步骤

通过计算机进行动画制作，一般制作步骤如下。

1）根据创意剧本进行分镜头，简单绘制出画面分镜头运动效果，为三维动画的制作做铺垫。

2）在 3ds Max 或其他三维软件中建立故事的场景、角色、道具的简单模型。

3）根据剧本和分镜故事板制作出三维故事板。

4）根据角色模型、三维场景、三维道具模型在三维软件中进行模型的精确制作。

5）根据剧本设计对三维模型进行色彩、纹理、质感等的设定工作。

6）根据故事情节分析，对三维中需要动画的模型（主要为角色）进行动画前的一些动作设置。

7）根据分镜故事板的镜头和时间给角色或其他需要活动的对象制作出每个镜头的表演动画。

8）对动画场景进行灯光的设定来渲染气氛。

9）进行动画特效设定。

10）后期将配音、背景音乐、音效、字幕和动画一一匹配合成，最终完成整部角色动画片制作。

上述步骤是完成动画片制作的简易流程，本章主要是讲述角色动画的制作过程。对于场景中任意角色动画的制作过程大体分为以下步骤。

1）按照剧本设定的角色制作角色模型（包括角色模型的色彩、纹理、质感等）。

2）按照角色比例制作骨骼（带有链接关系的骨骼系统或 Biped 骨骼）。

3）进行角色蒙皮，让角色完全包裹住骨骼。

4）进行骨骼的封套调节。

5）按照故事版设定完成骨骼动画的设置。

下面通过案例，按照上述 5 个步骤说明角色动画的制作方法。

【例 14-3】制作一个角色的简单动作。

在 3ds Max 中制作角色动画需要网格物体、骨骼和蒙皮修改器，网格物体就是需要做动画的角色；骨骼有两种，Bone 和 Biped；蒙皮修改器也有两种，Skin 和 Physique，作用都一样，都是给网格物体的顶点赋予权重，由于大部分的模型导出插件不支持 Physique 蒙皮修改器，所以一般是使用 Skin 蒙皮修改器。

在制作角色动画之前，需要先制作角色模型，然后根据角色模型制作与之相适应的骨骼，并做好链接，再进行角色蒙皮，最后设置角色动作。下面来制作一个简单的机器人角色动画，操作步骤如下。

步骤 1　打开案例资源包中第 14 章的场景文件"14-18 机器人模型源文件"，场景中有一个简单的机器人模型，如图 14-18 所示。

图 14-18　机器人模型

步骤 2　创建骨骼。冻结机器人，然后按照机器人的形体创建骨骼，如图 14-19 所示，一般在平面视图中创建骨骼。

步骤 3　调整骨骼与模型的一致性。按着模型身体的比例调整骨骼的大小，以便蒙皮时身体能包住骨骼，如图 14-20 所示。调整每一节骨骼大小时要从一条链接骨骼的父骨骼开始向子骨骼逐一调节，可以在修改器面板调节骨骼的宽度、高度和锥化值，也可以使用缩放工具进行调节，各个角度观察，确定骨骼没有外漏。调整好骨骼大小后，再将四肢链接到脊柱上，上肢链接到脖子骨节上，下肢链接到盆骨上，使骨骼成为一个整体。如果制作手指的骨骼，也要将手指骨骼调整好大小，并做好链接。

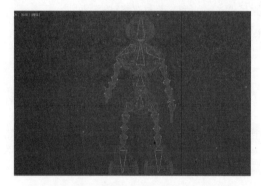
图 14-19　创建骨骼

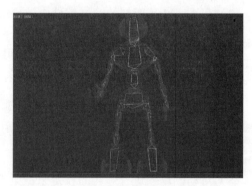
图 14-20　调整骨骼

步骤 4　角色蒙皮。解冻机器人角色，然后选择机器人，添加"蒙皮"修改器，展开修改器列表，单击"参数"参数卷展栏中的"添加"按钮，弹出"选择骨骼"对话框，如图 14-21 所示。选择要添加的骨骼，单击"选择"按钮，即用角色包裹住骨骼，添加了骨骼的命令面板如图 14-22 所示。

图 14-21　"选择骨骼"对话框

图 14-22　骨骼命令面板

步骤 5　调节封套。调节每一节骨骼的作用范围。蒙皮修改器可以使用范围框、笔刷或逐个顶点来调节权重，不过本质都是一样的，最后得到的是几根骨骼相对于某个顶点的影响权重。

　　之前我们记录顶点信息和骨骼信息时，都是已经排好序的，所以在记录蒙皮权重时，就可以只是记录各自的序号，还有对应的权重。一个顶点原则上是可以受到无限多根骨骼的影响的，不过在实际的应用中，为了不让计算过于复杂，一般一个顶点最多只会受到 4 根骨骼的影响。

　　展开修改器列表中的"蒙皮"修改器，进入"封套"层级，或单击"参数"参数卷展栏中的"编辑封套"按钮，在参数卷展栏骨骼列表中选择一块骨骼，如图 14-23 所示。视图中红色线框显示出该骨骼的作用范围；封套大小表示该骨骼运动时影响的范围的大小；封套范围过大，可能会影响其他不该影响的身体部位，封套过小又会出现带不动身体做各种动作的情况。因此要根据骨骼所在角色部位调整其封套的大小，使其作用范围恰到好处，这是一个需要耐心调节的过程，每块骨骼都需要调节；如 Bone001 调节后的效果如图 14-24 所示。

蒙皮封套调节

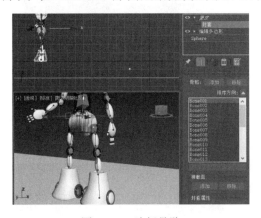

图 14-23　选择骨骼

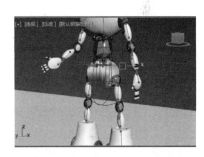

图 14-24　Bone001 调节后的效果

　　正常的情况下，一个顶点可以受到多根骨骼的影响，权重加起来应该等于 1。对每一块骨骼仔细进行封套调节，一般调节封套往往不是一次调节就能完全成功的，如果后续设置动画时出现粘连或黏滞等情况，还需要进一步调节。如图 14-25 所示，左手臂出现黏滞，所以调节封套时要让骨骼动一动，观察包裹骨骼的模型运动情况，直至角色模型运动正常。

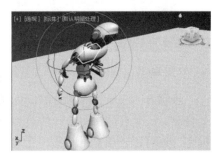

图 14-25　左手臂黏滞

　　步骤 6　设置动作关键帧。单击动画控制区的"时间配置"按钮，在弹出的"时间配置"对话框中选择"PAL"制式帧速率。将时间轴长度改为 150，单击"自动关键点"按钮，选择腰椎骨，如图 14-26 所示，拖动时间轴滑块到第 20 帧，向前旋转腰椎，如图 14-27 所示，做弯腰动作，手臂和上身自然随之运动。

　　步骤 7　拖动时间轴滑块到第 40 帧，转动腰椎恢复直立，如图 14-28 所示；再拖动时间轴滑块到第 60 帧，向右转动腰椎，如图 14-29 所示，上身、头和上肢都随之转动。拖动时间轴滑块到第 80 帧，向左转动腰椎，恢复正常直立，如图 14-30 所示；再拖动时间轴滑块到第 100 帧，选择右侧大腿骨骼，向上旋转，做抬腿动作，如图 14-31 所示；同时可以将左臂向后摆动，做这两个动作时注意开始帧是第 80 帧，而不是第 0 帧。

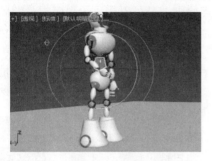

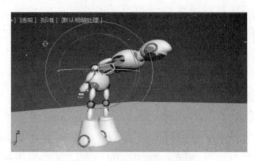

图 14-26　选择腰椎骨　　　　　　　　　　　图 14-27　向前旋转腰椎

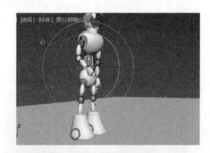

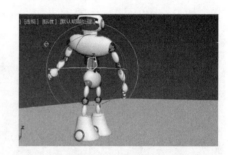

图 14-28　腰椎恢复直立　　　　　　　　　　图 14-29　向右转动腰椎

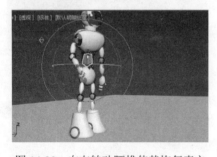

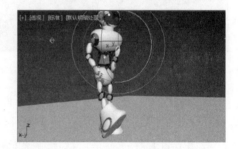

图 14-30　向左转动腰椎使其恢复直立　　　　　图 14-31　向上抬腿

步骤 8　选择右前臂骨骼，如图 14-32 所示，拖动时间轴滑块到第 140 帧，然后向上转动骨骼，发现右前臂在抬起的过程中前臂和手的肌肉发生变形，说明骨骼运动不仅可以带动模型，还可以使肌肉的模型发生变形，如图 14-33 所示。

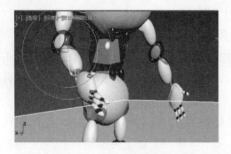

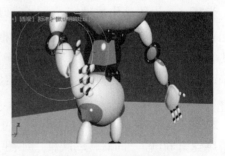

图 14-32　选择右前臂骨骼　　　　　　　　　图 14-33　抬起右前臂

> **技 巧 提 示**
>
> 　　1）制作骨骼动画时调节封套很关键，封套作用范围调节不恰当的话，制作动画时会出现黏滞或粘连，因此每节骨骼都要检查并适当调节封套，在设置动画后发现有黏滞或粘连现象还可以继续调节封套。
>
> 　　2）在进行骨骼动画关键帧设置时，要明确角色骨骼的结构及父子关系，要注意动作的协调性。
>
> 　　3）在进行蒙皮操作时，角色模型尽量不要成组，可以用附加或链接等方式让模型的某些部位成为一个整体。
>
> 　　4）在进行骨骼动画调节时还要注意骨骼带动肌肉发生变形的形状要符合自然现象，当肌肉变形过于夸张或不符合规律时，要调节骨骼的大小或封套的作用范围。

14.3　Biped 骨骼

　　前面讲述的骨骼是可以根据角色形体自己创建具有一定链接关系的骨骼，并且可以根据角色的运动情况进行骨骼链接，但这样的骨骼在做动画时需要自行调节动作，用关键帧记录动作状态，比较麻烦，费时费力。

　　通过关键帧设置角色行走等动画是一项很烦琐的工作，不仅要了解角色行走动画的连带关系，还要注意肌肉的变形关系，每个动作既要到位，又要相互协调，非常费时。随着 3ds Max 版本的升级，增加了 Biped 骨骼，预设了简单的行走、跑动、跳跃等动作，利用 Biped 骨骼可以很方便地制作出两足人物或四足动物的常规动作。

　　Biped 骨骼是设置好了链接关系的人形骨骼。在 Biped 系统中，通过适当参数设置即可完成角色的行走、跑跳等动画效果，非常方便。

　　单击"创建"选项卡"系统"命令面板中的"Biped"按钮，如图 14-34 所示，在视图中单击并拖动鼠标，即可建立一个人形骨骼，如图 14-35 所示。

　　　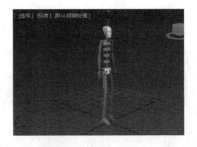

图 14-34　单击"Biped"按钮　　　　　　图 14-35　创建人形骨骼

　　人形骨骼创建时可以拖动高度创建，也可以拖动位置创建，两种方式切换如图 14-36 所示。"拖动高度"创建人形骨骼时，可以创建任意高度的人形骨骼；"拖动位置"创建人形骨骼时，需要先设定好人形骨骼的高度等参数，然后在固定位置单击创建人形骨骼，人形骨骼命令参数如图 14-37 所示。

图 14-36　创建人形骨骼的方法　　　图 14-37　人形骨骼的命令参数

在人形骨骼命令参数面板中可以设置各部分链接的骨骼的节数、手指和脚趾的个数及马尾辫的节数等参数，如图 14-38 所示。如果是动物，还可以设置尾部的节数，如图 14-39 所示。

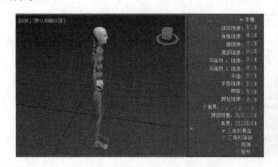 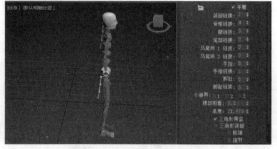

图 14-38　设置人形骨骼参数　　　　　　　图 14-39　设置尾部节数

在创建人形骨骼时还可以设置躯干类型，可以选择如图 14-40 所示的"骨骼"类型，也可以选择如图 14-41 所示的"标准"类型。甚至还可以进行性别区分，如图 14-42 所示是"男性"骨骼，如图 14-43 所示是"女性"骨骼。

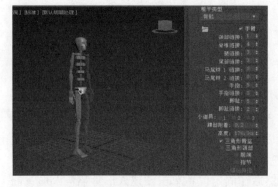 

图 14-40　"骨骼"类型的躯干　　　　　　图 14-41　"标准"类型的躯干

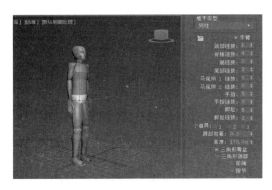

图 14-42 "男性"骨骼

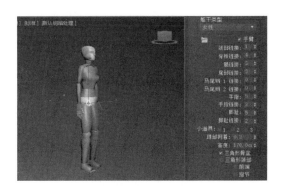

图 14-43 "女性"骨骼

人形骨骼是按正向动力学做链接的,移动一个骨骼就会带动其子级别骨骼一起移动。有了人形骨骼,制作角色动画就非常方便了。

Biped 骨骼创建好后,如果想修改局部骨骼的位置或大小,在"运动"选项卡中选择"体形模式"选项,如图 14-44 所示。在此状态下可以通过移动、旋转、缩放来调整体形中的每一节骨骼,也可以利用骨骼制作四足动物的形体,如图 14-45 所示。

图 14-44 体形模式

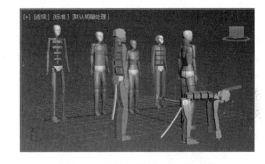

图 14-45 制作四足动物的形体

下面通过案例来说明 Biped 的设置。

【例 14-4】制作角色行走动画。

此案例为角色模型绑定骨骼,然后设置角色行走、转弯继续行走、上台阶的动画效果,操作步骤如下。

步骤 1 创建场景。打开案例资源包中第 14 章的场景文件"14-18 机器人模型源文件",场景中有一个机器人模型,创建一个 2500×1500 的平面作为地面,设置环境背景为蓝天白云,添加一盏泛光灯照亮场景并开启"阴影",效果如图 14-46 所示。

步骤 2 创建 Biped。按照机器人模型的身高创建人形骨骼,手指设置 3 个,手指链接设为 1,脚趾和脚趾链接都设 1 个,躯干类型选择"骨骼"类型,高度与角色模型一致,创建人形骨骼,如图 14-47 所示。

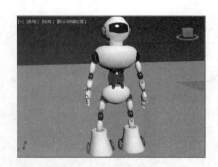

图 14-46   创建场景

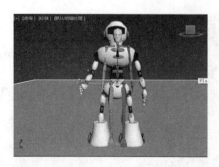

图 14-47   创建机器人的人形骨骼

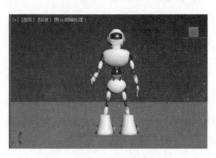

图 14-48   调整骨骼

步骤 3   调整骨骼。Biped 骨骼创建后，在"修改"选项卡中看不到任何参数，如果想调整 Biped 骨骼的大小，则需要进入"运动"选项卡中，在命令面板中选择"体形模式"选项。然后就可以对 Biped 中的任何一节骨骼进行调整了，可以放大、缩小、改变方向等。选择机器人模型并将其冻结，然后将人形骨骼与角色模型对齐，进入"运动"选项卡，通过移动和缩放，调整骨骼尽量与角色模型肢体关节一致，如图 14-48 所示。

步骤 4   角色蒙皮。选择机器人角色模型，添加"蒙皮"修改器，在参数卷展栏中单击"添加"按钮，在弹出的"选择骨骼"对话框中展开全部骨骼并选择全部骨骼，如图 14-49 所示，然后单击"选择"按钮，把骨骼添加到角色中。添加骨骼后的参数卷展栏如图 14-50 所示，添加蒙皮后的角色如图 14-51 所示。

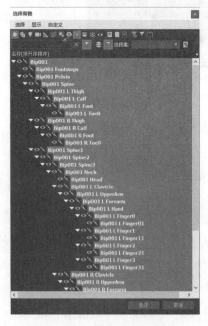

图 14-49   选择全部骨骼

图 14-50   添加骨骼后的参数卷展栏

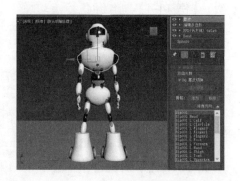

图 14-51   添加蒙皮后的角色

步骤 5   编辑封套。选择角色模型，在命令面板的参数卷展栏中逐一选择每一节骨骼，然后单击"编辑封套"按钮调节封套，如图 14-52 所示。编辑封套作用范围的大小，使每一节骨骼仅影响包裹它的角色模型部分，即使每一节骨骼的作用范围恰到好处，能带动包裹其外表，又不至于牵动其他模型部分。在调节封套时，边调节封套，边移动骨骼观察效果，直至所有骨骼调节完毕。

步骤 6 设置动画。

① Biped 预设了行走、跑动、跳跃 3 种运动方式，只要选择其中一种运动方式，设置足迹的步数和相关参数，即可完成行走、跑跳等动作设置，比单纯的骨骼设置动画方便很多。

② 选择 Biped，选择"运动"选项卡，在命令面板中的"Biped"参数卷展栏中单击"足迹模式"按钮。在"足迹创建"参数卷展栏中，选择"行走"运动方式，如图 14-53 所示，然后单击"创建足迹"按钮可以一步一步设置行走动画，如图 14-54 所示。在地面单击设置步数，步间距离可以用移动方式改变，如图 14-55 所示；然后单击"足迹操作"参数卷展栏中的"为活动足迹创建关键点"按钮，即可在当前帧开始设置行走动画，如图 14-56 所示，如果足迹不合适，单击选择足迹，然后按 Delete 键即可删除足迹。

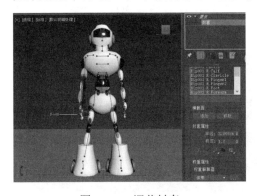
图 14-52　调节封套

图 14-53　选择"行走"运动方式

图 14-54　单击"创建足迹"按钮

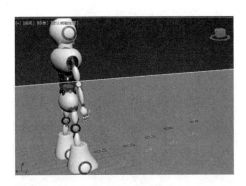
图 14-55　设置步数

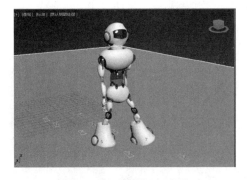
图 14-56　设置行走动画

③ 如果想一次设置连续的多步行走或跑跳动画，则单击"创建多个足迹"按钮，弹出"创建多个足迹：行走"对话框。在该对话框中可以设置先迈左脚还是先迈右脚，以及行走的步数、步幅宽度、步幅的长度等参数，因为不同性别、不同年龄的人物步幅大小是不一样的，还可以设置行走的时间，即行走的快慢，可以从当前帧开始，也可以接续上一个足迹之后开始，如图 14-57 所示，这样可以一次设置行走多步的动画效果。

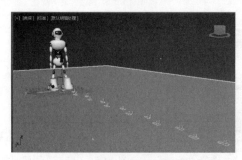

图 14-57 "创建多个足迹：行走"对话框

④ 参数设好后单击"确定"按钮，即可看到地面的足迹，如图 14-58 所示，然后单击"足迹操作"参数卷展栏中的"为活动足迹创建关键点"按钮，将骨骼和足迹关联起来，即可在当前帧开始为角色设置行走动画，如图 14-59 所示。

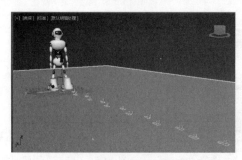

图 14-58 地面的足迹　　　　　　　图 14-59 从当前帧开始设置行走动画

⑤ 如果选择"跑动"模式，设置步数及活动足迹后即可制作出跑动效果，跑动的步幅比行走的步幅大，如图 14-60 所示。如果选择"跳跃"模式，设置步数及活动足迹后即可制作出跳跃效果，跳跃是双足同时离地跳起，如图 14-61 所示。

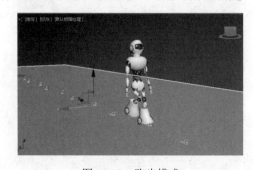

图 14-60 跑步模式　　　　　　　图 14-61 跳跃模式

步骤 7 修改足迹。在"足迹操作"参数卷展栏中可以修改设置的足迹。如果设置的足迹效果不满意，可以删除、复制、粘贴足迹，还可以"取消激活足迹"，恢复初始状态重新设置足迹。

创建多个足迹时，足迹是直线排列的，如果想转弯，则可以通过旋转和移动改变足迹，如图 14-62 所示，足迹改变了，行走的线路就改变了。

如果要制作出上台阶的效果，就需要将足迹变成阶梯状，如图 14-63 所示，足迹在哪，就行走到哪。因此使用这种方法制作动画效果非常方便。

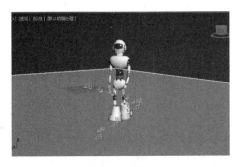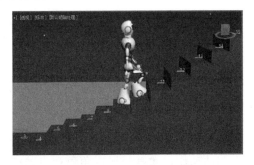

图 14-62 改变足迹   图 14-63 上台阶的效果

步骤 8 动作接续。如果想让模型连续做多个动作，可以在创建好一个动作后，再创建其他足迹时，选择"从最后一个足迹之后开始"选项，两个足迹自动连接，且会根据步幅大小自动计算时间并自动延长时间轴。如图 14-64 所示，机器人先跳跃，然后行走，最后转弯继续行走，期间可以通过关键帧设置某帧弯腰、转身或其他动作等。

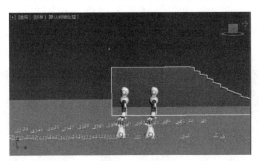

图 14-64 动作接续

┌─ 技 巧 提 示 ───┐

  因为 Biped 的足迹动画在最后一帧之后不能再添加关键帧，如果想制作除足迹外的其他动作，则可以结合关键帧在足迹行进中间设置关键帧动作。例如，选择 Biped 人形骨骼，在命令面板中单击"足迹模式"按钮，创建多个足迹动画（如创建 10 步），如果步幅设为 0.6，此时动画的长度大约是 150 帧；取消足迹模式，将时间轴滑块拖到第 100 帧，单击命令面板中的"关键点信息"参数卷展栏中的"设置关键点"按钮，然后单击"轨迹选择"参数卷展栏中的"躯干旋转"按钮，可以让角色转身，也可以让角色弯腰或做其他动作；然后拖动时间轴滑块至 120 帧，再单击"关键点信息"参数卷展栏中的"设置关键点"按钮，加其他动作。还可以再次进入"足迹模式"，选择"跳跃"方式，再次延长时间轴刻度，通过创建多个足迹，使 Biped 跳跃，这样 Biped 可连续完成多个动作。

└──┘

步骤 9 保存和加载动作。设置好的动作可以在"Biped"参数卷展栏中单击"保存文件"按钮将文件保存起来。如果想使用已经保存的 Biped 动作，则可以单击"加载文件"按钮，打开已经保存的设置好的动作文件。

步骤 10   渲染输出。动画设置好后可以通过"视频后期处理"命令，添加场景事件和输出事件，渲染连续动画帧，形成动画视频文件。

[14.4] 综合训练

【**例 14-5**】利用 Biped 骨骼制作机器人行走、转弯、弯腰拾物、上坡行走等动画效果。

此案例的前半部分是为角色创建骨骼、蒙皮、调节封套等，操作步骤与例 14-4 的操作步骤基本一致，这里不再赘述。本节主要是练习后半部分设置多个连续动作，尤其是设置角色行走动作后如何再设置停下、弯腰、拾物、携物上坡行走等动画效果，操作步骤如下。

制作 Biped 骨骼
动画效果

步骤 1   制作机器人行走动画。新建文档，合并例 14-4 中已经绑定好骨骼的机器人模型，创建一个 50×50 的平面作为地面，将地面修整成一侧有高坡的地形，设置环境背景为蓝天白云，添加一盏泛光灯照亮场景并开启阴影，效果如图 14-65 所示。

步骤 2   行走动画。将时间轴延长至 500 帧，选择机器人的 Biped 骨骼，选择"运动"选项卡中的"足迹模式"选项，单击"创建多个足迹"按钮，设置足迹数为 16，利用"关键点信息"参数卷展栏中的"设置关键点"按钮，在第 95 帧设置机器人的弯腰动作（在第 95 帧旋转腰椎骨骼和头骨），效果如图 14-66 所示。

图 14-65   地形

图 14-66   机器人行走弯腰动作

步骤 3   足迹转弯动画。继续从最后一个足迹开始再设置 16 步，逐一调整足迹位置、方向和高度（足迹在哪，机器人就走到哪），如图 14-67 所示，机器人逐步走向山坡。

步骤 4   弯腰拾物上坡动画。在第 28 个足迹处（即山坡下）有一足球，确定好机器人走到此处的关键帧，利用手动"设置关键点"的方式制作机器人弯腰拾物动作，如图 14-68 所示。

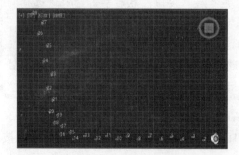

图 14-67   行走足迹

图 14-68   弯腰拾物关键帧设置

注意：足球和机器人的动作分别设置，足球只要跟随手臂动作调整位置，通过手动"设置关键点"设置位置变化；手臂要随弯腰有触摸到足球的动作，腰椎骨、头骨、左右手臂骨骼要分别设置调整好位置和角度的关键帧；后续上坡带球行走时要隔 10～20 帧调整一次手臂和足球的位置，设置滑动关键帧保持手臂持球状态，如图 14-69 所示，上到坡顶蹲下放下球，如图 14-70 所示。

步骤 5　动画输出。动画调节好后，可以添加摄影机，沿机器人行走方向绘制路径，将摄影机约束到路径上，然后通过"渲染"菜单中的"视频后期处理"命令渲染成帧序列，形成动画视频文件。

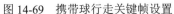

图 14-69　携带球行走关键帧设置　　　　　图 14-70　停步下蹲效果

本 章 小 结

角色动画制作是三维动画设计中常用的一种，尤其是三维游戏设计的关键。骨骼动画是 3ds Max 中制作角色动画常用的方法，利用骨骼的链接关系，可以制作正向或反向动力学动画。通过角色蒙皮，可以制作骨骼带动肌肉、服装等逼真的动画效果，主要模拟人体或动物行走、跑、跳等形体运动。骨骼动画的关键是蒙皮后封套的调节，希望通过案例学习，读者能够举一反三，了解和掌握角色动画的制作方法。

思考与练习

一、思考题

1．骨骼和 Biped 有什么不同？
2．怎样利用 Biped 制作行走、跑跳结合的动画效果？

二、操作题

1．制作游动的鱼动画效果。
2．制作机器人行走、上台阶的动画效果。
3．利用 Biped 预设动画和自定义动画结合来完成机器人行走、站立、弯腰拾物、转弯继续行走等动画效果。

第 15 章

机 械 动 画

▶ 知识目标

1）了解机械动画的概念。

2）了解机械动画的应用。

3）了解机械动画的设计过程。

▶ 能力目标

1）明确机械动画的原理。

2）掌握机械动画的制作流程。

3）掌握机械动画设置的方法。

4）掌握机械动画设置的关联参数。

▶ 课程引入

现实生活中经常有一些物体的运动有很多相关联的关系，如一些机器的运转是由很多零部件的关联运动带动起来的，又如自行车行走是由两脚用力踏脚蹬转动，使齿轮转动，再由链条带动车轮的齿轮，使车轮向前滚动。这样的动画效果使用关键帧进行设置很麻烦，而找出对象之间的关联关系，使用正、反向动力学关系及骨骼关系或连线参数等，结合关键帧设置动画就很方便。正、反向动力学关系和骨骼动画前面已经讲过，而连线参数可以通过表达式的方式设置两个对象之间位置、旋转、缩放的变换数值，建立两个对象之间动态的变化关系，本章通过案例介绍一些常见的机械动画的设置方法。本章部分案例的渲染效果如图 15-1 所示。

图 15-1　部分案例的渲染效果

图 15-1（续）

15.1 机械动画简介

15.1.1 机械动画的概念

机械动画是指用三维动画技术仿照机械的外形材料、机器特征和内部构造，把机械的设计原理、工作过程、性能特征、使用方式等一系列真实的事物以动态的方式演示出来，如机器的工作原理、生产过程、拆分组装、流水线设备的运作流程、产品的使用方法等工业机械产品的模拟演示动画。

使用动画的形式可以很清晰地让人明确机械的工作原理或产品的内部结构，相比文字介绍或静态的图示，更加生动形象，机械动画的优点如下。

1）使人记忆深刻：新颖动态化的产品介绍使人很容易就记住，并且记忆深刻。

2）可以随时随地全方位地展示产品：简单便携的动画视频文件，对于展示产品来说，既逼真又全面。

3）可灵活进行修改，节省了实物样品制造和修改的巨大成本。

4）既可指导实际生产，又可作为客户使用产品时的操作指南。

15.1.2 机械动画的应用

机械动画在工业领域的应用越来越广泛，典型的应用主要有以下几种。

1）展会：在同类产品信息混合且人声喧闹的展会现场，机械动画再加上实物产品一起展示，动态仿真的模拟演示会更清楚地表现产品细节。

2）产品介绍：机械动画可以充当业务人员推销时的演示工具，使产品介绍更到位。这样既能避免口头描述时漏讲、误讲等意外状况的发生，又可加强客户对产品的理解力。

3）市场推广：作为市场宣传推广工具，机械动画与传统营销程序相比，不仅减少了营销人员与客户的沟通环节，而且视频文件以网络邮件形式，可轻松地展示给任何地方的客户看，拉近与客户的距离。

4）网站宣传：可将所有的产品信息在企业网站、行业网站、客户网站等网络媒体上便捷地展示。

5）产品设计与研发：在产品完成前，也就是图纸阶段，机械动画便可将产品的各项功能特性逼真地模拟出来，可以作为视频教程指导生产和内部培训营销人员，减少设计者、制造者之间沟通的障碍，设计阶段修改也非常方便，减少了反复修改模具的成本。

6）产品培训与售后服务：全方位的产品功能演示，既可作为给客户的一份动态视频化的产品使用说明书或操作人员的培训教材，又可当作是一份精美的礼物给客户留作纪念，促使产品信息在客户市场内"口碑相传"式地传播开来。

7）附加值：作为常规宣传品，可永久保质和无限次重复使用，避免了如宣传单、广告牌等传统广告的物料浪费。

15.2 机械动画的制作流程

1. 前期制作

在使用计算机制作前，经过双方沟通，分析客户需求，了解机械的结构、原理、动画步骤等，确定设计方案，对机械动画进行规划与设计，主要包括分镜头脚本创作、造型设计、场景设计等。

2. 中期制作

1）建模型：先建立主体，如果要展示内部结构，则内部细节要全面；非必要的可以简略制作，模型要尽量精简数目，除了模型本身，还要根据需要建立适当的环境场景，以便配合动画要求。

2）材质贴图：给模型赋予生动的表面特性，把二维图片通过软件的计算贴到三维模型上，形成表面细节和结构。

3）灯光：模拟自然界的光线类型和人工光线类型，然后根据摄影机动画设定好方向进行细部调度，注意阴影的设置。

4）摄影机控制：依照摄影原理在三维动画软件中使用摄影机工具，实现分镜头剧本设计的镜头效果。

5）设置动画：根据分镜头剧本与动作设计，运用已设计的造型在三维动画制作软件中制作出每个动画片段，先将摄影机的动画按照脚本方案和表现方向调整好，当场景中需要主体建筑物时，则还要设定好摄影机的动画。

3. 后期制作

将之前所制作的动画片段、声音等素材，按照分镜头剧本的设计，通过非线性编辑软件的编辑，最终生成动画视频文件。

1）渲染输出：依制作需要渲染出不一样标准和分辨率的机械动画。

2）后期设置：渲染完后使用后期软件进行修改和调整。

3）非编输出：最终将分镜头的机械动画按参与顺序排列，添加转场效果，确定格式，然后输出。

动画视频完成后，还需要客户审查，根据提议及时调整修改，最后交付客户，记录备案。

15.3 机械动画的制作方法

机械动画的制作主要是利用正向动力学动画、反向动力学动画、骨骼动画、参数控制动画等，再结合关键帧设置来完成，期间或辅助使用约束控制器、粒子系统等其他方法协助完成一些特效。

机械动画制作比较烦琐，关键是首先要了解机械的工作流程或原理，或者有明确的制作脚本；其次是要让场景中每一个对象的运动都符合自然的运动规律，这一点需要细致的观察和耐心的调节。

下面通过几个案例来了解机械动画的制作方法、过程、参数设置等。

【例 15-1】制作时钟走动动画。

前面制作猫眼钟时，使用关键帧设置动画的方法制作了钟表秒针、分针转动的效果，3个表针分别设置关键帧，然后还要设置重复运动。此案例通过参数关联关系设置钟表时钟走动效果。钟表的时针、分针、秒针之间是有一定的参数关联关系的，秒针走一圈 60 秒，分针走一小格 1 分钟，分针走一圈 60 分钟，时针走一大格 1 小时，了解了三者之间的关系即可通过连线参数的方法设置关联参数。此案例只制作 3 个表针的转动动画，钟表内部机械齿轮转动的动画在例 15-4 齿轮咬合动画制作完成后即可明白。

操作步骤如下。

步骤 1 创建场景文件。打开案例资源包中第 15 章的场景文件"15-2 钟表场景源文件"，3 个表针都归向 12，并调整 3 个表针的轴心点到 3 个指针的交会处，如图 15-2 所示。

步骤 2 制作表针转动动画。

① 确定 3 个表针的关联关系，秒针转一圈，分针转一小格，分针转一圈，时针转 5 小格（1 小时），因此使用秒针作为父帧建立关联关系。

图 15-2 时钟模型

② 首先计算要做多长时间，如果想看到 3 个表针的走动效果，就要看到时针也转动，时针转动 1 小格，分针转动 10 分钟，秒针转动 600 秒，按每秒钟 25 帧的帧率计算，此案例应将时间轴刻度延长至 15000 帧，可见按实际时间太长了，此处加快转速，将时间轴刻度延长至 1500 帧。

③ 选择秒针，右击，在弹出的快捷菜单中选择"连线参数"选项，在弹出的级联菜单中选择"变换"→"旋转"→"Y 轴旋转"选项，如图 15-3 所示。此时鼠标指针出现蚂蚁线，然后单击分针，在弹出的级联菜单中选择"变换"→"旋转"→"Y 轴旋转"选项，如图 15-4 所示，然后弹出参数关联对话框，如图 15-5 所示。此时应建立正相连接，即单击右向箭头按钮，且在右下方表达式中除以 60（分针 Y 轴旋转/60），单击"连接"按钮。

④ 选择分针，右击，在弹出的快捷菜单中选择"连线参数"选项，在弹出的级联菜单中选择"变换"→"旋转"→"Y 轴旋转"选项。此时鼠标指针出现蚂蚁线，然后单击时针，在弹出的级联菜单中选择"变换"→"旋转"→"Y 轴旋转"选项，然后弹出参数关联对话

框，如图 15-6 所示。此时应建立正相连接，即单击右向箭头按钮，且在右下方表达式中除以 12（时针 Y 轴旋转/12），单击"连接"按钮，这样 3 个表针的关联关系建立完成。

图 15-3　选择"Y 轴旋转"选项 1

图 15-4　选择"Y 轴旋转"选项 2

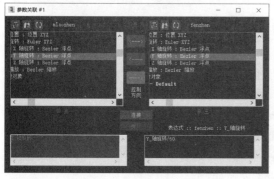

图 15-5　参数关联对话框

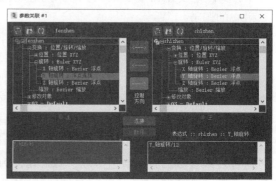

图 15-6　建立关联

图 15-7　修改新建关键点的默认值

⑤ 只要制作出秒针的转动效果，分针和时针就应该随之转动。选择秒针，先将新建关键点的默认值改为"线性"，如图 15-7 所示，保证秒针是匀速转动的，然后单击"自动"关键帧按钮，将时间轴滑块拖至 150 帧处，使用旋转工具转动秒针一圈，如图 15-8 所示。关闭"自动"关键帧，在工具栏中单击"曲线编辑器"按钮，在打开的曲线编辑器窗口中选择"编辑"菜单中的"控制器"选项，如图 15-9 所示，在弹出的级联菜单中选择"超出范围类型"选项，弹出如图 15-10 所示的"参数曲线超出范围类型"对话框。选择"相对重复"类型，然后单击"确定"按钮，即完成秒针的旋转动画设置，然后关闭曲线编辑器窗口。

图 15-8　旋转秒针一圈

图 15-9　"编辑"菜单

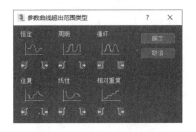

图 15-10　"参数曲线超出范围类型"对话框

步骤 3　预览动画效果。3 个表针的连接关系及秒针的旋转动画设置完成后，单击"播放动画"按钮，预览动画效果，如图 15-11 所示。

如果预览效果没有问题，可通过"视频后期处理"命令，渲染成视频动画文件。

注意：此案例因为分针和时针与秒针建立了关联参数，因此只对秒针设置动画效果，分针和时针受秒针关联直接完成动画。

图 15-11　预览动画效果

【例 15-2】制作汽车行驶动画。

汽车行驶是靠发动机驱动带动轮胎转动，再由轮胎转动带动汽车前行的。4 个轮胎通过驱动轴连接到汽车底盘上，车身固定在底盘上，因此轮胎转动可以带动汽车前行。4 个轮胎转动要一致，车身要能前后移动，轮胎和车身之间有关联关系，明确了这些关联关系就可以制作汽车行驶的动画了。此案例只制作轮胎转动带动汽车前行，发动机驱动带动轮胎转动参见例 15-3。

操作步骤如下。

步骤 1　制作场景。打开案例资源包中第 15 章的场景文件"15-12 汽车行驶场景源文件"，场景中一条马路上有一辆小轿车模型，车身的所有零部件是链接在一起的，如图 15-12 所示。

图 15-12　汽车行驶场景

步骤 2　建立车轮与车身的关联。

① 汽车行驶是靠轮胎转动带动的，因此要建立轮胎和车身之间的参数关联关系。选择一个轮胎，右击，在弹出的快捷菜单中选择"连线参数"选项，弹出如图 15-13 所示的级联菜单。此案例中的轮胎是沿 Y 轴旋转的，所以选择"变换"→"旋转"→"Y 轴旋转"选项，然后单击车身；轮胎旋转带动车身沿 X 轴行驶，所以此时在弹出的如图 15-14 所示的级联菜单中选择"变换"→"位置"→"X 位置"选项，弹出如图 15-15 所示的对话框。

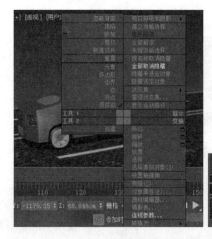

图 15-13   设置轮胎沿 Y 轴旋转

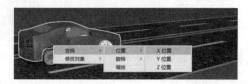

图 15-14   设置轮胎与车身的关联关系

② 在图 15-15 中，如果想让车身影响轮胎，则单击左向箭头；如果想让轮胎影响车身，则单击右向箭头；如果想让车轮与车身相互影响，则单击双向箭头。此例先单击左向箭头，然后单击"连接"按钮，制作出车身移动带动轮子移动的动画；正常应该制作车轮转动带动车身前行，即单击右向箭头。这样后面设置动画时，就要通过关键帧设置轮胎转动一周并前移轮胎周长的距离（这可以计算），然后设置重复运动，此案例只是为了说明参数的关联关系，所以选择使用车身带动车轮。

③ 在视图中选中车身并沿 X 轴移动车身，会看到随着车身前行车轮已发生转动，观察车轮转动的快慢，看与车身移动是否匹配。如果轮子转动较快，则在图 15-16 所示的对话框中左下方的列表框中输入参数除以 5 或除以 8，然后单击"更新"按钮，再观察车身行驶速度和车轮转动速度的匹配程度，直到满意为止。如果转的轴向或行驶的方向关联错了，可以单击"断开"按钮，取消关联，然后重新观察坐标轴向再做参数关联。

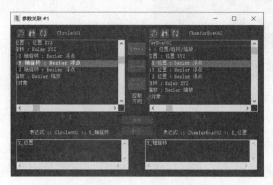

图 15-15   设置参数

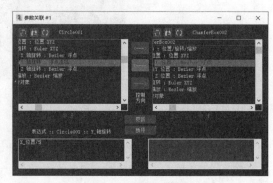

图 15-16   做参数关联

步骤 3   制作行驶动画。步骤 2 制作了一个轮胎与车身的关联关系，其他 3 个轮胎与该轮胎是一样的效果，那么只要将其他 3 个轮胎与第一个轮胎做出关联即可。

①选择第二个轮胎，右击，在弹出的快捷菜单中选择"连线参数"选项，在弹出的级联菜单中选择"变换"→"旋转"→"Y 轴旋转"选项，如图 15-17 所示。然后单击第一个车轮，在弹出的如图 15-18 所示的级联菜单中选择"变换"→"旋转"→"Y 轴旋转"选项。在弹出的如图 15-19 所示的对话框中，单击左向箭头，让第一个轮胎影响第二个轮胎，然后单击"连接"按钮。在视图中移动车身，发现第二个轮胎像第一个轮胎一样转动了，使用此方法依次将第三个和第四个轮胎都关联到第一个轮胎上，则车身前行，4 个轮胎都转动了。

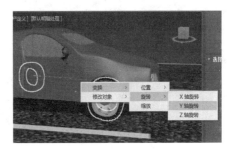

图 15-17 制作行驶动画 1　　　　　　　　图 15-18 制作行驶动画 2

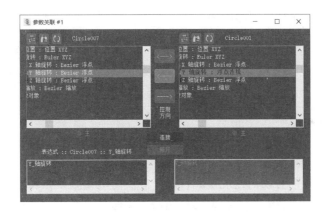

图 15-19 制作行驶动画 3

②制作车身前行动画。根据动画制作的时间长短，将时间轴设置相应的长度，此案例将时间轴刻度设为 200。单击"自动"关键帧设置按钮，拖动时间轴滑块到第 200 帧，在视图中选择车身并移动车身到合适的位置，通过关键帧动画设置车身向前移动的动画，然后关闭"自动"关键帧按钮。单击动画控制区的"播放动画"按钮，在视图中观察汽车行驶的动画效果，如图 15-20 所示是第 80 帧和第 128 帧的汽车行驶效果。

图 15-20 第 80 帧和第 128 帧的汽车行驶效果

步骤 4　预览动画效果。在视图中汽车行驶远了就看不清了，为了跟踪汽车行驶，观察汽车行驶效果，可以通过摄影机路径动画来完成。在顶视图道路一侧沿道路平行绘制两条直线，然后创建目标摄影机，通过路径约束将摄影机机身和镜头目标点分别约束到两条路径上，如图 15-21 所示。然后通过关键帧调节摄影机路径动画速度和汽车行驶速度相匹配，得到如图 15-22 所示的效果。单击"播放动画"按钮预览动画效果，观察车身行走和轮胎转动的效果，调节到满意为止。

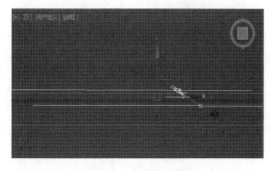

图 15-21　创建约束路径　　　　　　　　　　　图 15-22　预览动画效果

步骤 5　渲染输出。预览效果满意后可以通过"视频后期处理"命令，渲染得到动画视频文件。为场景添加"蓝天白云"的环境背景，选择"渲染"菜单中的"视频后期处理"选项，在打开的"视频后期处理"窗口中添加场景事件和输出事件，设置好输出路径和文件名，选择好合适的输出分辨率，然后通过"执行序列"命令渲染，得到动画视频文件。

技 巧 提 示

1）汽车的零部件与车身不能成组，要通过附加或链接的方式整合到一起。
2）汽车和轮胎的参数关联可以是双向的。
3）汽车行驶和轮胎转动的速度要相匹配，可以通过参数放大或缩小倍数进行调整。
4）另外 3 个轮胎不要与车身再做关联，而是要与第一个轮胎做参数关联。

【例 15-3】制作直列式发动机示意动画。

例 15-2 制作出了汽车轮胎转动带动车身前行的动画，而轮胎转动是靠发动机内活塞式运动驱动轴转动，由齿轮咬合运动带动轮胎转动。发动机有直列式、V 形、水平对置式、星形等多种形式。此案例通过制作一个直列式发动机活塞式运动，带动轴及齿轮运动的示意动画效果，说明机械动画的制作思路。

制作直列式发动
机工作原理动画

操作步骤如下。

步骤 1　创建场景。打开案例资源包中第 15 章的场景文件"15-23 直列式发动机场景源文件"，直列式发动机所有气缸并列排在曲轴一侧，在垂直方向上下运动，场景如图 15-23 所示。4 个活塞依次运动，活塞上下运动，带动固定在中轴上的曲柄连杆转动，带动中轴转动，固定在中轴两端的齿轮随之转动，与齿轮咬合的轮盘就会向前滚动，明确了运动原理即可设置关联关系。

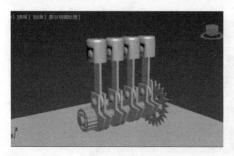

图 15-23　直列式发动机场景

步骤 2 调整旋转轴。因为有旋转动画，所以首先要调整各个对象的轴心点。单击"层次"选项卡中的"仅影响轴"按钮，依次调整曲柄连杆的轴心点，如图 15-24 所示；再将曲柄的轴心点依次调节到如图 15-25 所示，然后关闭"仅影响轴"按钮。

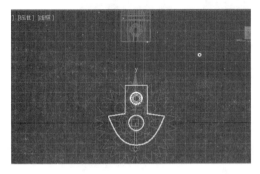

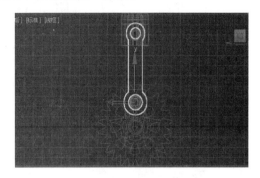

图 15-24　调整轴心点　　　　　　　　　　　图 15-25　调整完成

步骤 3 建立链接关系。

① 活塞上下运动带动曲柄运动，曲柄推动连杆转动，这是正向动力学关系（也可以使用反向动力学关系制作），可以使用动力学动画进行制作，也可以使用骨骼进行制作。此案例使用骨骼链接的方法进行制作。单击"创建"选项卡"系统"命令面板中的"骨骼"按钮，在前视图或左视图中按照模型的比例从上向下创建骨骼，如图 15-26 所示；然后在"修改"选项卡中调节每一节骨骼的大小与模型相匹配，如图 15-27 所示。

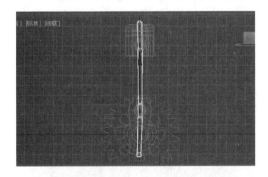

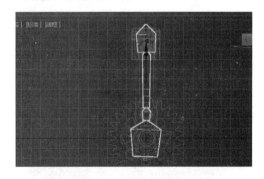

图 15-26　创建骨骼　　　　　　　　　　　图 15-27　调节骨骼大小

② 将骨骼移到模型中间，让模型包裹住骨骼，如图 15-28 所示。单击工具栏中的"选择并链接"按钮，分别将模型的各部分与之包裹的骨骼的各部分进行链接，让模型与骨骼之间有链接关系，如图 15-29 所示。

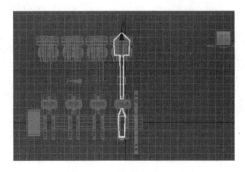

图 15-28　让模型包裹住骨骼

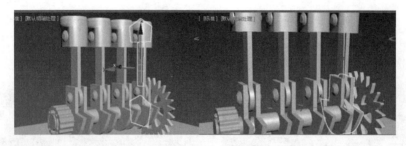

图 15-29　制作链接关系

步骤 4　制作活塞运动动画。

① 将时间轴刻度延长至 500 帧，单击"自动"关键帧按钮，选择活塞头包裹的骨骼，将时间轴滑块拖至 25 帧，将骨骼向下移至如图 15-30 所示的位置，然后将时间轴滑块拖至 50 帧，将骨骼移至初始位置，如图 15-31 所示。

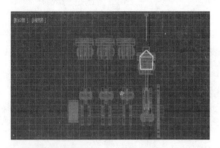

图 15-30　下移骨骼

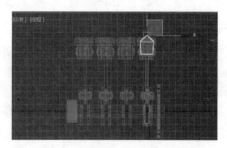

图 15-31　恢复骨骼的初始位置

② 选择链接活塞和曲柄的连杆包裹的骨骼，将时间轴滑块拖至 12 帧，将骨骼旋转 30°至如图 15-32 所示的位置；再将时间轴滑块拖至 25 帧，将骨骼旋转-30°至如图 15-33 所示的垂直位置；继续将时间轴滑块拖至 38 帧，将骨骼旋转-30°至如图 15-34 所示的位置，最后将时间轴滑块拖至 50 帧，将骨骼旋转恢复至初始位置，如图 15-35 所示。

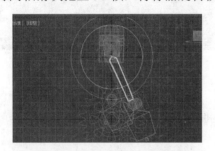

图 15-32　将骨骼旋转 30°

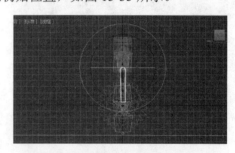

图 15-33　将骨骼旋转-30°

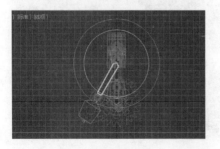

图 15-34　再将骨骼旋转-30°

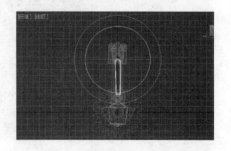

图 15-35　将骨骼旋转恢复至初始位置

③ 选择曲柄包裹的骨骼，将时间轴滑块拖至 25 帧，将骨骼旋转半周，如图 15-36 所示；然后将时间轴滑块拖至 50 帧，将骨骼旋转至初始位置，如图 15-37 所示。

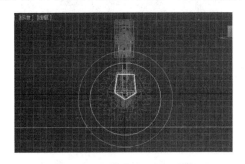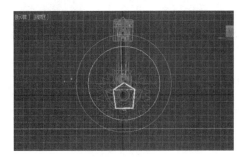

图 15-36　将骨骼旋转半周　　　　　　　　图 15-37　将骨骼旋转至初始位置

这样即完成了一次活塞上下运动带动曲柄运动的效果，可以在视图中预览效果，查看活塞、曲柄、连杆的运动是否协调，如果不协调可以通过关键帧设置进行调整。如图 15-38 所示，分别是第 12 帧、第 25 帧、第 40 帧的运动效果。

图 15-38　第 12 帧、第 25 帧、第 40 帧的运动效果

④ 使用同样的方法，分别设置每个活塞的运动效果，因为 4 个活塞不是同时运动的，有先后顺序，可以将设置好动画效果的骨骼复制，然后将设置好的关键帧向后移动，如图 15-39 所示，使 4 个活塞有间隔地依次运动。然后将调节好的骨骼依次对齐到各个活塞上，通过链接的方式，让活塞的各部分与骨骼的各部分建立链接，调整好先后顺序，如图 15-40 所示。

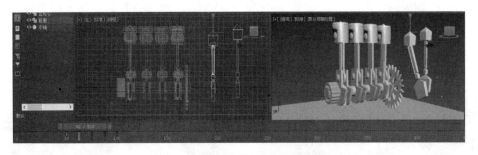

图 15-39　复制设置好动画的骨骼

上述动画只完成了一个循环的效果，要想连续出现动画效果，可以设置重复循环。选择一具骨骼，打开曲线编辑器窗口，在"编辑"菜单中选择"控制器"→"超出范围类型"选项，如图 15-41 所示。在弹出的"参数曲线超出范围类型"对话框中选择"循环"类型，如图 15-42 所示，单击"确定"按钮后即可重复执行前面设置的动画。依次将 4 具骨骼都进行上述重复循环设置，最终效果如图 15-43 所示。

图 15-40　调整好先后顺序

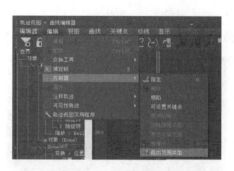

图 15-41　选择"超出范围类型"选项

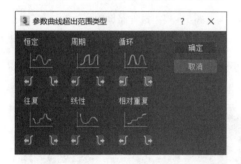

图 15-42　选择"循环"类型

图 15-43　最终效果

步骤 5　制作齿轮转动动画。步骤 4 制作了活塞的运动效果，接着制作曲柄转动带动中轴转动，固定在中轴上的齿轮随之转动的运动效果。选择中轴，单击"自动"关键帧按钮，将时间轴滑块拖动至 50 帧，然后将中轴沿 Y 轴旋转 360°，关闭"自动"关键帧按钮。打开曲线编辑器窗口，在"编辑"菜单中选择"控制器"→"超出范围类型"选项，在弹出的"参数曲线超出范围类型"对话框中选择"相对重复"类型，将中轴同步旋转，如图 15-44 所示。

再次选择中轴，右击，在弹出的快捷菜单中选择"连线参数"选项，在弹出的级联菜单中选择"变换"→"旋转"→"Y 轴旋转"选项，如图 15-45 所示，再单击固定在中轴一侧的齿轮，同样选择"变换"→"旋转"→"Y 轴旋转"选项，弹出如图 15-46 所示的对话框。要想让中轴控制齿轮，则单击右向箭头按钮，然后单击"连接"按钮，在视图中预览动画效果，看到左侧齿轮逆时针方向旋转。如果想让齿轮顺时针旋转，则在如图 15-47 所示的对话框中，在右下方的"Y_轴旋转"前面输入负号，再单击"更新"按钮，此时左侧的齿轮顺时针转动了。使用同样的方法将右侧的齿轮通过"连线参数"与左侧齿轮同步旋转。

图 15-44　设置中轴同步旋转

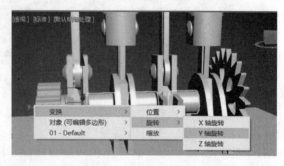

图 15-45　选择"Y 轴旋转"选项

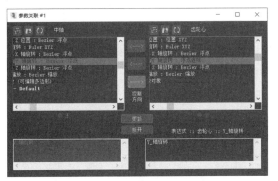

图 15-46　设置参数关联 1

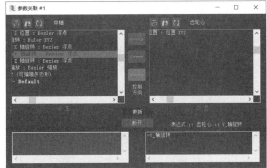

图 15-47　设置参数关联 2

步骤 6　渲染输出。预览效果满意后可以通过"视频后期处理"命令，渲染得到动画视频文件。选择"渲染"菜单中的"视频后期处理"选项，在打开的"视频后期处理"窗口中添加场景事件和输出事件，设置好输出路径和文件名，选择好合适的输出分辨率，然后通过"执行序列"命令渲染，得到动画视频文件。

技 巧 提 示

1）制作骨骼动画时，可以通过关键帧调节中间过程的位置和角度，以及各个骨骼动作的匹配程度。

2）选择骨骼时，可以利用主工具栏的筛选过滤器，一具骨骼，必须各节都选中。

3）骨骼和骨骼之间可以做连线参数控制，但不能做连线参数设置来控制模型，只能用链接关系控制模型，但模型可以用连线参数控制骨骼。

【例 15-4】制作齿轮咬合动画。

此案例通过几个齿轮咬合运动，说明机械动画的设置方法。在例 15-1 中，只看到了外面的 3 个表针的转动，其实机械式钟表内部就是齿轮咬合转动带动外面的表针转动的。此案例制作多重关系连带运动的机械运动效果。

操作步骤如下。

制作齿轮咬合
动画效果

步骤 1　创建场景。打开案例资源包中第 15 章的场景文件"15-48 齿轮咬合场景源文件"，场景中的一个支架上有 5 个齿轮，齿轮之间要么互相咬合，要么有连杆连接，如图 15-48 所示。首先单击"层次"选项卡中的"仅影响轴"按钮，将黄色齿轮上的绿色连杆的轴心点调节到一侧，如图 15-49 所示，然后关闭"仅影响轴"按钮。

图 15-48　齿轮场景

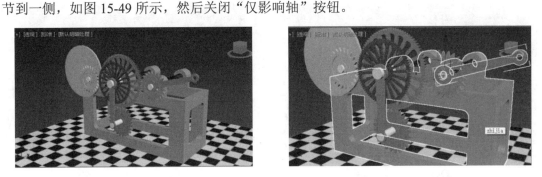

图 15-49　调节绿色连杆的轴心点

步骤 2　制作齿轮连线参数。要做的齿轮咬合动画效果是压动黄色齿轮的连杆手柄，通过轴带动黄色齿轮转动，咬合蓝色齿轮转动，通过轴和与之相连的红色齿轮同时转动，下方与之咬合的绿色齿轮随之转动，红色齿轮咬合粉色齿轮转动。此案例齿轮之间的咬合转动，层层相连，呈现一种机械运动的效果。

① 齿轮之间的咬合转动可以通过"连线参数"建立参数关联关系。可以先将黄色齿轮的白色轴心链接到绿色连杆上，这样连杆转动即可带动轴心转动。选择黄色齿轮的轴心，单击工具栏中的"选择并链接"按钮，按住鼠标左键拖到绿色连杆上即完成连接操作。

② 选择上排黄色齿轮上的绿色连杆，右击，在弹出的快捷菜单中选择"连线参数"选项，在弹出的级联菜单中选择"变换"→"旋转"→"Y 轴旋转"选项，如图 15-50 所示，然后单击黄色齿轮，在弹出的级联菜单中选择"变换"→"旋转"→"Y 轴旋转"选项，如图 15-51 所示。弹出如图 15-52 所示的对话框，单击右向箭头按钮，再单击"连接"按钮，为连杆手柄和第一个齿轮的轴心建立了联系。

③ 使用同样的方法将黄色齿轮与蓝色齿轮建立同样的"连线参数"，即选择上排黄色齿轮，右击，在弹出的快捷菜单中选择"连线参数"选项，在弹出的级联菜单中选择"变换"→"旋转"→"Y 轴旋转"选项，然后单击蓝色齿轮，在弹出的级联菜单中选择"变换"→"旋转"→"Y 轴旋转"选项，这样即为黄色齿轮与蓝色齿轮建立了关联。在视图转动第一个绿色连杆手柄，即可看到黄色齿轮转动并带动蓝色齿轮转动的效果。

但此时在视图中预览会看到两个齿轮是沿同一方向旋转的，需要将第二个齿轮的 Y 轴旋转改为负的，这样两个齿轮才能反向相互咬合旋转，在右下方的表达式前添加"−"号，然后单击"更新"按钮，如图 15-53 所示。转动绿色连杆手柄，会看到上排两个齿轮互相咬合转动的效果。

图 15-50　选择绿色连杆进行链接

图 15-51　选择黄色齿轮进行链接

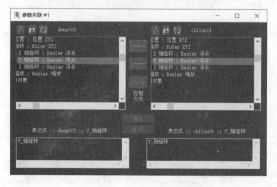

图 15-52　设置连接参数

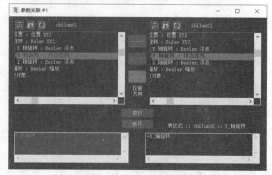

图 15-53　设置反方向

④ 蓝色齿轮转动一方面带动和它固定在同一轴心的红色齿轮转动，另一方面咬合下面绿色齿轮转动。再次选择上排蓝色齿轮，右击，在弹出的快捷菜单中选择"连线参数"选项，在弹出的级联菜单中选择"变换"→"旋转"→"Y轴旋转"选项，然后单击上排连接蓝色齿轮的白色轴心，在弹出的级联菜单中选择"变换"→"旋转"→"Y轴旋转"选项，在弹出的对话框中单击右向箭头按钮，再单击"连接"按钮，为蓝色齿轮与轴心建立了链接。接着选择蓝色齿轮的白色轴心，右击，在弹出的快捷菜单中选择"连线参数"选项，在弹出的级联菜单中选择"变换"→"旋转"→"Y轴旋转"选项，然后单击前排红色齿轮，在弹出的级联菜单中选择"变换"→"旋转"→"Y轴旋转"选项，在弹出的对话框中单击右向箭头按钮，再单击"连接"按钮。此时在视图中转动绿色连杆，会看到红色齿轮与蓝色齿轮同时转动。

⑤ 制作蓝色齿轮与下方绿色齿轮咬合的动画。选择蓝色齿轮，右击，在弹出的快捷菜单中选择"连线参数"选项，在弹出的级联菜单中选择"变换"→"旋转"→"Y轴旋转"选项，然后单击下方的绿色齿轮，在弹出的级联菜单中选择"变换"→"旋转"→"Y轴旋转"选项，在弹出的对话框中单击右向箭头按钮，在右下方的表达式前添加"–"号，再单击"连接"按钮，这样两个齿轮反向相互咬合旋转。

⑥ 选择红色齿轮，右击，在弹出的快捷菜单中选择"连线参数"选项，在弹出的级联菜单中选择"变换"→"旋转"→"Y轴旋转"选项，然后单击左侧粉色齿轮，在弹出的级联菜单中选择"变换"→"旋转"→"Y轴旋转"选项，在弹出的对话框中单击右向箭头按钮，并在右下方的表达式添加"–"号，再单击"连接"按钮。这样两个齿轮反向相互咬合旋转，至此齿轮之间的链接关系都建立起来了。

步骤 3 制作连杆动画效果。步骤 2 只是为齿轮建立了参数链接关系，要制作齿轮咬合动画效果，还需要通过关键帧完成初始连杆的动画设置。

将时间轴刻度改成 225 帧，单击"自动"关键帧按钮，选择最右侧的绿色连杆，拖动时间轴滑块到第 25 帧，转动连杆，如图 15-54 所示。继续拖动时间轴滑块到第 50 帧，转动连杆到如图 15-55 所示的位置，然后单击工具栏中的"曲线编辑器"按钮，在打开的曲线编辑器窗口的"编辑"菜单中选择"控制器"→"超出范围类型"选项。在弹出的"参数曲线超出范围类型"对话框中选择"循环"类型，单击"确定"按钮后即完成动画重复设置，然后单击"播放动画"按钮，在视图中观察动画效果。

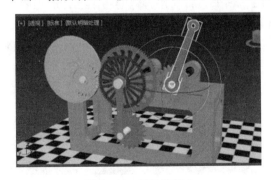

图 15-54 转动连杆 1

图 15-55 转动连杆 2

步骤 4 渲染输出。预览效果满意后可以通过"视频后期处理"命令，渲染得到动画视频文件。选择"渲染"菜单中的"视频后期处理"选项，在打开的"视频后期处理"窗口中添加场景事件和输出事件，设置好输出路径和文件名，选择好合适的输出分辨率，然后通过"执行序列"命令渲染，得到动画视频文件。

> **技 巧 提 示**
>
> 1）齿轮之间咬合转动是方向相反的转动，使用负号决定方向。
> 2）多层关联的动画设置要分清是"连线参数"关系还是"链接"关系。
> 3）机械动画有时还可以用骨骼来完成，尤其是机械手、机械臂的动画。
> 4）"连线参数"不仅可以设置旋转，还可以设置位移、缩放。
> 5）制作复杂的机械动画要先写好动作脚本。

15.4 综 合 训 练

【**例 15-5**】制作自行车行驶效果。

通过此案例的制作，综合训练各种建模方法和动画制作方法。

制作自行车行驶
动画效果

此案例模拟自行车行驶的运动效果。自行车行驶时是靠脚蹬踩踏转动带动中轴上固定的齿轮转动，齿轮上有链条咬合，带动后轮中轴的齿轮转动，使后轮中轴转动，带动后轮滚动，通过车架驱动前轮滚动，使自行车向前行驶。此案例制作多重关系连带运动的机械运动效果，操作步骤如下。

步骤1 创建场景。打开案例资源包中第 15 章的场景文件"15-56 自行车行驶源文件"，场景中有一辆自行车，如图 15-56 所示。通过二维和复合建模的方法制作自行车模型；车的金属架使用放样建模的方法制作并附加成一个整体；两个车轮通过中心轴与车架连接；两个齿轮链盘使用二维图形挤出的方法创建，脚蹬中轴齿轮与后轮中轴齿轮通过链条连接，链条的每一小节使用二维图形挤出的方法创建，并通过附加的方式连接在一起，便于后续与齿轮一起转动；车座使用 BOX 加自由变形修改器变形修改成车座的造型。

步骤2 创建动画。

① 先从脚蹬开始做起。

a．先将两个脚蹬的轴心点调整到固定齿轮的中轴上，将连接脚蹬的两个连杆的轴心点也调整到固定齿轮的中轴上，然后将固定脚蹬和连杆的轴链接到脚蹬上，如图 15-57 所示。

图 15-56　自行车场景

图 15-57　调整脚蹬

b．选择一个脚蹬，右击，在弹出的快捷菜单中选择"连线参数"选项，在弹出的级联菜单中选择"变换"→"旋转"→"Y 轴旋转"选项，然后单击与之相连的连杆，同样选择弹出的级联菜单中的"变换"→"旋转"→"Y轴旋转"选项，如图15-58所示。在弹出的对话框中单击双向箭头，再单击"连接"按钮，如图15-59所示，即将脚蹬与连杆做了旋转关联。

图15-58 将脚蹬与连杆做旋转关联

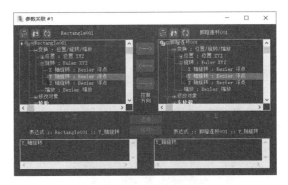

图15-59 设置参数关联1

c.选择连杆，使用同样的方法，将连杆与中轴及齿轮进行关联，然后使用中轴关联另一侧脚蹬的连杆和脚蹬，都是沿Y轴旋转，双向链接，这样转动哪一侧的脚蹬都可以带动齿轮转动，脚蹬带动齿轮转动的效果如图15-60所示。

② 制作后轮齿轮转动效果。

a.选择两个脚蹬连接的中轴，右击，在弹出的快捷菜单中选择"连线参数"选项，在弹出的级联菜单中选择"变换"→"旋转"→"Y轴旋

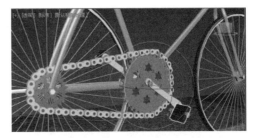

图15-60 脚蹬带动齿轮转动的效果

转"选项，然后单击中间的大齿轮，同样选择弹出的级联菜单中的"变换"→"旋转"→"Y轴旋转"选项，在弹出的对话框中单击双向箭头，再单击"连接"按钮，将中轴的转动与大齿轮做了关联。

b.选择脚蹬处的大齿轮，右击，在弹出的快捷菜单中选择"连线参数"选项，在弹出的级联菜单中选择"变换"→"旋转"→"Y轴旋转"选项，然后单击后轮中轴的小齿轮，同样选择弹出的级联菜单中的"变换"→"旋转"→"Y轴旋转"选项，如图15-61所示。在弹出的对话框中单击双向箭头，再单击"连接"按钮，如图15-62所示，将两个齿轮做了关联，两个齿轮是同向旋转。

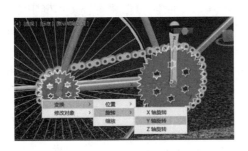

图15-61 将中轴的转动与大齿轮做关联

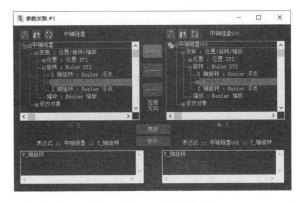

图15-62 设置参数关联2

③ 制作后轮转动效果。

a. 选择后轮中轴的小齿轮，右击，在弹出的快捷菜单中选择"连线参数"选项，在弹出的级联菜单中选择"变换"→"旋转"→"Y轴旋转"选项，然后单击后轮的中轴，同样选择弹出的级联菜单中的"变换"→"旋转"→"Y轴旋转"选项，在弹出的对话框中单击双向箭头，再单击"连接"按钮，将小齿轮与后轮中轴做了关联。

b. 选择后轮的中轴，右击，在弹出的快捷菜单中选择"连线参数"选项，在弹出的级联菜单中选择"变换"→"旋转"→"Y轴旋转"选项，然后单击后轮，同样选择弹出的级联菜单中的"变换"→"旋转"→"Y轴旋转"选项，在弹出的对话框中单击双向箭头，再单击"连接"按钮，将中轴与后轮做了关联。此时转动脚蹬可以看到后轮转动，如图15-63所示。

图 15-63　后轮转动效果

④ 制作后轮转动带动前轮转动的效果。选择后轮，右击，在弹出的快捷菜单中选择"连线参数"选项，在弹出的级联菜单中选择"变换"→"旋转"→"Y轴旋转"选项，然后单击前轮，同样选择弹出的级联菜单中的"变换"→"旋转"→"Y轴旋转"选项，如图15-64所示，在弹出的对话框中单击双向箭头，再单击"连接"按钮，如图15-65所示，将前轮与后轮做了关联。

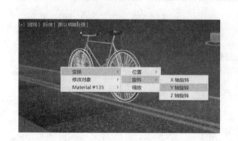

图 15-64　将前轮与后轮做关联

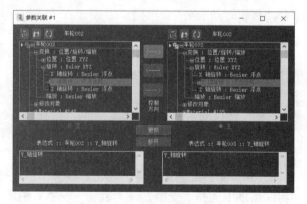

图 15-65　设置参数关联3

⑤ 制作链条滚动效果。随着齿轮的转动，挂在齿轮上的链条一节一节倒着滚动。因为之前已经将链条附加成为一个整体了，先把链条移动到下方，沿着两个齿轮的位置绘制链条滚动的路径，如图15-66所示。选择链条，添加"路径变形"修改器，然后单击命令面板中的"拾取路径"按钮，拾取刚刚绘制的路径，再单击"转到路径"按钮。此案例选择路径变形轴为 Y 轴，此时发现链条孔的方向没有对上齿轮，在命令面板的"旋转"文本框中输入90，让链条转90°，这样链条和齿轮对应上了，如图15-67所示。要想让链条沿着路径滚动，可以改变百分比值，单击动画控制区的"自动"按钮，拖动时间轴滑块到第 25 帧，然后设置百分比值为100，即让链条沿路径滚动一周，观察滚动的方向，如果方向反了就设为-100，此案例设置的为600，这样完成链条的滚动效果。

⑥ 制作自行车在公路上向前行驶的效果。

a. 将时间轴延长至 500 帧，制作后轮带动车架前行的效果。选择后轮，右击，在弹出的快捷菜单中选择"连线参数"选项，在弹出的级联菜单中选择"变换"→"旋转"→"Y

轴旋转"选项,然后单击车架,同样选择弹出的级联菜单中的"变换"→"位置"→"X 位置"选项,如图 15-68 所示,在弹出的对话框中单击双向箭头,再单击"连接"按钮,如图 15-69 所示。

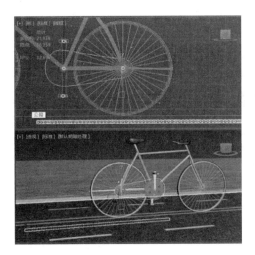

图 15-66　绘制链条滚动的路径

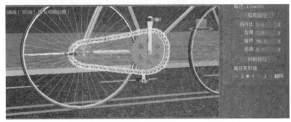

图 15-67　链条和齿轮对应

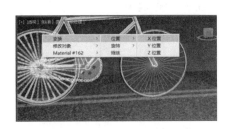

图 15-68　车轮与车架做关联

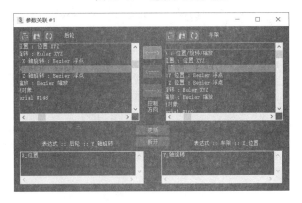

图 15-69　设置参数关联 4

b.选择整体自行车,将时间轴滑块拖至第 25 帧,将自行车向前移动 150,然后单击工具栏中的"曲线编辑器"按钮,在打开的曲线编辑器窗口中选择"编辑菜单"中的"控制器"→"超出范围类型"选项,在弹出的"参数曲线超出范围类型"对话框中选择"相对重复"类型,单击"确定"按钮后即完成 500 帧的动画效果。为了追踪自行车行驶,可以添加摄影机,沿公路绘制直线,作为摄影机路径制作摄影机路径动画,这样从摄影机视图可以看到自行车行驶的效果。

步骤 3　选择"渲染"菜单中的"视频后期处理"选项,在打开的"视频后期处理"窗口中添加场景事件和输出事件,确定好保存的视频文件名和路径,单击"执行序列"按钮渲染出帧序列,单帧效果图如图 15-70 所示。

图 15-70　单帧效果图

本 章 小 结

机械动画制作是三维动画设计中重要的一部分，在工业设计等领域的应用十分广泛。机械动画往往是多层级、多模型同时有连带的动画关系，因此制作机械动画也通常不是一种方法独立完成的。一般通过正反向动力学、骨骼和连线参数等方法可以制作机械动画，同时还要会使用约束器、参数和关键帧设置辅助完成动画设计。希望通过案例的学习，读者能够举一反三，更好地掌握机械动画的制作方法。

思考与练习

一、思考题

1. 机械动画有哪些应用？
2. 什么样的机械动画适合用连线参数的方式设置动画？

二、操作题

1. 制作机械臂连带机械手从 A 台抓取物体放到 B 台上的动画效果。
2. 制作抽油机工作动画的示意效果。

参 考 文 献

艾萍，赵博，2011．三维建模与渲染教程：3ds Max+V-Ray[M]．北京：人民邮电出版社．

王芳，赵雪梅，2011．3ds Max 2011 完全自学教程[M]．北京：中国铁道出版社．

尹承红，唐文杰，2012．超写实 3ds Max 材质技术精粹[M]．北京：清华大学出版社．

尹新梅，等，2011．3ds Max 三维建模与动画设计实践教程[M]．北京：清华大学出版社．